Christoph Mühlbauer

Entwicklung eines Vorgehensmodells für die Evaluation der Fahrzeug-HMI in frühen Phasen der Entwicklung

Entwicklung eines Vorgehensmodells für die Evaluation der Fahrzeug-HMI in frühen Phasen der Entwicklung

Christoph Mühlbauer

Universitätsverlag Ilmenau
2019

Impressum

Bibliografische Information der Deutschen Nationalbibliothek
Die Deutsche Nationalbibliothek verzeichnet diese Publikation in der Deutschen Nationalbibliografie; detaillierte bibliografische Angaben sind im Internet über http://dnb.d-nb.de abrufbar.

Diese Arbeit hat der Fakultät für Elektrotechnik und Informationstechnik der Technischen Universität Ilmenau als Dissertation vorgelegen.

Tag der Einreichung:	18. Dezember 2017
1. Gutachterin:	Univ.-Prof. Dr. phil. Heidi Krömker (Technische Universität Ilmenau)
2. Gutachter:	Univ.-Prof. Dr.-Ing. habil. Peter Kurtz (Technische Universität Ilmenau)
3. Gutachter/-in:	Dr.-Ing. Lutz W. Krauß (Dr. Ing. h.c. F. Porsche AG, Stuttgart)
Tag der Verteidigung:	11. September 2018

Technische Universität Ilmenau/Universitätsbibliothek
Universitätsverlag Ilmenau
Postfach 10 05 65
98684 Ilmenau
http://www.tu-ilmenau.de/universitaetsverlag

ISBN 978-3-86360-196-6 (Druckausgabe)
URN urn:nbn:de:gbv:ilm1-2018000534

Danksagung

Mein Dank gilt allen, die mich während der Anfertigung dieser Dissertation unterstützt und motiviert haben. Ich danke vor allem Frau Prof. Dr. phil. Heidi Krömker, die meine Dissertation betreut und begutachtet hat. Ihre Anregungen und die konstruktive Kritik habe ich während der Erstellung der Arbeit sehr zu schätzen gewusst. Ein besonderer Dank gilt auch Dr.-Ing. Lutz W.H. Krauß, der mir die Dissertation in einem spannenden und herausfordernden Umfeld ermöglicht hat. Abschließend danke ich meinen Eltern für ihre stete Unterstützung und ihr offenes Ohr für alle meine Sorgen.

Kurzfassung

Ein aktueller Trend in der Automobilindustrie ist die zunehmende Vernetzung interaktiver Systeme inner- und außerhalb des Fahrzeugs. Dies führt zu einem erhöhten Informationsfluss zwischen dem Fahrer, dem Fahrzeug sowie der Umwelt, was die Gefahr erhöht, dass sich der Fahrer von der eigentlichen Fahraufgabe ablenken lässt. Die Benutzungsschnittstelle, über die der Fahrer mit seinem Fahrzeug interagiert, sollte so gestaltet sein, dass die Ablenkung auf ein Minimum reduziert wird. Es existieren Automotive-HMI-Richtlinien wie beispielsweise die NHTSA-Guidelines oder die DIN EN ISO 15005, welche herangezogen werden können, um die Benutzerfreundlichkeit interaktiver Systeme und die Ablenkung zu beurteilen. Bei der Analyse fällt jedoch auf, dass diese vielmehr bereits grafische Prototypen und implementierte Systeme fokussieren. Zudem sieht der aktuelle HMI-Entwicklungsprozess innerhalb der Automobilindustrie eine Produkt-Evaluation erst zum Zeitpunkt der HMI-Implementierungsphase vor. Innerhalb der HMI-Konzept- und Designphase findet keine strukturierte Beurteilung statt. Werden HMI-Probleme zu diesem späten Zeitpunkt identifiziert, ist eine Beseitigung kosten- und zeitintensiv. In dieser Dissertation wird ein Vorgehensmodell vorgestellt, welches die Usability von Spezifikationen für Automotive-Informations- und -Kommunikationssysteme bereits zu Beginn der Entwicklung, in der sogenannten HMI-Konzeptphase, beurteilt. So werden spezifische Beurteilungskriterien extrahiert und ein strukturiertes Evaluations-Vorgehen wird definiert. Die Erkenntnisse leiten sich aus umfangreichen empirischen und analytischen Studien ab. Die Betrachtung des Evaluations-Gegenstands innerhalb der darauffolgenden Design- und Implementierungsphase findet nicht statt, da spezifische Beurteilungskriterien entwickelt werden müssen. Die Beurteilungskriterien der HMI-Konzeptphase können nicht für die Design- und Implementierungsphase herangezogen werden. Das Vorgehensmodell ist so entwickelt, dass sowohl Experten als auch methodisch unerfahrene Evaluatoren und Testleiter dieses anwenden können.

Abstract

A big trend in the automotive industry is the increasing interconnectedness of divergent systems both within and outside of the car. This results in an increased flow of information between the driver, the vehicle and the environment, which increases the risk of driver distraction. The driver can be distracted from the actual driving task. HMI has to be designed so that driver distraction is reduced to a minimum. There are some automotive HMI regulations, such as the NHTSA-Guidelines or DIN EN ISO 15005, which can be used to evaluate the usability and driver distraction of automotive interactive systems. On detailed analysis, however, the requirements of those guidelines and norms relate rather to interactive graphical prototypes or already implemented systems. In addition, in the automotive industry a product evaluation of HMI-Systems takes place only from the date of the HMI-Implementation-Phase. Within the HMI-Concept- and -Designphase there is no structured evaluation. At this very late stage, the elimination of identified HMI-Problems is very costly and time consuming. A process model, which can determine the usability of specifications for automotive information- and communication-systems at the beginning of the development, in the so-called HMI-Concept-Phase, is presented. Specific evaluation criteria are extracted and a structured evaluation procedure will be defined. The results are derived from extensive empirical and analytic studies. The consideration of the evaluation object within the subsequent HMI-Design- and -Implementation-Phase will not take place since specific evaluation criteria for these phases have to be developed. The evaluation criteria from the HMI-Concept-Phase can not be used for HMI-Design- and -Implementation-Phase. The evaluation process is defined so that experts as well as people without methodological knowledge can handle it.

Inhaltsverzeichnis

1. Einleitung

Assistenzsysteme unterstützen die Sicherheit der Fahrzeuge, erhöhen jedoch auch zugleich die Möglichkeit, den Fahrer von seiner Fahraufgabe abzulenken. So stieg die Anzahl an Verkehrstoten in Deutschland im Jahr 2015 (3.459) zum Vorjahr um 82 Tote (2014: 3.377, 2013: 3.339) [Bun16]. Laut C. Lauterwasser vom Allianz Zentrum für Technik (AZT) definieren ablenkende Tätigkeiten am Steuer rund 20 Prozent der Fahrzeit. Auch ist bei circa 33 Prozent der Unfälle Unaufmerksamkeit verantwortlich [Pir+13] [Kub12].

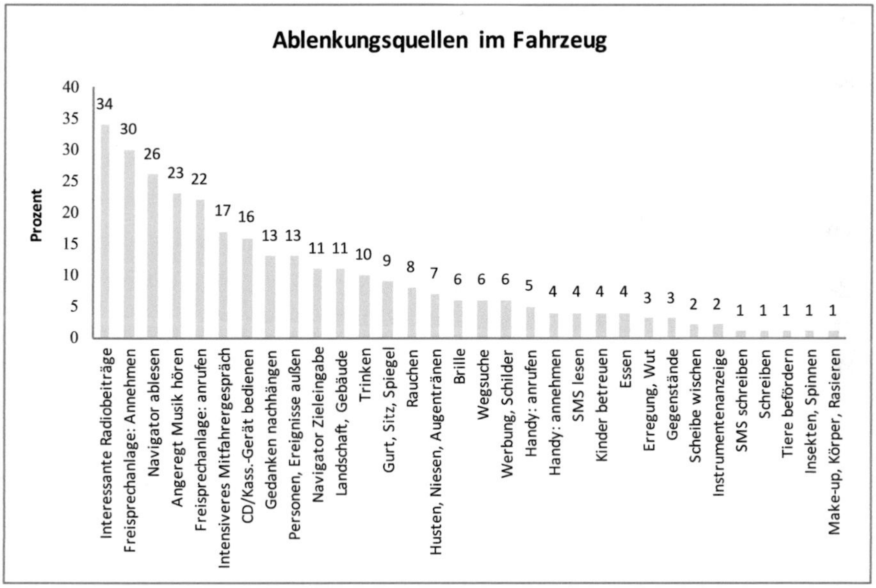

Abbildung 1.1.: Ablenkungsquellen im Fahrzeug nach Piro u.a. [Pir+13]

Die steigenden Unfallzahlen sind beunruhigend, da neben Leichtbau und Elektromobilität die zunehmende Vernetzung von Systemen im Fahrzeug und aus dem Fahrzeug heraus einen Trend darstellt. Daraus resultiert ein steigender Informationsfluss zwischen Fahrer, Fahrzeug und Umfeld. Der Fahrer ist gezwungen, eine vorher nicht dagewesene Informationsmenge zu beherrschen und zugleich das Fahrzeug sicher zu führen. So sollte die Ablenkungsgefahr durch Kommunikations-, Unterhaltungs-, Komfort- und Informationsaufgaben (sogenannte KUKI-Aufgaben) im Fahrzeug auf ein Minimum reduziert werden, um die Unfallgefahr zu minimieren.

1.1. Motivation

Der digitale Trend der Konsumgüterelektronik verändert die Art und Weise, wie mit Fahrzeugfunktionen interagiert wird. Funktionen wie Navigation oder Telefonie, welche vor wenigen Jahren noch zur Luxusausstattung bei Fahrzeugen gehörten, sind zum Standard geworden. Auch wandelt sich die Interaktion mit Inhalten. Die Einführung des Apple iPhones hat zu einer weiten Verbreitung der Bedienung mittels Touch geführt. Inhalte werden direkt über einen Touch-Bildschirm im Fahrzeug angewählt. Haptische Schalter oder Drehregler, welche Inhalte und Funktionen manipulieren, sind nur noch ansatzweise vorhanden. Einige Institutionen, wie beispielsweise der Allgemeine Deutsche Automobil-Club (ADAC) [Orga] oder die National Highway Traffic Safety Administration (NHTSA) [Orgb] stehen diesem digitalen Trend skeptisch gegenüber. Sind Verkehrsunfälle auch in Zukunft durch ablenkendes Verhalten wie beispielsweise dem Ablesen der Navigation oder der Interaktion mit dem Radio zurückzuführen [Pir+13] [Kub12], ist damit zu rechnen, dass solch ablenkende Funktionen während der Fahrt rechtlich verboten werden. Angesichts steigender Funktionsumfänge und sich wandelnder Interaktionstechniken sollte das Human-Machine-Interaction-System (HMI), welches die Schnittstelle zwischen Fahrer und Technik darstellt, so entwickelt werden, dass die Dauer und Komplexität von Bedienvorgängen reduziert wird. Zukünftige HMI-Systeme sollten in der Lage sein, die steigende Anzahl an Komfort-, Unterhaltungs-, Kommunikations- und Informationsaufgaben für den Fahrer nachvollziehbar und bedienbar zu integrieren. Sie dürfen nicht mit der eigentlichen Fahraufgabe konkurrieren.

Zwei grundlegende HMI-Fragestellungen, welche sich mit der Qualität der Benutzungsschnittstelle beschäftigen, sind zu berücksichtigen. Die vorliegende Arbeit fokussiert die HMI-Fragestellung des systemergonomischen Ansatzes:

1. Anthropometrische Fragestellung: Wo werden HMI-Systeme platziert, damit mit ihnen leicht interagiert werden kann?
2. Systemergonomische Fragestellung: Wie ist der Informationsfluss zwischen Fahrer, Fahrzeug und Umfeld?

Innerhalb der Automobilindustrie hat sich für die Entwicklung von HMI-Systemen folgendes Vorgehen etabliert: Die Baureihe (siehe Abschnitt 2.2 auf Seite 10), welche ein Fahrzeugmodell repräsentiert (z.B. Porsche 911), erstellt die allgemeine technische Produktbeschreibung (TPB). Diese wird durch die verschiedenen beteiligten Fachabteilungen, welche spezifische Produkte wie beispielsweise Klima oder Navigation entwickeln, detailliert und ein technisches Funktionslastenheft (FLH) erstellt. In diesem sind alle Anforderungen an das Produkt sowie dessen Funktionen enthalten. Nach Übergabe des FLH an die HMI-Fachabteilung werden Anforderungen konzeptionell in einem Funktionslayout von HMI-Spezifikateuren umgesetzt. Je nach Zeitpunkt innerhalb der HMI-Konzeptphase existieren unterschiedliche Granularitäten und Inhalte. Im nächsten Schritt wird dem Funktionslayout eine grafische Gestaltung verliehen. Ein grundlegendes Design wird entwickelt, nachdem einzelne Inhalte und Elemente gestaltet sind. In der letzten Phase werden Konzept und Design implementiert, so dass das HMI-System erlebbar ist. Zu diesem Zeitpunkt kann die HMI-Fragestellung nach dem Informationsfluss zwischen Fahrer, Fahrzeug und Umfeld überprüft werden. Dies kann sowohl im Labor, Fahrsimulator als auch im realen Fahrzeug erfolgen (siehe Abschnitt 2.2.3 auf Seite 16).

Aufgrund aufeinander aufbauender Entwicklungsphasen aus Konzept, Design und Implementierung ist die Überprüfung der systemergonomischen Fragestellung erst zu einem späten Zeitpunkt möglich. Werden dann HMI-Probleme aufgedeckt, sind diese zeit- und kostenintensiv zu beseitigen. So sollte es das Ziel eines jeden Automobilherstellers sein, die Qualität der HMI-Systeme zu einem frühen Zeitpunkt zu evaluieren, so dass diese iterativ im laufenden Entwicklungsprozess optimiert werden können und die Ablenkungsgefahr sich minimieren lässt. Aktuell existiert in der HMI-Forschung sowie -Praxis kein geeignetes Vorgehen, welches eine strukturierte Evaluation von Konzepten für Automotive-Informations- und Kommunikationssysteme in frühen Phasen der Entwicklung ermöglicht.

1.2. Forschungsfragen

Ziel der vorliegenden Arbeit ist es, eine Vorgehensmodell zu entwickeln, welches die Qualität von HMI-Konzepten für Automotive-Informations- und -Kommunikationssysteme bereits während der HMI-Konzeptphase beurteilt. Hierzu werden spezifische Beurteilungskriterien extrahiert und ein strukturiertes Evaluations-Vorgehen wird definiert. Die Führung eines Fahrzeugs findet im Rahmen dreier unterschiedlicher Fahraufgaben statt (Primär-, Sekundär-, Tertiäraufgabe). Eng verknüpft mit der Primäraufgabe, welche die eigentliche Fahrzeugführung beschreibt, ist die Sekundäraufgabe. Sie entsteht aus Verkehrs- und Umweltbedingungen wie z.B. die Aktivierung des Scheibenwischers. Im Gegensatz zur Sekundäraufgabe steht die Tertiäraufgabe in einer indirekten Verbindung zur Primäraufgabe. Sie enthält Komfort-, Unterhaltungs-, Kommunikations- und Informationsaufgaben, welche in Abschnitt 3.2.1 auf Seite 51 detailliert beschrieben werden. Ziel sollte es sein, Konzepte, welche die Tertiäraufgabe betreffen, so zu entwickeln, dass diese nicht von der eigentlichen primären Fahraufgabe ablenken.

Erkenntnisse und methodische Inhalte bestehender Usability Engineering-Vorgehen, wie sie beispielsweise in der DIN EN ISO 9241 (Usability-Norm) oder in HMI-relevanten Automotive-Richtlinien (z.B. NHTSA-Guidelines) enthalten sind, werden bei der Ableitung der Beurteilungskriterien sowie des Evaluations-Vorgehens berücksichtigt. Im Gegensatz zur Konsumgüterelektronik bestehen hohe sicherheitsrelevante Anforderungen an HMI-Systeme im Fahrzeug. Der Fahrer hat primär die Aufgabe, das Fahrzeug zu führen. Parallel dazu interagiert er mit Komfort-, Unterhaltungs-, Kommunikations- und Informationsaufgaben, welche vom eigentlichen Fahren ablenken. So sind diese indirekt gekoppelt an die eigentliche Fahraufgabe, was bei der Ableitung von Kriterien berücksichtigt wird.

Aus der Aufgabenstellung und dem Stand empirischer und analytischer Studien ergibt sich die Beantwortung folgender Forschungsfrage:

Wie kann die Konzeptqualität für Automotive-Informations- und -Kommunikationssysteme, unter Berücksichtigung der Primäraufgabe, innerhalb der HMI-Konzeptphase beurteilt werden?

Diese Forschungsfrage kann in zwei Forschungs-Themenblöcke aufgeteilt werden, welche folgende Sub-Forschungsfragen beinhalten:

1. Beurteilungskriterien
   - Welche Eigenschaften besitzt der Evaluations-Gegenstand?
   - Wie lässt sich das Fahrer-Fahrzeug-Umfeld (FFU), in dem der Evaluations-Gegenstand eingesetzt wird, klassifizieren und berücksichtigen?
   - Wie können die Primär- und Sekundäraufgabe berücksichtigt werden?
   - Mittels welcher Methoden und Kriterien wird der Evaluations-Gegenstand beurteilt?
2. Evaluations-Vorgehen
   - Wann ist die früheste Phase einer strukturierten Evaluation innerhalb der HMI-Entwicklung?
   - Wie definiert sich der Evaluationsprozess und wer sind die Beteiligten?
   - Wie werden Eindrücke und Meinungen der Evaluatoren erhoben und erfasst?

1.3. Aufbau der Arbeit

Abschnitt 1 beschreibt die Motivation, sich mit dieser Arbeit zu befassen. Es wird die aktuelle Problematik aufgezeigt und relevante Fragestellungen werden erhoben. Wie die HMI in der Produktentwicklung der Automobilindustrie verankert ist und welche unterschiedlichen HMI-Phasen mit potentiellen Evaluations-Gegenständen existieren, wird in **Abschnitt 2** näher erläutert. **Abschnitt 3** analysiert die Anforderungen, welche an die Nutzung des HMI-Systems gestellt werden. Die einzelnen Modellkomponenten Fahrer, Fahrzeug und Umfeld werden untersucht und Anforderungen an den Evaluations-Gegenstand abgeleitet. **Abschnitt 4** beschreibt, welche Anforderungen an die Evaluation, das Vorgehen sowie die Beurteilungskriterien gestellt werden. Es werden existierende Usability-Fragebögen sowie HMI-fahrzeugrelevante Richtlinien und deren Lücken vorgestellt. **Abschnitt 5** beschreibt den Kern der wissenschaftlichen Arbeit. Aus den theoretischen Grundlagen der Abschnitte 2, 3 und 4 werden passende Beurteilungskriterien für den Evaluations-Gegenstand abgeleitet. Zudem wird ein Fragebogen entwickelt, welcher den Probanden für die Beurteilung des Gegenstands vorgelegt wird. **Abschnitt 6** prüft das Vorgehen sowie die abgeleiteten Beurteilungskriterien in einer empirischen Studie mit Hilfe erhobener Hypothesen. Anschließend wird aus den Studien sowie den erhobenen Daten ein Leitfaden zum Vorgehen der Evaluation von Automotive-HMI-Spezifikationen extrahiert. **Abschnitt 7** gibt eine abschließende Zusammenfassung der Arbeit sowie einen Ausblick auf weitere Forschungsfragestellungen.

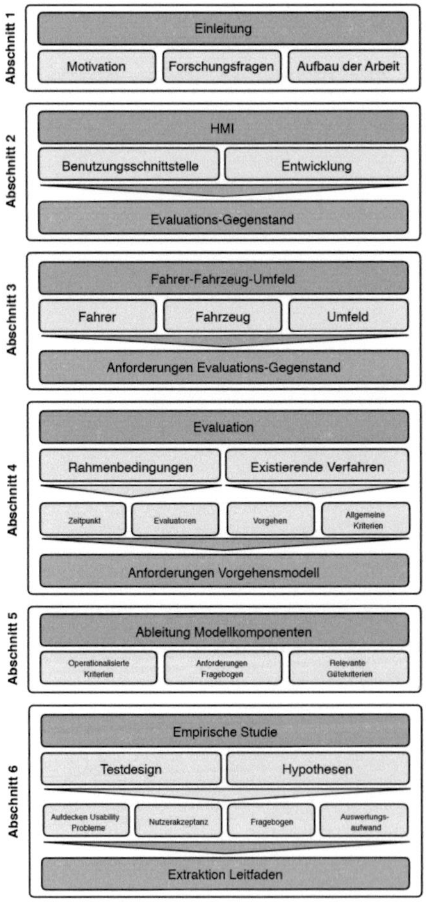

Abbildung 1.2.: Abschnitte und Inhalte der Arbeit

2. Human-Machine-Interaction

Um die Forschungsfrage nach passenden Beurteilungskriterien sowie einem Vorgehensmodell für eine frühzeitige Evaluation von Komfort-, Unterhaltungs-, Kommunikations- und Informationsaufgaben im Fahrzeug beantworten zu können, werden im folgenden Abschnitt die Verankerung der HMI-Entwicklung innerhalb der Fahrzeugentwicklung sowie der Evaluations-Gegenstand und dessen Grenzen analysiert.

Fragestellungen dieses Abschnitts

1. HMI-Entwicklung in der Automobilindustrie
   - Wie ist die HMI-Entwicklung in der Automobilindustrie verankert?
   - Welche spezifischen Rahmenbedingungen existieren innerhalb der HMI-Entwicklung in der Automobilindustrie?
   - Welche HMI-Entwicklungsphasen existieren und wer sind die Beteiligten?
2. HMI-Entwicklungsphasen und Evaluations-Gegenstand Konzept
   - Welche Darstellung besitzt das Konzept in der HMI-Konzeptphase?
   - Welche Evaluations-Grenzen besitzt das Konzept?
   - Welche Eigenschaften können mittels eines Konzepts evaluiert werden?

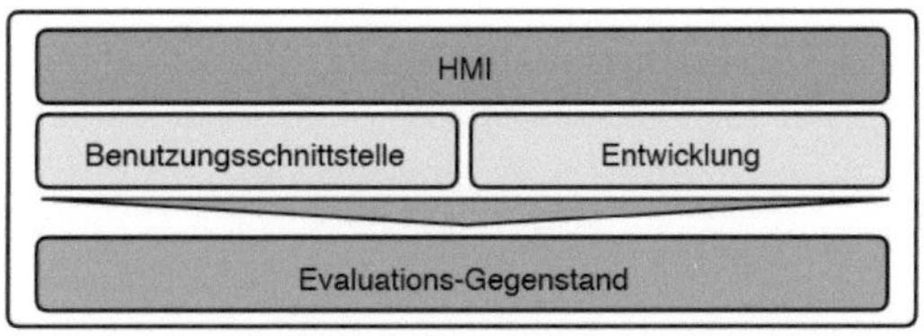

Abbildung 2.1.: Abschnitt *Human-Machine-Interaction (HMI)*

2.1. Grundlagen

2.1.1. Definition

In der internationalen Fachliteratur existieren verschiedenste Begrifflichkeiten für die Schnittstelle zwischen Mensch und Maschine. Im Rahmen dieser Arbeit wird die englischsprachige Bezeichnung **Human-Machine-Interaction** (HMI) verwendet.

Bezeichnung	Abkürzung
Human-Machine-Interface	HMI
Man-Machine-Interface	MMI
Mensch-Maschine-Schnittstelle	MMS
Fahrer-Fahrzeug-Schnittstelle	FFS
Human-Machine-Interaction	HMI
Mensch-Maschine-Interaktion	MMI
Man-Machine-Interaction	MMI
Fahrer-Fahrzeug-Interaktion	FFI

Tabelle 2.1.: Bezeichnungen für die Schnittstelle zwischen Mensch und Maschine

Das Forschungsfeld der HMI ist interdisziplinär und wird von Forschungsrichtungen der Psychologie, des Ingenieurwesens, der Informatik u.a. bearbeitet. Es befasst sich im Anwendungsgebiet Fahrzeug mit der Konzeption, Gestaltung, Implementierung und Bewertung von Benutzungsschnittstellen innerhalb einer Fahrer-Fahrzeug-Umfeld-Umgebung, welche in Abschnitt 3 auf Seite 41 beschrieben wird [Hew+96].

2.1.2. Benutzungsschnittstelle

> „*Alle Bestandteile eines interaktiven Systems (Software oder Hardware), die Informationen und Steuerelemente zur Verfügung stellen, die für den Benutzer notwendig sind, um eine bestimmte Arbeitsaufgabe mit dem interaktiven System zu erledigen.*“ [Isof]

Laut Moran beinhaltet die Benutzungsschnittstelle eines Fahrzeugs alle Aspekte mit denen der Fahrer physisch, perzeptiv oder konzeptionell in Verbindung tritt [Mor81]. Abbildung 2.2 auf Seite 9 veranschaulicht den Fahrerarbeitsplatz mit seinen spezifischen Benutzungsschnittstellen und Fahraufgaben (Primär-, Sekundär-, Tertiäraufgabe).

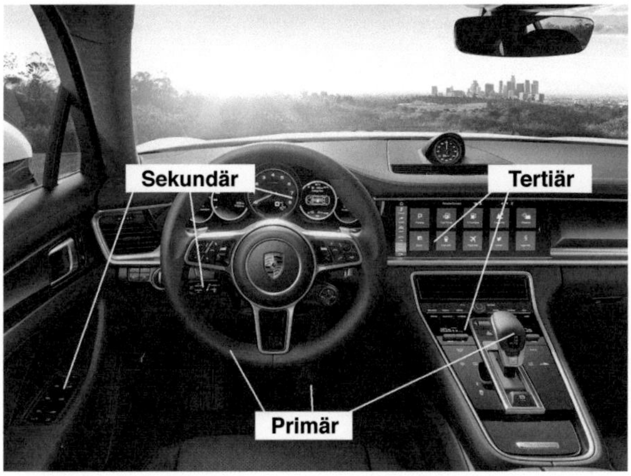

Abbildung 2.2.: Fahrerarbeitsplatz am Beispiel eines Porsche Panamera (2018)

Drei Anzeigeplatzierungen haben sich für die visuelle Repräsentation von Inhalten etabliert. Hinter dem Lenkrad befindet sich das Kombiinstrument, welches fahrrelevante Inhalte anzeigt. In der Windschutzscheibe bieten einige Hersteller ein Head-up-Display an, welches zusätzliche fahrrelevante Inhalte darstellt. Inhalte, welche nicht direkt mit der Fahraufgabe in Zusammenhang stehen, sogenannte Tertiäraufgaben (z.B. Bedienung der Navigation oder des Radios), werden in der Mittelkonsole (Zentraldisplay) visuell dargestellt. Sie stehen nur in einer indirekten Verbindung mit der tatsächlichen Fahraufgabe. Interagiert wird mit Inhalten dieser Aufgabenklasse mittels der Bedienmodalitäten Haptik (z.B. DDS, Knöpfe, Schieberegler), Akustik (Sprachdialogsystem) und/oder Touch (Bedienung mittels Virtuelle Elemente).

Da der Fokus dieser Arbeit auf der Evaluation von Konzepten für Tertiäraufgaben liegt, werden diese zusammen mit den Sekundär- und Primäraufgaben detailliert in Abschnitt 3.2.1 auf S. 51 erläutert.

Um die Unfallgefahr zu minimieren, sollten Benutzungsschnittstellen so entwickelt werden, dass die **Fahrerablenkung auf ein Minimum reduziert** wird.

> „*Driver distraction is the diversion of attention away from activities critical for safe driving toward a competing activity.*“ [LYR09, S. 34]

Fahrerablenkung entsteht, sobald Informationen, die nicht für das eigentliche Fahren relevant sind wahrgenommen, fokussiert und verarbeitet werden (siehe Abschnitt

3.2.1 auf Seite 48). Da die Tertiäraufgabe für die eigentliche Fahraufgabe nicht relevant ist und diese zudem negativ beeinflusst, stellt sie immer eine Fahrerablenkung dar. Die Ausprägung der Fahrerablenkung wird definiert durch das komplexe Zusammenspiel der Eigenschaften folgender Komponenten [Hem14, 15ff.]:

- Fahrer
- Fahrzeug
- Umfeld

Eine detaillierte Betrachtung des Fahrer-Fahrzeug-Umfelds, welches die Ausprägung der Fahrerablenkung definiert, findet in Abschnitt 3 auf S. 41 statt.

Im folgenden Abschnitt werden die Produktentwicklung innerhalb der Automobilindustrie sowie die darin verortete HMI-Entwicklung mit ihren Entwicklungsphasen erläutert. Es wird analysiert, ab welcher Phase eine Evaluation stattfinden kann und welche Eigenschaften der dort enthaltene Evaluations-Gegenstand besitzt.

2.2. Automotive HMI

2.2.1. Produktentwicklung Automobilindustrie

Die Produktentwicklung in der Automobilindustrie besteht aus einer Mischform zwischen Linien- und Matrixorganisation [ST12]. Die horizontale Linienorganisation, bestehend aus unterschiedlichen Entwicklungsbereichen, wird durch die senkrecht liegende Baureihe durchzogen (siehe Abbildung 2.3 auf Seite 11). Diese koordiniert auf Leitungsebene alle dazugehörigen Aktivitäten und Beteiligten, welche in die Entwicklungstätigkeiten der Baureihe involviert sind. Einzelne Entwicklungsbereiche behalten jedoch weiterhin ihre Eigenständigkeit.

Die matrixartige Strukturierung ermöglicht es, für unterschiedliche Baureihen gleiche Entwicklungstätigkeiten zu bündeln. So wird beispielsweise eine Komponente entwickelt und für unterschiedliche Baureihen mit baureihenspezifischen Anpassungen verwendet. Auf diese Weise wird das Fehlerrisiko verringert und die Qualität gesteigert, da Komponenten nur einmal getestet werden müssen.

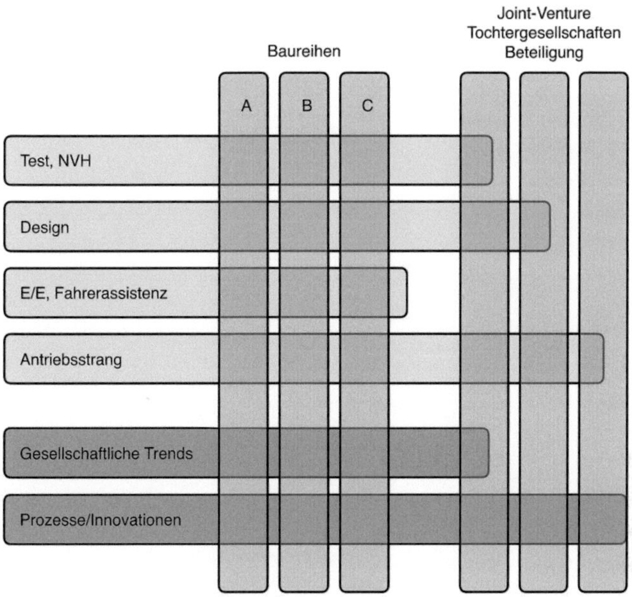

Abbildung 2.3.: Linien-/Matrixorganisation in der Automobilindustrie nach Traub [ST12]

Die Entwicklung einer Baureihe wird in vier Entwicklungsphasen aufgeteilt:

1. Produktstrategie: Auf Basis von forschungs- und projektspezifischen Vorentwicklungsergebnissen, Marktanalysen sowie gesetzlichen Bestimmungen werden Anforderungen an eine Baureihe gestellt und bewertet.
2. Technologieentwicklung: Aus den Anforderungen der ersten Phase wird aus einer bestehenden Elektronik-Architektur eine auf die Baureihe zugeschnittene Elektronik-Architektur abgeleitet. Innerhalb eines Automobilherstellers existiert eine spezifische Baureihe, welche als Technologie- und Imageträger fungiert. Diese enthält die aktuelleste Architektur sowie neue Technologien.
3. Fahrzeugentwicklung: Anforderungen der Technologieentwicklung werden bis zur Serienreife weiterentwickelt. Es werden Baureihen-Prototypteile erstellt und einzelne Komponenten erprobt sowie evaluiert.
4. Verkaufsstart: Bei Serienreife wird mit den Produktionsphasen der Baureihe begonnen. Der Verkaufsstart einer Baureihe beginnt mit dem SOP.

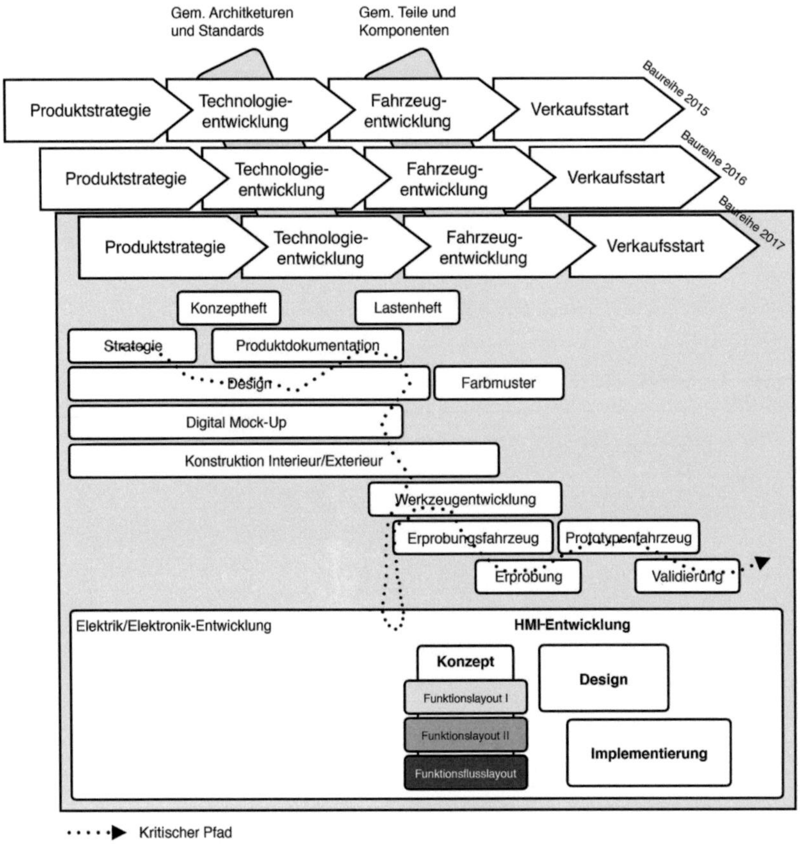

Abbildung 2.4.: Verortung HMI-Entwicklung nach Traub [ST12]

Innerhalb der Linienorganisation ist der Entwicklungsbereich Elektrik/Elektronik verankert. Alle elektronischen Komponenten werden dort konzipiert, entwickelt und evaluiert. Abbildung 2.4 veranschaulicht die vier Entwicklungsphasen (Produktstrategie, Technologieentwicklung, Fahrzeugentwicklung, Verkaufsstart) je Baureihe und die darin verankerten Tätigkeiten. Die Elektrik/Elektronik-Entwicklung findet über den Zeitraum aller Entwicklungsphasen statt, die HMI-Entwicklung ab der Phase der Fahrzeugentwicklung. Letztere wird gestartet, sobald die Architektur-Entwicklung abgeschlossen ist. Zu welchen Abhängigkeiten und Verzögerungen es in der Gesamtentwicklung kommen kann deutet der kritische Pfad an [Roy87].

Erkenntnis: Die HMI-Entwicklung innerhalb der Fahrzeugentwicklung startet zu einem späten Zeitpunkt. Anforderungen an Hard- und Software können kaum mehr eingebracht werden, so dass sich die HMI an die Gegebenheiten der Soft- und Hardware anpassen muss. Im Folgenden werden die einzelnen Phasen der HMI-Entwicklung vorgestellt, um zu identifizieren, ab welchem Zeitpunkt eine Evaluation von Tertiäraufgaben (siehe Abschnitt 3.2.1 auf Seite 51) stattfinden kann.

2.2.2. HMI-Entwicklung

Wie bereits im Abschnitt 1.2 Forschungsfragen auf Seite 4 erläutert, liegt der Fokus dieser Arbeit auf der Evaluation von HMI-Konzepten für Tertiäraufgaben. Dieser Aufgabentyp beinhaltet Komfort-, Unterhaltungs-, Kommunikations- und Informationsaufgaben, welche in einem sogenannten KUKI-System verortet sind.

Struktur KUKI-System

Funktionen und Inhalte sind nicht regellos im System platziert. Sie unterliegen einer Struktur, welche in Tabelle 2.2 definiert wird.

Struktur	Definition	Beispiel
System	Ein System ist die *„Menge von geordneten Elementen mit Eigenschaften, die durch Relationen verknüpft sind. Die Menge der Relationen zwischen den Elementen eines Systems ist seine Struktur. Unter Elemente versteht man einen Bestandteil eines Systems, der innerhalb dieser Gesamtheit nicht weiter zerlegt werden kann.“* [Sys]	KUKI
Produkt	Aus Kundenperspektive ist ein Produkt ein Mittel zur Bedürfnisbefriedigung und trägt zur Nutzengewinnung bei. Es bündelt physisch-technische Eigenschaften und befriedigt funktionale Kundenbedürfnisse [Pro].	Telefon
Funktion	Gebrauchsfunktionen bilden funktionale Kundenwünsche des Produkts ab. Sie können bewusst oder improvisiert in Anspruch genommen werden [Sch13].	Anruf tätigen

Tabelle 2.2.: Klassifizierung KUKI-System: System-Produkt-Funktion

So ist je Fahrzeug jeweils nur ein KUKI-System verbaut. In ihm sind alle verfügbaren Produkte (z.B. Telefon, Navigation, Fahrzeug etc.) enthalten. Jedes Produkt enthält spezifische Funktionen (z.B. Anruf tätigen, zu letztem Ziel navigieren, Reifendruck darstellen etc.), mit denen Aktionen oder Inhalte aufgerufen werden. Die vorgestellte

Struktur ist für die Konzepterstellung relevant, da sich Funktionen und Inhalte gegenseitig beeinflussen sowie Abhängigkeiten zwischen den unterschiedlichen Produkten bestehen. Dies sollte allen Projektbeteiligten bewusst sein, um Missverständnisse zu vermeiden sowie Konzeptentscheidungen der Spezifikateure zu verstehen.

Projektbeteiligte

Innerhalb der HMI-Entwicklungsphasen existieren umfangreiche Abstimmungen zwischen allen Projektbeteiligten mit folgenden Professionen [DU14]:

- Produktmanager: Er ist für das System ganzheitlich verantwortlich und begleitet die Entwicklungstätigkeiten über alle Entwicklungsphasen. Zu seinen Aufgaben gehören u.a. Gremienarbeit oder Schnittstellendefinition.
- Designer: Er ist für die grafische Gestaltung des Systems verantwortlich.
- Software-/Hardwareentwickler: Er ist für die software- sowie hardwareseitige Implementierung des Systems verantwortlich.
- Software-/Hardwaretester: Er ist für die software- sowie hardwareseitige Absicherung des Systems verantwortlich.
- Spezifikateur: Er konzipiert das System aufgrund seiner Usability Engineering-Kenntnisse. Je nach Ausbildungshintergrund unterscheiden sich diese Kenntnisse, welche in Abschnitt 2.3.2 auf S. 23 näher erläutert werden. Auch berücksichtigen die Spezifikateure die Anforderungen des Fahrer-Fahrzeug-Umfelds (siehe Abschnitt 3 auf Seite 41) sowie die technischen und inhaltlichen Rahmenbedingungen, welche im Lastenheft definiert sind.

Aufgrund des Umfangs eines KUKI-Systems konzipiert, gestaltet oder evaluiert nicht eine Person das KUKI-System ganzheitlich. Es wird in unterschiedliche Produkte aufgeteilt (siehe Abschnitt 3.2.1 auf Seite 51) und von mehreren Projektbeteiligten (z.B. ein Produktmanager, drei Designer, vier Software- und Hardwareentwickler, zwei Software- und Hardwaretester, vier Spezifikateure) bearbeitet.

Lastenheft

> Gemäß DIN EN ISO 69905 beschreibt ein Lastenheft die „*[...] vom Auftraggeber festgelegte Gesamtheit der Forderungen an die Lieferungen und Leistungen eines Auftragnehmers innerhalb eines Auftrages [...]*“ [Isod].

Neben der Aufzählung aller Projektbeteiligten enthält das Lastenheft zentrale Betrachtungsgegenstände und deren Eigenschaften [Poh08, 232ff.]:

- Hardware: Durch die Hardware wird u.a. definiert, welche Bildschirmgröße und Auflösung verwendet werden, welche Materialität das Gehäuse besitzt, wie hoch die Speicherkapazität ist, welche Prozessorleistung verwendet wird, welche haptischen Bedienelemente Verwendung finden und Weiteres.
- Software: Auf Softwareseite wird u.a. definiert, in welcher Programmiersprache das System entwickelt wird, wie die Software mit der Hardware zusammenspielt, wo die Trennung der Schnittstelle zwischen Back- und Front-End ist, welche Grafik-Engine verwendet wird und Weiteres.
- Funktionen und Inhalte: Neben der Soft- und Hardware enthält das Lastenheft Anforderungen an Inhalte und Funktionen. Diese gehen aus der Produktentwicklungsphase Produktstrategie hervor.

In der HMI-Entwicklung der Automobilindustrie ist ein **Hardware-Trend in Richtung Touch-Displays** erkennbar. So stellte beispielsweise der Automobilhersteller Volkswagen auf der Technik-Messe Consumer Electronic Show 2015 in Las Vegas ein Fahrzeug vor, welches auf die haptische Bedienung der Tertiäraufgabe vollständig verzichtet [Goo]. In Fahrzeugen des Automobilherstellers Tesla wird ein 17-Zoll Display verbaut, über das Funktionen per Touch bedient werden [Mot]. Die Entwicklung zum Verzicht auf haptische Bedienteile bedingt die Einführung von Apple CarPlay [Inca] sowie Google Automotive [Incb]. Beides sind Systeme von Herstellern aus der Konsumgüterelektronik, welche ihre eigenen Produkte, Funktionen und Inhalte auf das HMI-System des Automobilherstellers projizieren. Durch den Verzicht auf haptische Bedienteile kann der Fahrzeughersteller diese Systeme ohne Beachtung der haptischen Bedienteile einbinden. Daraus resultiert eine Verringerung der Entwicklungs- und Testaufwände für den Automobilhersteller [Wie12].

Erkenntnis: In dieser Arbeit werden Konzepte, welche die Bedienmodalität Touch betreffen, betrachtet. Viele der Fahrzeughersteller setzen bereits auf diese Art der Bedienung und es ist davon auszugehen, dass in naher Zukunft vermehrt Fahrzeughersteller die Bedienmodalität Touch unterstützen. Der Nutzer kennt die direkte Interaktion bereits von seinem Smartphone und erwartet selbige auch im Fahrzeug. Eine differenzierte Betrachtung ist notwendig, da der Aufruf von Inhalten und Funktio-

nen zwischen der Bedienmodalität Touch und Haptik unterschiedlich ist. Bei Touch berührt der Nutzer den Inhalt seiner Wahl ohne Umweg, bei der Bedienung mittels haptischer Bedienteile muss der Nutzer zum Inhalt oder der Funktion navigieren. Dies erfordert andere Interaktionsschritte, welche mittels spezifischer Beurteilungskriterien hinterfragt werden müssen.

Das Lastenheft, welches alle Anforderungen an Hard- und Software enthält, wird vom Produktmanager an den Spezifikateur übergeben. Innerhalb der HMI-Entwicklungsphasen entwickeln er und seine Kollegen ein funktionstüchtiges Produkt.

2.2.3. HMI-Entwicklungsphasen

Die HMI-Entwicklung in der Automobilindustrie gliedert sich in drei Phasen: Konzept, Design und Implementierung. Jede Phase wird im Folgenden beschrieben und es erfolgt eine Analyse, zu welchem Zeitpunkt eine Evaluation möglich ist.

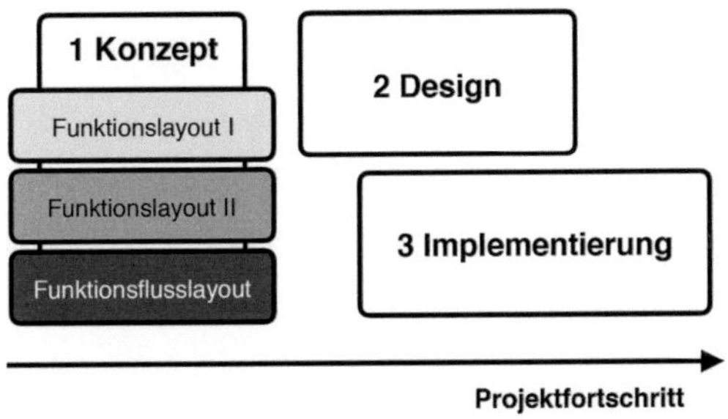

Abbildung 2.5.: HMI-Entwicklungsphasen Automobilindustrie

Entwicklungsphase Konzept

Innerhalb der HMI-Konzeptphase existieren unterschiedliche Entwicklungstätigkeiten. So werden Ideen schrittweise vom Spezifikateur ausgearbeitet, durch Entwurfstechniken (siehe Tabelle 2.3 auf Seite 19) in ein formelles Format überführt und gegenüber den Projektbeteiligten kommuniziert. Im Folgenden werden die **unterschiedlichen Entwicklungstätigkeiten** (ET) und darin enthaltenen **Entwurfstechniken** (EFT) vorgestellt. Es gilt zu prüfen, ob und zu welchem Zeitpunkt,

sowie mittels welcher Entwurfstechnik, eine frühtsmögliche Evaluation stattfinden kann (siehe Tabelle 2.4 auf Seite 20).

1. **Entwicklungstätigkeit Strukturierung Inhalte und Funktionen:** Inhalte und Funktionen des Lastenhefts werden nach inhaltlicher Zusammengehörigkeit gruppiert, benannt und mittels eines Strukturbaums (SB) dargestellt. Die Ableitung der Struktur erfolgt beispielsweise durch die Konzeptmethode *Card Sorting*. Mittels dieser Methode werden Strukturen innerhalb eines Produkts (siehe Abschnitt 5.2.3 auf Seite 126) hergeleitet. Mehrere Spezifikateure sortieren Karten, auf denen Inhalte und Funktionen stehen, nach Erwartungshaltung und Logik. Das Ergebnis ist eine Struktur aller Inhalte und Funktionen [MHH12, 26f.].
2. **Entwicklungstätigkeit Definition Layout:** Der Bildschirm eines KUKI-Systems besitzt ein festes Seitenformat, welches sich aus der Breite und Höhe der Fläche ergibt (siehe Abschnitt 2.2.2 auf Seite 14). Aus diesem werden Proportionsregeln abgeleitet. Dies kann frei nach gestalterischem Empfinden oder anhand mathematischer Formeln erfolgen (z.B. *Goldener Schnitt*). Ziel ist es, den Bildschirm für das menschliche Auge in harmonische Bereiche zu unterteilen [BP95]. Das Ergebnis ist eine Vermaßung, welche in ein Layout-Grid übertragen wird [Goo09, 622ff.] [CRC07, 296f.]. Im Anschluss werden grundlegende Inhaltsbereiche, welche für jedes Produkt bzw. jede Funktion innerhalb des Systems relevant sind, im Gestaltungsraster (Layout-Grid) verankert. Für KUKI-Systeme sind das der Steuerungs-, Eingabe-, Ausgabe- und Meldungsbereich (siehe Abschnitt 2.3.3 auf Seite 26). Erste Konzeptideen werden mittels Screenskizzen (SS) und ausformulierte Ideen mittels eines Funktionslayouts (FL) erstellt.
3. **Entwicklungstätigkeit Definition Widgets:** Inhalte und Funktionen, welche sich im System wiederholen oder ähnlich sind (Design und Interaktion), werden als Widgets dargestellt. Ein Widget ist eine Gruppierung von Elementen und sollte sich in das Gestaltungsraster des Layouts einfügen [CRC07, S. 130]. Erste Ideen werden mittels Screenskizzen und ausformulierte Ideen in das Funktionslayout (FL) in Schritt 4 übernommen.
4. **Entwicklungstätigkeit Zusammenführung Layout, Widgets und Inhalte/Funktionen:** Alle Inhalte, Funktionen und Widgets werden zusammen im Funktionslayout dargestellt. Aus diesem wird im Anschluss ein Funktions-

flusslayout (FFL) entwickelt, welches Abläufe zwischen den einzelnen Funktionslayouts darstellt. Ergebnis der HMI-Konzeptphase ist eine Spezifikation, in der das Funktionsflusslayout mit funktionalen Eigenschaften und Zusammenhängen beschrieben ist.

Tabelle 2.3 auf Seite 19 visualisiert und beschreibt die verschiedenen Entwurfstechniken je Entwicklungstätigkeit bevor im nächsten Schritt analyisiert wird, mittels welcher Entwurfstechnik eine frühstmögliche Evaluation durchgeführt werden kann.

Entwicklungs-tätigkeit (ET)	Entwurfs-technik (EFT)	Visualisierung	Beschreibung
1. Struktur Inhalt und Funktionen	SB	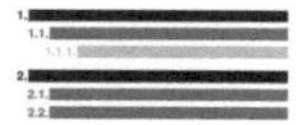	SB: Funktionen, Inhalte oder Abläufe werden in einer logischen Struktur hierarchisch gegliedert. Durch ihn lässt sich ermitteln, wo Handlungsalternativen auftreten oder mehrere Handl. parallel durchgeführt werden [RM98].
3. Definition Layout	SS, FL	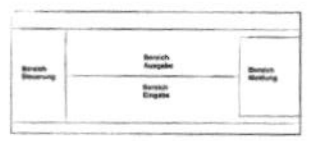	SS: Das Layout wird in einer Skizze visualisiert und dient der Kommunikation der Grundidee. Es wird konkretisiert, worauf es ankommt. Skizzen sollten gekennzeichnet werden, da sonst die Gefahr besteht, das sie als vollständiger Entwurf angesehen werden.
4. Definition Widgets	SS, FL	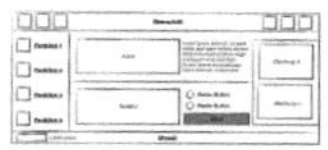	FL: Inhalte werden auf einem Screen strukturell logisch dargestellt. Dadurch wird eine Vorstellung erzeugt, wo und wie etwas auf der Seite wirkt und welche Zusammenhänge bestehen, ohne das grafische Design in den Vordergrund zu stellen [Fli09, S. 123].
5. Zusammenführung Widgets, Inhalte und Funktionen	FL, FFL	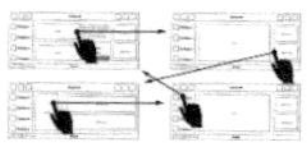	FFL: Es beschreibt, wie Funktionslayouts (FL) verknüpft sind. Strukturbäume, welche Funktionen, Inhalte und Abläufe in einer logischen Strukturierung bringen, helfen beim erstellen. Im Gegensatz zum Strukturbaum zeigt das FFL die Verknüpfung einzelner Elemente eines FL an.

Tabelle 2.3.: Entwicklungstätigkeiten und Entwurfstechniken der HMI-Konzeptphase [Chl12, 41ff.]

Vorgestellte Entwurfstechniken, welche in den unterschiedlichen Entwicklungstätigkeiten Anwendung finden, sind materielle Gegenstände und auf einen möglichen Einsatz als Evaluations-Gegenstand zu prüfen. Existieren **Vorgaben, Regeln** oder **Formate** für einen Evaluations-Gegenstand, kann überprüft werden, ob diese eingehalten werden.

Entwurfstechnik	Eignung als Evaluations-Gegenstand	
Strukturbaum (SB)	Ein Strukturbaum wird mit Hilfe der Konzeptmethode *Card Sorting* analytisch hergeleitet. Er unterliegt keinen Vorgaben, Regeln oder Formaten und basiert auf der Erwartungshaltung der Teilnehmer der Konzeptmethode *Card Sorting*.	-
Screenskizze (SS)	Eine Screenskizze wird frei nach Belieben erstellt. Sie unterliegt keine Vorgaben, Regeln, Formaten.	-
Funktionslayout (FL)	Ein Funktionslayout wird von einem Spezifikateur aufgrund seines Erfahrungswissens sowie definierten Usability-Regeln erstellt. Es ist geprägt durch Vorgaben, Regeln und Formate.	✓
Funktionsflusslayout (FFL)	Ein Funktionsflusslayout wird von einem Spezifikateur aufgrund seines Erfahrungswissens sowie definierten Usability-Regeln erstellt. Es ist geprägt durch Vorgaben, Regeln und Formate.	✓

Tabelle 2.4.: Entwurfstechniken - Eignung als Evaluations-Gegenstand

Erkenntnis: Eine **frühestmögliche Evaluation ist mittels der Entwurfstechnik Funktionslayout** während der Entwicklungstätigkeit Definition Layout möglich. Die Design- und Implementierungsphase startet, sobald das Funktionsflusslayout spezifiziert ist. Im Folgenden werden die zwei nachfolgenden Phasen erläutert, um in Abschnitt 2.3.4 auf Seite 31 analysieren zu können, was innerhalb der Konzeptphase nicht evaluiert werden kann.

Entwicklungsphase Design

Ziel der Entwicklungsphase Design ist es, dem Funktionsflusslayout ein grafisches Design zu verleihen. Folgende Entwicklungstätigkeiten sind hierfür erforderlich:

1. Definition Designsprache: In der Designsprache werden Grundelemente verwendet, aus denen Regelmäßigkeiten in der Gestaltung von Produkten abge-

leitet werden. Jeder Automobilhersteller besitzt ein individuelles Corporate Design (CD), welches das Erscheinungsbild definiert. Dazu gehören die Gestaltung der Kommunikationsmittel, des Internetauftrittes oder bereits existierende Produktgruppen, welchen ein Design zugrunde liegt. Alle diese Gegebenheiten prägen die Designsprache und werden im Anschluss an die HMI-Konzeptphase für KUKI-Systeme entwickelt. Eine Designsprache setzt sich zusammen aus:

- Sammlung von Grundelementen wie z.B. Farben, Formen, Größen, Schrift.
- Definition von Kompositionsregeln wie z.B. Kombination Grundelemente.
- Darstellung von Anwendungsgebieten wie z.B. wie und wann sich Kompositionsregeln verändern können.

Ziel der Designsprache ist es, das *look and feel* des Systems zu beschreiben. Bei KUKI-Systemen im Fahrzeug bedeutet Design nicht ausschließlich die schöne Gestaltung (*look*). Formgebung und Funktionalität sind ebenso Bestandteil des Designs (*feel*). Die Designsprache wird in einem Design-Styleguide verschriftlicht [NZ06].

2. Definition Referenz-Design-Screens: Aufbauend auf der Designsprache werden einzelne Funktionslayouts, meist von externen Design-Agenturen, gestaltet. Nach Abnahme durch den Automobilhersteller werden die Referenz-Design-Screens an die Entwicklungsphase Implementierung übergeben.

Entwicklungsphase Implementierung

Ziel der Entwicklungsphase Implementierung ist es, das Funktionsflusslayout inklusive Design zu implementieren und auf die Hardware zu übertragen. Folgende Entwicklungstätigkeiten sind dafür erforderlich:

1. Programmierung Back-End: Die Logik des Produkts wird programmiert. Auch findet zu diesem Zeitpunkt eine Vernetzung mit dem Umfeld statt.
2. Programmierung Front-End: Aufbauend auf dem Back-End wird eine grafische Benutzungsoberfläche programmiert. Diese beinhaltet alle Bereiche und Elemente, welche im Funktionsflusslayout verortet sind. Mittels der Referenz-Screens aus der HMI-Designphase wird dem interaktiven Funktionsflusslayout ein Design verliehen. Zudem werden alle definierten Interaktionen (z.B. Animationen etc.) implementiert.

3. Übertrag Soft- auf Hardware: Im letzten Schritt wird die Software (Back- und Front-End) auf die Hardware übertragen. Ab diesem Zeitpunkt können alle audio-visuellen und haptischen Komponenten angesprochen werden. Auch wird das HMI-System mit dem Fahrzeug über Fahrzeugschnittstellen verknüpft, wodurch mit unterschiedlichen HMI-Systemen (z.B. Kombiinstrument, Head-up-Display, Klimaanlage, Sitz etc.) kommuniziert werden kann. Zu diesem Zeitpunkt kann das KUKI-System im Fahrsimulator oder im realen Fahrzeug evaluiert werden.

Wie bereits erläutert, ist eine frühestmögliche Evaluation auf Basis der Entwurfstechnik des Funktionslayouts innerhalb der HMI-Konzeptphase möglich (siehe Tabelle 2.3 auf Seite 19). Dieses wird im folgenden Abschnitt analysiert, so dass daraus Anforderungen für die Evaluation abgeleitet werden können.

2.3. Entwurfstechnik Funktions(-fluss-)Layout

Zu Beginn der HMI-Entwicklungsphase Konzept werden Inhalte und Funktionen strukturiert, Proportionsregeln für das Layout-Grid aufgestellt und Screenskizzen eingesetzt um Grundideen zu kommunizieren (siehe Abschnitt 2.2.3 auf Seite 16). Hat die Grundidee Bestand, wird diese von einem Spezifikateur in ein Funktionslayout überführt.

2.3.1. Definition

Ein Funktionslayout ist eine schematische Visualisierung, welche die Seitenstruktur sowie verortete Bereiche, Inhalte und Elemente darstellt [Fli09, 101ff.]. Aufgrund der Gestaltungsform ist ein Funktionslayout in frühen Phasen hervorrufend, vorschlagend, erforschend, fragend, einbringend, provozierend, unverbindlich und vorläufig [Bux10, 139ff.]. In der Fachliteratur wird für ein Funktionslayout meist die englischsprachige Bezeichnung **Wireframe** verwendet:

> „*A simplified view of what content will appear on each screen of the final product, usually devoid of color, typographical styles, and images. Also know as schematics, blueprints.*“ [Bro07, S. 166]

In der Praxis besitzen Funktionslayouts innerhalb der Softwareentwicklung während der Konzeptionsphase eine lange Tradition. Da in der HMI-Literatur jedoch kaum

Hinweise oder Fragestellungen in Bezug auf deren Einsatz, Gestaltung oder Bewertung zu finden sind, ist anzunehmen, dass kein einheitlicher Entwicklungsstandard existiert. Aufgrund der wenigen unterschiedlichen existierenden Definitionen wird eine **eigene Begriffserklärung** für die vorliegende Arbeit verwendet:

> *„Ein Funktionslayout verortet alle relevanten Funktionsbereiche eines Bildschirms. Inhalte werden in Form von Elementen (z.B. Text, Icon, Platzhalter) innerhalb der Funktionsbereiche nach Priorität und Funktionalität schematisch visualisiert. Eine grafische Ausgestaltung der Elemente findet zu keinem Zeitpunkt statt. Das Funktionslayout dient als Grundlage für die grafische Erstellung, das Funktionsflusslayout für die Implementierung der Bedienoberfläche.“* - Christoph Mühlbauer

Wie bereits in Abschnitt 2.2.2 auf Seite 14 erwähnt, konzipieren Spezifikateure mit unterschiedlichen Ausbildungshintergründen die Produkte eines KUKI-Systems. Im Folgenden wird erläutert, welche Ausbildungshintergründe diese besitzen und welche Besonderheiten diesbezüglich in der Automobilindustrie existieren.

2.3.2. Spezifikateur

Laut einer Studie des Berufsverbandes User Experience und Usability [Chl12, 41ff.] hat die Mehrheit der im Bereich HMI tätigen Spezialisten (m=59 Prozent, w=41 Prozent), welche sich mit der HMI-Konzeption beschäftigen, eine akademische Ausbildung:

- Informatik
- Psychologie
- Industrie-/Kommunikationsdesign
- Digitale Medien
- Wirtschafts-/Medieninformatik
- Betriebswirtschaftslehre
- Medientechnik
- und weitere

Ein Viertel aller Befragten (Durchschnittsalter m=35,9, w=33,7) gibt an, anstelle eines Studiums oder zusätzlich dazu eine Berufsausbildung wie Mediengestaltung oder Fachinformatik durchlaufen zu haben. Zudem absolvieren 28 Prozent der Befragten eine Weiterbildung zum Usability-Consultant, -Engineer oder -Analysten.

Besonderheit Automobilindustrie

Die Zusammensetzung des HMI-Teams während der Konzeptphase in der Automobilindustrie ist vergleichbar. Praxis-Beobachtungen zeigen aber, das **vermehrt Maschinenbau- und Elektrotechnik-Ingenieure** im Tätigkeitesfeld HMI beschäftigt sind. Dies ist historisch bedingt. Studiengänge der Psychologie, des Kommunikationsdesigns oder der digitalen Medien sind erst seit einigen Jahren in der Automobilindustrie aufgrund der zunehmenden Digitalisierung gefragte Fachrichtungen. Zuvor existierten keine Systeme, welche diese Ausbildungshintergründe erforderten. Es gab ausschließlich das HMI System Radio, welches von klassischen Ingenieuren konzipiert bzw. von einem externen Dienstleister eingekauft wurde. Bedingt durch die technologische Entwicklung in der Konsumgüterelektronik und den Erwartungshaltungen der Fahrzeugnutzer differenzieren sich die KUKI-Systeme immer weiter.

Eine weitere Besonderheit innerhalb der Automobilindustrie ist, dass eine **hohe Geheimhaltung** bezüglich neuer Ideen und Entwicklungen besteht. Dies hat Einfluss auf die Evaluation von HMI-Spezifikationen, da es kaum möglich ist, sehr frühe Konzepte durch externe Probanden zu testen. Die Konzeptbeurteilung findet daher meist mittels einer expertenbasierten Evaluation (siehe Abschnitt 4.3 auf Seite 67) durch Spezifikateure der eigenen HMI-Abteilung statt.

Erkenntnis: Bei der Ableitung der Beurteilungskriterien sowie des Evaluations-Vorgehens müssen die **unterschiedlichen Ausbildungs- und Erfahrungshintergründe berücksichtigt** werden. So besitzt ein Spezifikateur mit einer psychologischen Ausbildung ein anderes Methodenwissen bzw. Fach-Vokabular als beispielsweise ein Maschinenbau-Ingenieur oder ein Designer. Zusätzlich sollten jedoch auch Usability-Schulungen angeboten werden, um ein einheitliches Fachwissen bezüglich Usability-Testing, -Prinzipien, -Prozessmanagement oder -Begriffen aufzubauen.

Um zudem die individuellen Anforderungen der Spezifikateure an die expertenbasierte Evaluation zu berücksichtigen, wird eine schriftliche Befragung durchgeführt, welche im Folgenden vorgestellt wird.

Schriftliche Befragung HMI-Spezifikateure nach deren Anforderungen

Zehn Spezifikateure aus der HMI-Fachabteilung eines deutschen Automobilherstellers werden nach deren Anforderungen an eine expertenbasierte Evaluation befragt. Dies erfolgt mittels eines Fragebogens (siehe Anhang A.1), welcher sowohl Ausbildungs- und Erfahrungshintergründe als auch Erwartungen hinterfragt. Bei der Frage *Nennen Sie Anforderungen, die Sie an eine expertenbasierte Evaluation von HMI-Konzepten stellen* wird der Beantwortungstyp der offenen Frage gewählt.

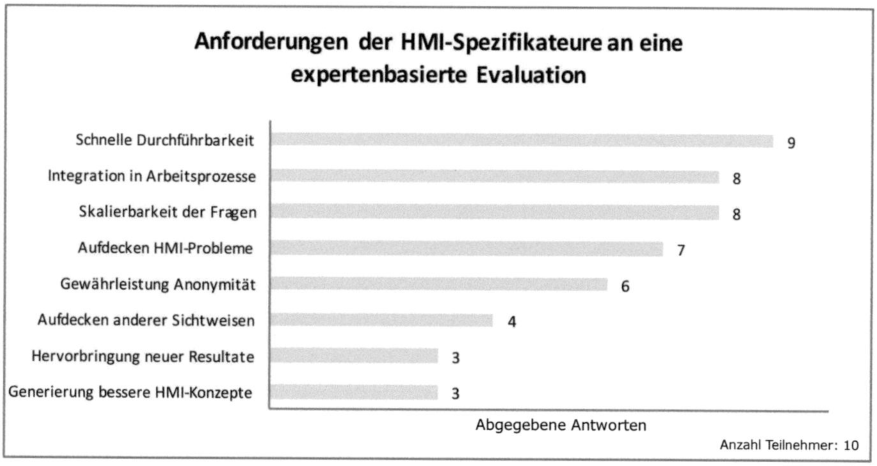

Abbildung 2.6.: Anforderungen der HMI-Spezifikateure an expertenbasierte Evaluation

Abbildung 2.6 zeigt auf, welche Anforderungen die befragten Spezifikateure an eine expertenbasierte Evaluation haben. Die schnelle Durchführbarkeit (9/10), Integration in den Arbeitsprozess (8/10) sowie die Skalierbarkeit der Fragen (8/10) sind darauf zurückzuführen, dass ein hoher Zeitdruck während der HMI-Konzeptphase existiert und Angst vor einer Doppelbelastung aus Konzepterstellung und -evaluation besteht. Vielen der Befragten ist zudem die Anonymität der Ergebnisse wichtig (6/10). Ebenfalls erhofft sich ein großer Teil der Spezifikateure, dass eine Evaluation HMI-Probleme aufdeckt (7/10) und/oder andere Sichtweisen (4/10) hervorbringt. Da keine Antwortvorgaben oder -kategorien existieren, können Positionen, Einstellungen oder Meinungen frei von den Teilnehmern formuliert werden und der Befragte wird nicht von Antwortvorgaben beeinflusst.

Die Anforderungen der HMI-Spezifikateure, welche diese an eine Evaluation stellen, werden in Abschnitt 6.1.2 auf Seite 144 bei der Überprüfung der Forschungshypothesen berücksichtigt. Welche Elemente und Darstellungen eines Funktions(-fluss-)-Layouts beurteilt werden können, wird im nächsten Abschnitt detailliert erläutert.

2.3.3. Darstellungsformen und Bestandteile

In Abhängigkeit von den Entwicklungstätigkeiten innerhalb der HMI-Konzeptphase beinhalten Funktions- und Funktionsflusslayouts unterschiedliche Bestandteile und Darstellungsformen. Diese sind unabhängig von dem zu entwickelnden Produkt bzw. der Branche und werden auch für Konzepte der Automobilindustrie verwendet [Bro14, 273ff.] [CRC07, 125ff.] [May99, 203ff.].

1. Funktionslayout I - Konzeptphase: Definition Layout

Die erste Phase der Erstellung eines Funktionslayouts verortet **wesentliche Bereiche** des Produkts, wie sie in der DIN EN ISO 9241-12 definiert sind [Isog, 4f.]. Der Steuerungsbereich ermöglicht es, sich durch das Produkt zu bewegen. Über den zentralen Eingabebereich werden Daten an das System durch den Fahrer übermittelt. Im Ausgabebereich werden dem Fahrer Inhalte dargeboten. Über den Meldungsbereich werden Informationen wie Statusaktualisierungen dargestellt. Die Verortung der Bereiche ist über das gesamte KUKI-System und dessen Produkte gleich.

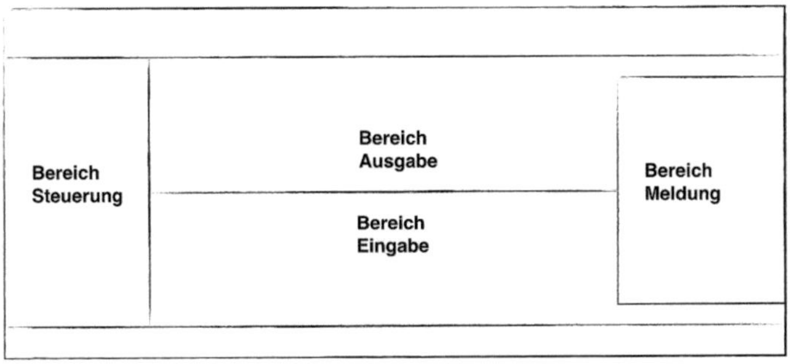

Abbildung 2.7.: Funktionslayout I - Konzeptphase: Definition Layout

Visualisiert werden die wesentlichen Bereiche mittels Rechtecken, Kreisen, Strichen oder anderer geometrischer Formen. Neben der Visualisierung erfolgen eine Benennung sowie Beschreibung (real oder fiktiv) der jeweiligen Bereiche. Abbildung 2.7 auf Seite 26 skizziert beispielhaft ein Funktionslayout der Stufe I.

Erkenntnis: Das **Funktionslayout I ist als Evaluations-Gegenstand geeignet**. Wie bereits in Kapitel 2.2.3 auf Seite 16 beschrieben, eignet sich das Funktionslayout I während der Konzeptphase Definition Layout als Evaluations-Gegenstand. Wesentliche Bereiche des Produkts werden nicht nach Belieben, sondern nach Vorgaben (z.B. Erreichbarkeit wichtiger Bereiche), Regeln (z.B. Proportionsregeln) und Formaten (z.B. Gestaltungsraster) verortet. Diese können von den Evaluatoren auf Erfüllung beurteilt werden.

2. Funktionslayout II - Konzeptphase: Zusammenführung Inhalt, Layout, Widget

Aufbauend auf den wesentlichen Bereichen werden **spezifische Elemente** verortet, welche Inhalte repräsentieren und in der DIN EN ISO 9241-12 [Isog, 4f.] dargestellt und durch relevante Konzeptelemente aus der Praxis ergänzt werden [CRC07, 439ff.]:

- Kode: Alphanumerische Zeichen (z.B. Fließtext).
- Steuerungselement: Visuelle Darstellung analog zu physischen Steuerungselementen (z.B. Button, Schiebe-/Drehregler).
- Positionsmarker: Fokus für alphanumerische Eingabe (z.B. Eingabefeld-Fokus).
- Eingabefeld: Begrenzter Bereich in welchem Inhalt eingegeben wird (z.B. Suchfeld).
- Anzeigefeld: Begrenzter Bereich in welchem Inhalt ausgegeben wird (z.B. Navigationsanzeige).
- Passwortfeld: Begrenzter Bereich, welcher eine begrenzte Eingabe an Inhalten zulässt (z.B. Eingabe eines vier Buchstaben langen Passworts).
- Checkbox: Selektierung mehrerer Inhalte (z.B. Auswahl einer Fahrtroute).
- Radio Button: Selektierung eines Inhaltes (z.B. Auswahl Darstellung Einheiten).
- Platzhalter: Darstellung eines fiktiven Inhaltes (z.B.Fiktives Kontaktbild).
- Symbol: Visuelle Darstellung von Inhalt (z.B. Icon für Staumeldung).
- Beschriftung: Bezeichnung eines Elements (z.B. Überschrift für eine Funktion).
- Merker: Zustandsdarstellung (z.B. Darstellung, dass etwas selektiert wurde).

Die erwähnten Elemente werden schematisch visualisiert. Funktionale (z.B. klickbare Elemente) und nicht funktionale Elemente (z.B. Überschriften) werden jeweils in sich voneinander unterscheidender Art und Weise dargestellt [Kru02, 37f.]. Neben der grafiklosen Visualisierung werden Elemente funktional (z.B. Wie reagiert ein Element nach einer Interaktion?) und inhaltlich (z.B. Wie wird der Inhalt generiert?) benannt und beschrieben. Häufig findet letzteres aufgrund der besseren Übersichtlichkeit außerhalb des eigentlichen Funktionslayouts statt. Abbildung 2.8 skizziert beispielhaft ein Funktionslayout der Stufe II.

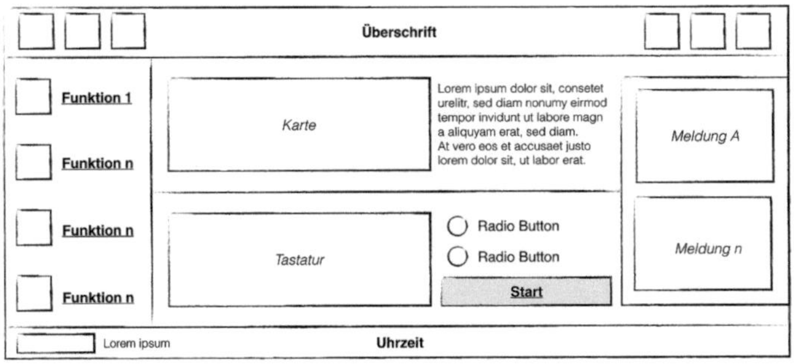

Abbildung 2.8.: Funktionslayout II - Konzeptphase: Zusammenführung Inhalt, Layout, Widget

Erkenntnis: Das **Funktionslayout II ist als Evaluations-Gegenstand geeignet**. Wie bereits das Funktionslayout I während der Konzeptphase Definition Layout ist auch das Funktionslayout II innerhalb der Konzeptphase Zusammenführung Inhalt, Layout, Widget als Evaluations-Gegenstand geeignet. Es lässt sich evaluieren, ob mittels spezifischer Elemente die jeweilige Funktion ausgeführt werden kann, ob sie im richtigen Bereich verortet ist und ob alle relevanten Inhalte dargestellt werden. Zudem können Inhalte und Funktionen von den Evaluatoren auf Verständlichkeit beurteilt werden.

3. Funktionsflusslayout - Konzeptphase: Zusammenführung Inhalt, Layout, Widget

Werden die einzelnen Funktionslayouts II miteinander verknüpft, entsteht ein Funktionsflusslayout. Die Art der Darstellung fokussiert **Abläufe** zwischen einzelnen Elementen innerhalb des Produkts. Da Elemente und keine Bereiche verknüpft werden, existiert ein Funktionsflusslayout ab der Konzeptphase Zusammenführung Inhalt, Layout, Widget.

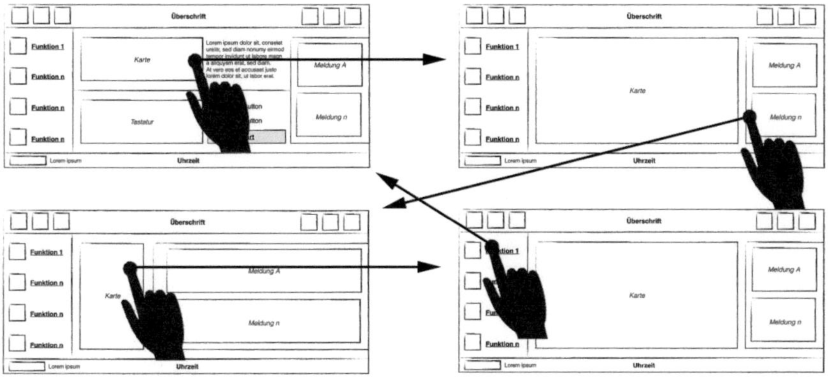

Abbildung 2.9.: Funktionsflusslayout - Konzeptphase: Zusammenführung Inhalt, Layout, Widget

Funktionsflusslayouts **verzichten auf Farbe, Bilder** und **Typografie**. Bei deren Verwendung besteht die Gefahr, dass Projektbeteiligte ein finales Design in das Funktionsflusslayout hineininterpretieren. Dies ist jedoch die Aufgabe der Designsprache, welche in der nachfolgenden Entwicklungsphase Design generiert wird. Auch lenken grafische Details die Aufmerksamkeit des Betrachters weg von der strukturellen hin zur gestalterischen Diskussion [Goo09, 377ff.]. Dennoch kann die Bedeutungshierarchie von Bereichen und Elementen gesteigert und strukturiert werden, indem Flächen größer, Text fett und Kontraste verstärkt dargestellt werden [Kru02, 30ff.]. Ein ähnliches Vorgehen wendet Niehaus an. Sie teilt Bereiche und Elemente nach Wichtigkeit in Graustufen ein. Das wichtigste wird im stärksten, das schwächste im geringsten Grauton eingefärbt [Nie].

Funktionsflusslayouts können per **Stift, Papier** und/oder **digital** erstellt werden. Die Wahl des Werkzeugs hat Auswirkungen auf den Interaktionsgrad. Aufgrund vieler Projektbeteiligter und Abstimmungstätigkeiten von KUKI-Systemen (siehe Abschnitt 2.2.2 auf Seite 14) werden Funktionsflusslayouts in der Automobilindustrie in digitaler Form auf einem Personal Computer (PC) erstellt. In der Praxis existieren zahlreiche Konzeptionsprogramme, mit denen Konzepte erstellt werden können [Stu] [RP] [Cor] [Gro].

Interaktionsgrad

Mit Hilfe der erwähnten Konzeptionsprogramme werden Funktionsflusslayouts erstellt und Elemente mit Interaktionen versehen. Folgende Klassifizierung existiert:

- **Elemente mit Logik versehen:** Spezifische Elemente des Konzepts werden mit einer Logik versehen. Diese wird vom Spezifikateur, mit Hilfe des Konzeptionsprogramms, programmiert. Beispiel: Durch Klick auf ein spezifisches Element (z.B. verpasste Anrufe) innerhalb eines Filters (z.B. Anruflisten) werden ausschließlich Elemente dieses Filtertyps (z.B. verpasste Anrufe) dargestellt.
  »*Folgerung:* Wie die fachliche Zusammenstellung eines HMI-Teams in der Automobilindustrie verdeutlicht (siehe Abschnitt 2.3.2 auf Seite 23), sind in der Regel nicht alle Spezifikateure mit der Programmierung vertraut (z.B. Psychologen, Betriebswirte oder Designer). Demenentspreichend können nicht alle Spezifikateure Elemente innerhalb des Funktionslayouts II mit einer Logik versehen. Konzepte mit programmierten Logiken sind aus genanntem Grund nicht Teil der Betrachtung dieser Arbeit.
- **Elemente mit spezifischem Verhalten versehen:** Spezifische Elemente des Konzepts werden mit einem Animationsverhalten versehen. Beispiel: Durch Klick auf ein spezifisches Element (z.B. Albumcover) werden dahinterliegende Elemente (z.B. Titel des Albums) dargestellt. Der Übergang erfolgt durch Drehung des Elements (z.B. Albumcover wird von der Vorderseite auf die Hinterseite gedreht).
  »*Folgerung:* Konzeptionsprogramme können Animationen bis zu einem gewissen Grad realistisch darstellen. Wird der Aufruf eines Elementes bspw. nur zu 50 Prozent korrekt visualisiert, weckt dies beim Betrachter falsche Erwartungshaltungen. Konzepte mit Animationen sind aus genanntem Grund nicht Teil der Betrachtung dieser Arbeit.
- **Elemente mit Seitenwechsel versehen:** Spezifische Elemente des Konzepts werden mit einem Link versehen, welcher einen Seitenwechsel auslöst. Beispiel: Durch Klick auf ein spezifisches Element (z.B. Menü Radio) wird auf eine neue Seite (z.B. Radio Inhalte) gewechselt.
  »*Folgerung:* Konzeptionsprogramme können Seitenwechsel wie im Fahrzeug darstellen. Bei den Projektbeteiligten (siehe Abschnitt 2.2.2 auf Seite 14) werden keine falschen Erwartungshaltungen geweckt. Zudem benötigt der Spezi-

fikateur keine Programmierkenntnisse. **Konzepte mit Seitenwechsel sind Teil der Betrachtung dieser Arbeit**.

Erkenntnis: Das **Funktionsflusslayout ist als Evaluations-Gegenstand geeignet**. Im Gegensatz zum statischen Funktionslayout I und II verknüpft das Funktionsflusslayout in der Konzeptphase Zusammenführung Inhalt, Layout, Widget unterschiedliche Screens miteinander. So können Abläufe zwischen einzelnen Elementen, welche (Teil-)Funktionen darstellen, beurteilt werden. Evaluatoren vermögen auf diese Weise bspw. zu bewerten, ob eine Funktion überflüssige Interaktionsschritte beinhaltet, ob der Weg der Interaktion für den Nutzer nachvollziehbar und/oder die Rückmeldung ausreichend ist. Zusätzlich zum Interaktionsablauf kann die Bedeutungshierarchie spezifischer (Teil-)Funktionen und Inhalte beurteilt werden (z.B. Kontraste, Größenverhältnisse, kursive Schrift).

Neben der eingeschränkten Interaktivität von Funktions(-fluss-)Layouts existieren weitere Grenzen, welche im folgenden Abschnitt erläutert werden.

2.3.4. Grenzen

Der erste evaluierbare Gegenstand innerhalb der HMI-Entwicklung, mit dem eine strukturierte Evaluation möglich ist, ist das Funktions(-fluss-)Layout, welches in der Konzeptphase erstellt wird. Aufgrund der Darstellungsform sowie dessen Bestandteilen (siehe Abschnitt 2.3.3 auf Seite 26) sind folgende Schwerpunkte beurteilbar:

- Darstellungen: Werden alle relevanten Inhalte und Funktionen dargestellt? Werden relevante Inhalte und Funktionen durch passende Konzept-Elemente dargestellt?
- Benennungen: Sind die Bezeichnungen und Texte verständlich?
- Platzierung: Sind Elemente für Inhalte und Funktionen passend platziert?
- Interaktion: Ist die Interaktion und/oder Rückmeldung verständlich und logisch?

In Abschnitt 5.2.3 auf Seite 124 werden die genannten Schwerpunkte zudem für die Fragebogenstrukturierung herangezogen.

Im Folgenden wird aufgezeigt, welche Art und Form von Elementen nicht während der HMI-Konzeptphase evaluierbar sind.

HMI-Entwicklung Designphase

Fragen, welche die Designphase betreffen (siehe Abschnitt 2.2.3 auf Seite 20), können mittels eines Funktions(-fluss-)Layouts nicht beurteilt werden. So ist eine Bewertung erst ab der Designphase möglich (siehe Abbildung 2.10): **Schriften, Farben, Bilder, reale Größenverhältnisse, das *look and feel*** sowie **Corporate Design**.

Abbildung 2.10.: Screen der HMI-Designphase

HMI-Entwicklung Implementierungsphase

Fragen, welche die Implementierungsphase betreffen (siehe Abschnitt 2.2.3 auf Seite 21), können mittels eines Funktions(-fluss-)Layouts nicht beurteilt werden. So ist eine Bewertung erst ab der Implementierungsphase möglich (siehe Abbildung 2.11 auf Seite 33): **Logiken, Fahrzeug-Schnittstellen, Animationen, Fehlermeldungen, zeitkritische Abläufe, die Haptik** und **Akkustik**.

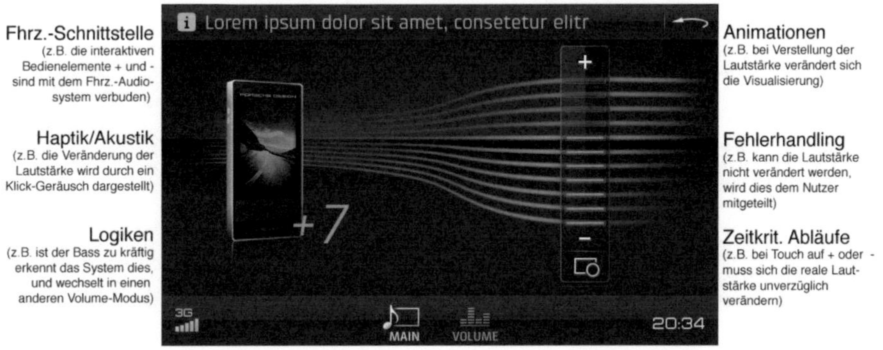

Abbildung 2.11.: Screen der HMI-Implementierungphase

Erkenntnis: Innerhalb der HMI-Konzeptphase kann nicht bestimmt werden, ob ein KUKI-System fahrerablenkend ist. So werden Tertiäraufgaben, welche mit einem KUKI-System ausführbar sind, parallel zur eigentlichen Fahraufgabe getätigt. Ob die Tertiäraufgaben fahrerablenkend sind, kann bspw. mittels einer Doppelaufgabe beurteilt werden. Eine Versuchsperson bearbeitet zwei Aufgaben zeitgleich (z.B. Fahrt im Fahrsimulator und Interaktion mit der Tertiäraufgabe). In Abschnitt 3.2.1 auf Seite 47 ist definiert, dass Fahrerablenkung die Bindung von Ressourcen ist, welche eigentlich für die Fahraufgabe benötigt werden. Wie hoch jedoch die Bindung der Ressourcen während der Interaktion mit der Tertiäraufgabe ist, hängt neben dem entwickelten Konzept auch vom Output der Design- und Implementierungsphase ab. Wird beispielsweise die Schrift zu klein dargestellt (Tätigkeit innerhalb der Designphase), fokussiert der Fahrer diese länger, was Auswirkungen auf die Dauer der Fahrerablenkung hat. Auch kann erst während der Implementierungsphase die tatsächliche Geschwindigkeit der Hardware beurteilt werden, was ebenfalls die Dauer der Fahrerablenkung erhöht, da der Fahrer länger für seine Aufgabenziele benötigt. **Ob ein System fahrerablenkend ist, ist demnach erst mit einem funktionstüchtigen Prototyp aussagekräftig beurteilbar.**

Vorteil einer frühzeitigen Evaluation mit einem Funktions(-fluss-)Layout ist jedoch, dass konzeptionelle HMI-Probleme rechtzeitig aufgedeckt und nicht in die nachfolgende HMI Design- und Implementierungsphase übertragen werden. Dies beeinflusst die Fahrerablenkung indirekt positiv. So kann beispielsweise bereits **wäh-**

rend der HMI-Konzeptphase evaluiert werden, ob spezifische Inhalte innerhalb eines Screens Usability-gerecht verortet sind (siehe Abschnitt 2.4.2 auf Seite 35) und von den Nutzern rasch aufgefunden werden, was die Dauer der Fahrerablenkung reduziert. Wird das Konzept negativ bewertet, wird es noch einmal von den Spezifikateuren optimiert, erneut evaluiert und erst bei einer positiven Bewertung in die HMI-Designphase übergeben. Wird hingegen das Produkt erst zur Design- bzw. Implementierungsphase begutachtet und es werden zu diesem späten Zeitpunkt konzeptionelle HMI Probleme aufgedeckt, muss eine Überarbeitung sowohl des Konzepts, des Designs als auch der Implementierung stattfinden. Dieser Aufwand ist sehr kosten- sowie zeitintensiv. Besonders letzterer Punkt ist in der Praxis ein Problem, da Zeitpläne mit anderen Fachabteilungen oder externen Dienstleistern eingehalten werden müssen.

2.4. Beurteilbare Eigenschaft Funktions(-fluss-)Layout

Um HMI-Systeme erfolgreich am Markt platzieren zu können, sollten sie Alleinstellungsmerkmale besitzen. So versucht jeder Fahrzeughersteller seine Fahrzeuge emotional aufzuwerten. Bei Audi ist es der Slogan *„Vorsprung durch Technik“* [AGa], bei BMW die *„Freude am Fahren“* [AGb]. Ein Gesamterlebnis um das Fahrzeug herum wird erschaffen. Alle Facetten der Nutzung und des Erlebens vor, während und nach der Nutzung werden als User Experience bezeichnet.

Neben diesem ganzheitlichen Ansatz existieren weitere, welche in folgenden Abschnitten behandelt werden. Zentrale Frage ist, welche Eigenschaft mittels eines Funktions(-fluss-)Layout evaluiert werden kann, so dass für diese passende Beurteilungskriterien sowie ein Evaluations-Vorgehen bestimmt werden können.

2.4.1. Utility

> *„[...] utility is the question of whether the functionality of the system in principle can do what is needed [...]“* [Nie94b, S. 25]

Beschreibung

Die Utility bezieht sich auf das Vorhandensein grundlegender Inhalte und Funktionalitäten innerhalb eines Produkts. Fehlt dem Nutzer der für ihn entscheidende Inhalt bzw. die Funktion, so ist das Produkt für ihn nutzlos. Welche Inhalte und Funktionen ein Produkt enthalten muss wird im Lastenheft definiert [Nie94b, S. 25] [Ell08] [SR91].

Erkenntnis: Die Utility bezieht sich auf grundlegende Inhalte und Funktionen, welche im Produkt vorhanden sein müssen. Sie werden in der Entwicklungsphase Produktstrategie (siehe Abschnitt 2.2.1 auf Seite 10) definiert und sind im Lastenheft (siehe Abschnitt 2.2.2 auf Seite 14) niedergeschrieben. Ob alle Inhalte und Funktionen des Lastenhefts im Produkt enthalten sind, wird vom Produktmanager überprüft. Eine Beurteilung der Utility mittels Funktions(-fluss-)Layout findet nicht statt.

2.4.2. Usability

> *„Das Ausmaß, in dem ein Produkt durch bestimmte Benutzer in einem bestimmten Nutzungskontext genutzt werden kann, um bestimmte Ziele effektiv, effizient und zufriedenstellend zu erreichen.“* [Isoe]

Beschreibung

In der Fachliteratur existiert eine Vielzahl an Übersetzungen für den Begriff Usability: Nutzerfreundlichkeit, Nutzungsfreundlichkeit, Benutzerfreundlichkeit, Gebrauchstauglichkeit, Einfachheit, Ease of Use etc. In der vorliegenden Arbeit wird die englischsprachige Bezeichnung Usability verwendet.

Die Usability bezieht sich auf die pragmatischen Eigenschaften eines Produkts. Laut der DIN EN ISO 9241-11 müssen Systeme für eine positive Usability drei spezifische Eigenschaften aufweisen: *Effektivität, Effizienz, Zufriedenheit.* Sind Inhalte effektiv und effizient umgesetzt, wirkt sich das positiv auf die Zufriedenheit aus. Die Grundsätze der Dialogprinzipien, welche in der DIN EN ISO 9241-110 definiert sind (siehe Abschnitt 4.6.1 auf Seite 91), beschreiben allgemeine Prüfanforderungen an die Usability. Deren Berücksichtigung wirkt sich positiv auf die Eigenschaften Effektivität, Effizienz und Zufriedenheit aus. Eine Erweiterung der Zufriedenheit stellt der *Joy of Use* dar. So definiert Hassenzahl, dass Spaß und Freude bei der Nutzung von Produkten positive Effekte auf die Akzeptanz und Zufriedenheit haben [ISW94]. Grafische Benutzungsschnittstellen, welche Spaß vermitteln, erhöhen die Qualität der Durchführung [MHC99]. Dies wird erzeugt durch hedonische Qualitäten wie Originalität und Schönheit sowie die pragmatische Qualität der Effektivität und Effizienz [HF04] [BHK02, 32ff.].

Erkenntnis: Die Usability beschreibt, wie effektiv, effizient und zufriedenstellend Inhalte und Funktionen umgesetzt werden. Effektivität beschreibt, wie genau und vollständig Inhalte und Funktionen für die Aufgabenerledigung erreicht werden. Wie Funktionen und Inhalte dem Nutzer dargestellt werden, beschreibt die Effizienz. Die Effektivität ist eine Voraussetzung für Effizienz. Die Zufriedenheit bezieht sich darauf, ob das Konzept frei von Beeinträchtigungen ist und eine positive Einstellung gegenüber der Produktnutzung besteht.

Mittels eines Funktions(-fluss-)Layoutes ist beurteilbar, ob die richtigen Elemente für die Aufgabenerledigung vorhanden sind. Ebenfalls lässt sich beurteilen, ob die verwendeten Elemente für die Aufgabe passend und verständlich sind. Können beide Fragen mit Ja beantwortet werden, ist das Konzept frei von Beeinträchtigungen. Eine **Beurteilung der Usability mittels Funktions(-fluss-)Layouts ist möglich**.

2.4.3. User Experience

> *„User Experience ergibt sich aus der Darstellung, Funktionalität, Systemleistung, dem interaktiven Verhalten und den unterstützenden Ressourcen eines interaktiven Systems, sowohl Hardware als auch der Software. Sie ist auch eine Folge der bisherigen Erfahrungen, Einstellungen, Fähigkeiten, Gewohnheiten und der Persönlichkeit des Benutzers.“* [Isoh, S. 11]

Beschreibung

Die User Experience beinhaltet die Gesamtheit aller Erfahrungen und Erlebnisse vor, während und nach der Nutzung, die der Nutzer mit einem Produkt erfährt. Emotionalität, Vertrauen, Ästhetik, Markenbildung und Spaß an der Nutzung des Produkts sind neben pragmatischen Eigenschaften wichtig. Die User Experience mit einem Produkt kann durch Erfahrungen, Empfehlungen, Werbung, Wartung oder Benutzerdokumentationen beeinflusst werden. Sie ist ein komplexes Zusammenspiel und nicht objektiv ermittelbar.

Erkenntnis: Die User Experience eines Produkts hängt von der Gesamtheit aller Erfahrungen eines Nutzers ab und ist ein komplexes Zusammenspiel mehrerer Eigenschaften. Da ein Funktions(-fluss-)Layout sich auf die Struktur der Inhalte und Funktionen konzentriert, ist eine Beurteilung der User Experience nicht möglich.

2.5. Fazit

Im Folgenden werden die zu Beginn des Kapitels gestellten Fragen erläutert.

Wie ist die HMI-Entwicklung in der Automobilindustrie verankert?
Die Produktentwicklung in der Automobilindustrie ist geprägt durch eine matrixartige Strukturierung aus Linienorganisation, Baureihe und externen Dienstleistern. Auf Leitungsebene koordiniert die Baureihe alle Aktivitäten und Beteiligten, welche in die Entwicklung dieser involviert sind. Dies beinhaltet unter anderem die HMI-Entwicklung, die häufig in der Elektronik-Entwicklung verortet ist.

Welche HMI-Entwicklungsphasen existieren und wer sind die Beteiligten?
HMI-Entwicklung findet innerhalb von drei Phasen statt. Spezifikationen werden in der HMI-Konzeptphase erstellt, bevor in der HMI-Designphase die visuelle Gestaltung der Konzepte erfolgt. In der Implementierungs-Phase wird die Software nach Vorgabe der Spezifikation programmiert und mit dem entwickelten Design verknüpft.

Innerhalb dieser drei HMI-Entwicklungsphasen findet ein reger Austausch zwischen den Projektbeteiligten statt. Der Projektmanager ist für das HMI-System ganzheitlich verantwortlich und muss die Realisierung sicherstellen. Der Designer erstellt die grafische Visualisierung aufbauend auf den entwickelten Konzepten der Spezifikateure. Konzept und Design werden von den Software- und Hardwareentwicklern in ein funktionsfähiges HMI-System überführt.

Welche spezifischen Rahmenbedingungen existieren innerhalb der HMI-Entwicklung der Automobilindustrie?
Aufgrund hoher Geheimhaltung innerhalb der Automobilindustrie ist es kaum möglich, dass reale Nutzer die Konzepte evaluieren. HMI-Spezifikateure übernehmen diese Aufgabe und stellen folgende Anforderung an eine expertenbasierte Evaluation. Die Evaluation sollte schnell durchführbar sein, leicht in den Arbeitsprozess integriert werden können, bezüglich der Fragen skalierbar sein (abhängig vom Produkt), HMI-Probleme aufdecken, die Anonymität wahren, andere Sichtweisen aufdecken, neue Resultate entstehen lassen und bessere Konzepte hervorbringen.

Im Gegensatz zu anderen Branchen sind in der Automobilindustrie innerhalb des Fachbereiches HMI vermehrt Maschinenbau- und Elektrotechnik-Ingenieure tätig. Bei der Ableitung der Beurteilungskriterien sowie des Evaluations-Vorgehens werden die unterschiedlichen Ausbildungs- und Erfahrungshintergründe der Evaluatoren berücksichtigt.

Welche Darstellung besitzt das Konzept in der HMI-Konzeptphase?
Im Funktionslayout I werden wesentliche Bereiche des Produkts verortet. Dies erfolgt nach Regeln, Vorgaben und Formaten, welche von den Evaluatoren auf Erfüllung beurteilt werden können. Darauf aufbauend werden im Funktionslayout II spezifische Elemente, welche konkrete Inhalte und Funktionen repräsentieren, verortet. Der Evaluator kann beurteilen, ob mittels eines Elements eine spezifische Funktion ausführbar ist, ob diese im passenden Bereich verortet ist und/oder ob alle relevanten Inhalte und Funktionen dargestellt werden. Mehrere Screens werden im Funktionsflusslayout verknüpft, so dass Abläufe ersichtlich werden. Der Evaluator kann beurteilen, ob eine Funktion redundante Interaktionsschritte beinhaltet, eine Rückmeldung auf eine Aktion passend und/oder der Weg der Interaktion für den Nutzer ersichtlich ist.

Tabelle 2.5 auf Seite 39 visualisiert die unterschiedlichen Inhalte und Interaktionsgrade je Evaluations-Gegenstand (Funktionslayout I, Funktionslayout II und Funktionsflusslayout).

<table>
<tr><th>Evaluations-Gegenstand</th><th>Funktionslayout I</th><th>Funktionslayout II</th><th>Funktionsflusslayout</th></tr>
<tr><td>Phase HMI Entwicklung</td><td>Definition Layout</td><td colspan="2">Zusammenführung
Inhalt, Layout, Widget</td></tr>
<tr><td>Darstellung Inhalte</td><td>Geometrische Formen</td><td colspan="2">Schematische Elemente</td></tr>
<tr><td rowspan="12">Inhalte</td><td>Steuerungsbereich</td><td colspan="2">Kode</td></tr>
<tr><td>Eingebebereich</td><td colspan="2">Steuerungselement</td></tr>
<tr><td>Ausgabebereich</td><td colspan="2">Positionsmerker</td></tr>
<tr><td rowspan="9">Meldungsbereich</td><td colspan="2">Eingabefeld</td></tr>
<tr><td colspan="2">Anzeigefeld</td></tr>
<tr><td colspan="2">Passwortfeld</td></tr>
<tr><td colspan="2">Checkbox</td></tr>
<tr><td colspan="2">Radio Button</td></tr>
<tr><td colspan="2">Platzhalter</td></tr>
<tr><td colspan="2">Symbol</td></tr>
<tr><td colspan="2">Beschriftung</td></tr>
<tr><td colspan="2">Merker</td></tr>
<tr><td>Erläuterung Inhalt</td><td>Benennungen, Beschreibungen (real/fiktiv)</td><td colspan="2">Benennungen, Beschreibungen (funktional/inhaltlich)</td></tr>
<tr><td>Interaktionsgrad</td><td colspan="2">nein</td><td>ja, Seitenwechsel</td></tr>
</table>

Tabelle 2.5.: Evaluations-Gegenstand und dessen Darstellungsformen

Welche Evaluations-Grenzen besitzt das Konzept?

Aufgrund der schematischen Darstellung innerhalb des Funktions(-fluss-)Layouts sind der Evaluation Grenzen gesetzt. Design- und implementierungsrelevante Themen wie z.B. Schriftgrößen oder Rückmeldezeiten sind noch nicht während der HMI-Konzeptphase beurteilbar. Diese sind jedoch für die Beurteilung der Fahrerablenkung relevant. So hängt die Fahrerablenkung davon ab, in welchem Ausmaß Ressourcen für die Ausführung der Tertiäraufgaben beansprucht werden. Das Ausmaß der Ressourcenbindung wird jedoch maßgeblich von den Ergebnissen der Design- und Implementierungsphase beeinflusst. Beispielsweise können zu kleine Schriften, Animationen oder zeitkritische Abläufe die Fahrerablenkung negativ beeinflussen. Eine Bestimmung der Fahrerablenkung ist demnach nicht während der Konzeptionsphase möglich.

Welche Eigenschaften können mittels eines Konzepts evaluiert werden?

Je nach Abhängigkeit vom Produkt-Reifegrad (z.B. Produkt in der Entwicklung, Produkt auf dem Markt erhältlich) existieren drei beurteilbare Produkt-Eigenschaften: die Utility, die Usability und die User Experience.

Aufgrund der strukturellen und reduzierten Visualisierung lässt sich mittels eines Funktions(-fluss-)Layouts die Usability bewerten. Die Utility wird auf Erfüllung vom Produktmanager überprüft und die User Experience kann nicht beurteilt werden. Folgende Eigenschaften definiert die Usability:

- effektiv: Werden alle benötigten Inhalte und Funktionen um das Aufgabenziel zu erreichen im Konzept dargestellt?
- effizient: Ist der Aufwand für das Aufgabenziel gering?
- zufriedenstellend: Können beide ersten Faktoren positiv bewertet werden?

Im nächsten Abschnitt werden die Modellkomponenten des Fahrer-Fahrzeug-Umfelds (FFU) vorgestellt, aus denen Anforderungen an den Evaluations-Gegenstand Funktionslayout I, Funktionslayout II und Funktionsflusslayout abgeleitet werden.

3. Fahrer-Fahrzeug-Umfeld

Um die Forschungsfrage nach einem Vorgehensmodell für eine frühe Evaluation der Qualität von Konzepten für KUKI-Systeme beantworten zu können, werden im folgenden Abschnitt Anforderungen des Fahrers, Fahrzeugs sowie Umfelds definiert.

Fragestellungen dieses Abschnitts

- Wie unterscheiden sich relevante Fahrer-Fahrzeug-Umfeld-Modelle?
- Können mittels einer Spezifikation Inhalte abgebildet werden, welche alle menschlichen Sinnesorgane ansprechen?
- Wie müssen die Inhalte eines KUKI-Systems dargestellt werden, um eine bestmögliche Usability zu erreichen?
- Steht das KUKI-System mit dessen Produkten (z.B. Telefon) und Funktionen (z.B Anruf tätigen) in Konflikt zur Primär-/Sekundäraufgabe?
- Fahrer besitzen spezifische Merkmale und Erfahrungshintergründe. Wie müssen diese bei der Ableitung von Beurteilungskriterien berücksichtigt werden?
- Stellt der Fahrerarbeitsplatz spezifische Anforderungen an Inhalte und Funktionen eines Funktions(-fluss-)Layouts innerhalb der HMI-Konzeptphase?
- Erhebt das Umfeld spezifische Anforderungen an Inhalte/Funktionen eines Funktions(-fluss-)Layouts innerhalb der Konzeptphase?

Abbildung 3.1.: Abschnitt *Fahrer-Fahrzeug-Umfeld*

3.1. Fahrer-Fahrzeug-Umfeld-Modelle

In der Literatur beschriebene Fahrer-Fahrzeug-Umfeld-Modelle (FFU) definieren Modellkomponenten, welche für die Fahrzeugführung relevant sind. Da die Interaktion mit einem KUKI-System die Fahrzeugführung beeinflusst, sind genannte Modellkomponenten und deren Anforderung für die Konzeption und Evaluation von Funktions(-fluss-)Layouts von Relevanz. Im Folgenden werden die spezifischen Modellkomponenten Fahrer, Fahrzeug und Umfeld detailliert analysiert und verglichen.

3.1.1. Relevante Modelle

Modell nach Johannsen

Johannsen beschreibt ein Modell (siehe Abbildung 3.2) für die Kraftfahrzeugführung, welches zwischen Mensch und Maschine stattfindet. In einem geschlossenen Wirkungsablauf wird eine Eingangsgröße (Ziel) durch einen Prozess mit Beeinflussungen (Störungen) zu einer Ausgangsgröße (Leistung) transportiert. Sein Konzept basiert auf einem biologischen (Mensch) und einem technischen (Maschine) System, welches durch die Umwelt beeinflusst wird. Die Kommunikation beider Systeme findet wechselseitig statt.

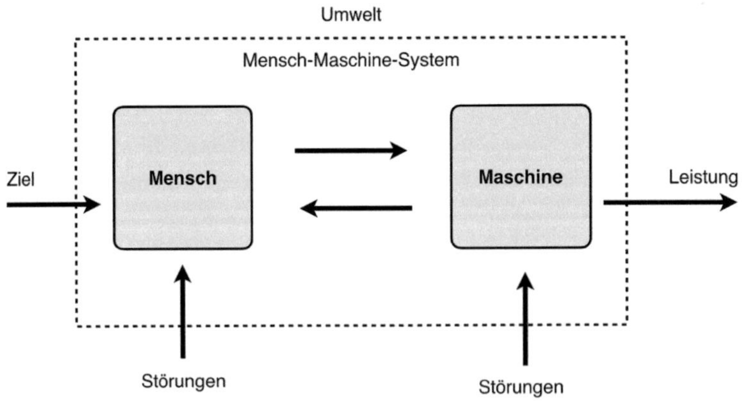

Abbildung 3.2.: Fahrer-Fahrzeug-Regelwerk nach Johannsen [Joh+77]

In seinem Modell beschreibt Johannsen das biologische System (Mensch) nicht in seinem ganzheitlichen Verhalten. Er ordnet die Arbeitsaufgaben eines technischen (Maschine) Systems einem biologischen System zu, woraus sich eine Mensch-Maschine-Konstellation ergibt z.B. Fahrer und Fahrzeug [Joh+77] [Kra10, 9ff.].

Modell nach Timpe

Timpe beschreibt sein Modell (siehe Abbildung 3.3) der Kraftfahrzeugführung aus einer technischen Sicht. So haben technische Benutzungsschnittstellen des Fahrzeugs einen entscheidenden Einfluss auf die Güte der Führung. Dazu zählen Anzeige- und Bedieneinheiten, Assistenzsysteme, dynamische Eigenschaften sowie Sicht- und Bewegungsbedingungen im und aus dem Fahrzeug heraus. Technische Benutzungsschnittstellen sollten so entwickelt werden, dass der Fahrer seine Fahraufgabe innerhalb der Grenzen seiner Informationsverarbeitungskapazität auch in zeitkritischen Situationen ausführen kann.

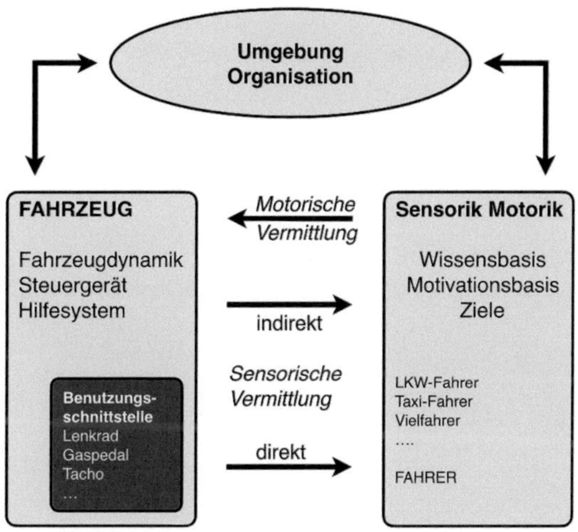

Abbildung 3.3.: Fahrer-Fahrzeug-Regelwerk nach Timpe [Tim01]

Der Fahrer wird durch eine Wissens-/Motivationsbasis und Ziele beschrieben. Die Steuerung des Fahrzeugs durch den Fahrer findet über eine motorische Vermittlung (z.B. Gaspedal, Lenkrad) statt. Die Aufnahme der Prozess- und Umgebungsinformationen erfolgt über indirekte (z.B. Drehzahlmesser) und direkte (z.B. Motorgeräusch) sensorische Vermittlung. Fahrzeug und Fahrer stehen in einem wechselseitigen Austausch mit der Umgebung/Organisation [Tim01].

Modell nach Lemmer

Lemmer beschreibt das Fahrer-Fahrzeug-Umfeld-Modell (siehe Abbildung 3.4) aus kognitiver Sicht. Aufgrund von Bedienhandlungen des Fahrers in Bezug auf das Fahrzeug (1) wird die Umwelt beeinflusst (2). Desgleichen beeinflusst die Umwelt das Fahrzeug (3), was Auswirkungen auf den Fahrer (4) hat.

Das Modell beschreibt eine direkte Verbindung zwischen Fahrer und Umwelt durch das Fahrzeug (1-2, 3-4) sowie eine direkte Wechselwirkung zwischen Umwelt und Fahrer (5, 6). Zudem beschreibt es einzelne Instanzen der Modellkomponenten (z.B. Fahrer: Motorik, Wahrnehmung) sowie unterschiedliche Interaktionsschnittstellen (z.B. Fahrzeug: Anzeigen, Bedienelemente) [Lem11].

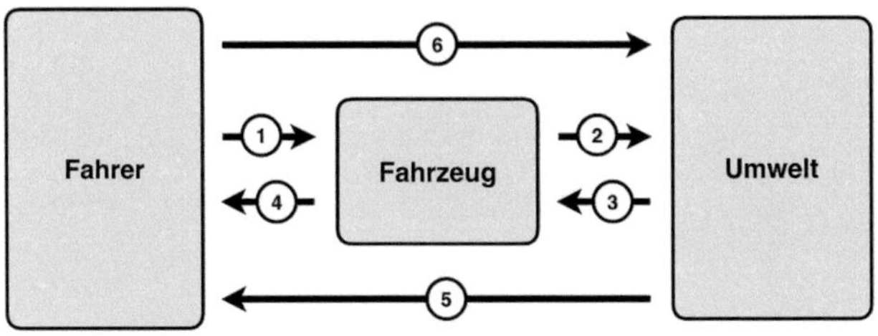

Abbildung 3.4.: Fahrer-Fahrzeug-Regelwerk nach Lemmer [Lem11]

Modell nach Bubb

Bubb beschreibt ein Modell (siehe Abbildung 3.5 auf Seite 45), welches sich auf die Wechselwirkungen zwischen Umwelt, Fahrer und Fahrzeug bezieht. Der Fokus der Betrachtung liegt auf dem Wechselspiel zwischen Fahrer und Fahrzeug. So wird in seinem Regelwerk eine Fahraufgabe von der Umwelt, dem Straßenverlauf sowie anderen Fahrzeugen beeinflusst. Diese bestimmen die Quer- und Längsrichtung des eigenen Fahrzeugs.

Der Fahrer ist für die Aufnahme und Verarbeitung der Informationen und anschließende Umsetzung durch die Arm- und Fußmuskulatur verantwortlich. Eine Umsetzung erfolgt durch Quer- und/oder Längsdynamik-Operationen. Neben der optischen Wahrnehmung können Informationen kinästhetisch, akustisch und/oder haptisch aufgenommen und verarbeitet werden [Bub01, S. 155].

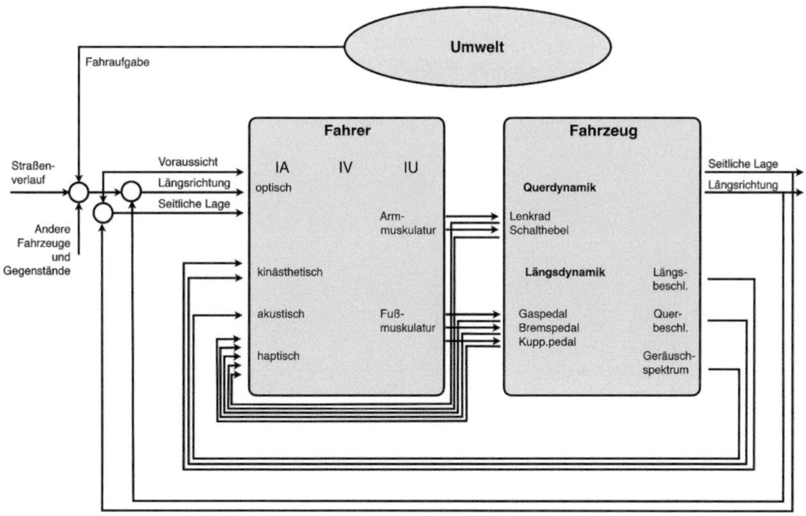

Abbildung 3.5.: Fahrer-Fahrzeug-Regelwerk nach Bubb [Bub01, S. 155]

3.1.2. Modellvergleich

Wie die Analyse zeigt, erheben Inhalte und Abhängigkeiten der Modelle und deren **Komponenten Fahrer, Fahrzeug und Umfeld konzeptrelevante Anforderungen an KUKI-Systeme**.

Die vier Modelle von Johannsen, Timpe, Lemmer und Bubb veranschaulichen, dass die Modellkomponenten Fahrer, Fahrzeug und Umfeld prägend für die Führung eines Fahrzeugs sind und sich gegenseitig beeinflussen. Bis auf das Modell von Lemmer enthalten alle Ziele bzw. Fahraufgaben. Das Modell nach Johannsen stellt die Systeme Mensch und Maschine in den Vordergrund, welche von der Umwelt durch Störungen beeinflusst werden. Aus einem Ziel, welches die Fahraufgabe darstellt, wird eine Leistung generiert. Im Modell nach Timpe sind technische Benutzungsschnittstellen hervorzuheben, welche einen entscheidenden Einfluss auf die Güte der Führung haben. Er erweitert Johannsens Modell um eine technisch-psychologische Ebene. Bubb beschreibt detailliert, was die Fahraufgabe beeinflusst und wie diese durch das Fahrzeug mittels des Fahrers ausgeführt wird. Lemmers Fahrer-Fahrzeug-Umfeld-Modell befasst sich ebenfalls mit den drei Komponenten, fokussiert jedoch die Wechselwirkungen einzelner Modellkomponenten.

Tabelle 3.1 verdeutlicht, dass die Modelle von Johannsen, Timpe, Bubb und Lemmer nahezu identisch sind und Abhängigkeiten zwischen Fahrer, Fahrzeug und Umfeld darstellen. Sie unterscheiden sich in ihren Ausprägungen, nicht jedoch hinsichtlich des grundlegenden Konzepts.

		Johannsen	**Timpe**	**Bubb**	**Lemmer**
	Fahrer	+	++	++	+
Modellkomponenten	Fahrzeug	+	++	++	+
	Umfeld	+	+	++	+
Ziele/Fahraufgaben		+	+	++	-
Benutzungsschnittstelle		-	++	++	++

Tabelle 3.1.: Klassifizierung der FFU-Modelle von Johannsen, Timpe, Bubb und Lemmer (- kommt nicht vor, + wird erwähnt, ++ wird ausführlich erwähnt)

Die Entwurfstechniken Funktionslayout I, Funktionslayout II und Funktionsflusslayout innerhalb der HMI-Konzeptionsphase bilden Anzeige- und Bedienkonzepte von Benutzungsschnittstellen im Fahrzeug ab, welche Teil der Fahrer-Fahrzeug-Umfeld-Modelle sind. Im folgenden Abschnitt werden die unterschiedlichen Modellkomponenten erläutert, so dass Anforderungen, welche an Inhalte und Funktionen von Funktions(-fluss-)Layouts innerhalb der HMI-Konzeptphase bestehen, abgeleitet werden können.

3.2. Modellkomponenten

Es wird auf die einzelnen Modellkomponenten der in Abschnitt 3.1 auf Seite 42 analysierten Modelle eingegangen. Ziel ist es, den aktuellen Forschungsstand sowie konzeptrelevante Besonderheiten für KUKI-Systeme herauszustellen. Letztere sollten so entwickelt werden, dass der Fahrer seine Fahraufgabe innerhalb der Grenzen seiner Informationsverarbeitung ausführen kann. Zentrale Komponente sind der Fahrer und seine Fahraufgaben, welche im nächsten Abschnitt beschrieben werden. Der Fahrerarbeitsplatz sowie etablierte Benutzungsschnittstellen, welche KUKI-Systeme repräsentieren, werden im Anschluss erläutert. Eine detailierte Umfeldanalyse schließt die Betrachtung ab.

3.2.1. Modellkomponente Fahrer und Fahraufgaben

Fahrer

Als Fahrer wird bezeichnet, wer ein Fahrzeug durch Benutzungsschnittstellen unmittelbar steuert. Dieser Vorgang wird durch eine Koordinationsleistung zwischen Wahrnehmung und Handlung ermöglicht, wobei die Ablenkung so gering wie möglich sein sollte. Im Folgenden wird untersucht, welche Anforderungen der Fahrer an Inhalte und Funktionen von KUKI-Systemen stellt, wie diese präsentiert werden sollten und wie der Fahrer die Fahraufgabe bearbeitet.

Wahrnehmung Der Wahrnehmungsprozess findet mittels zweier Verarbeitungsstufen statt. Im ersten Schritt erfolgt die **Informationsaufnahme** (Perzeption) über unterschiedliche Sinnesorgane. Für die Führung eines Kraftfahrzeugs sind folgende relevant:

- visuell
- auditiv
- haptisch
- vestibulär

Handlung Die wahrgenommenen Informationen werden von den menschlichen Sinnesorganen aufgenommen und in einem **Informationsverarbeitungsprozess** weiterverarbeitet. Wie die Informationsverarbeitung erfolgt, ist von der auszuführenden Aufgabe sowie den Merkmalen des Fahrers (siehe Seite 49) abhängig.

Handlung	Eigenschaft
wissensbasiert (knowledge based)	Handlung erfolgt durch vorhandenes Wissen. Eine Handlungsstrategie ist nicht vorhanden.
regelbasiert (rule based)	Zurückgreifen auf gespeicherte Handlungsstrategien, welche erlernt bzw. aus anderen abgeleitet werden.
fertigkeitsbasiert (skill based)	Reiz-Reaktions-Mechanismen, welche automatisiert sind und ohne bewusste Aufmerksamkeit ausgeführt werden.

Tabelle 3.2.: Menschliche Informationsverarbeitung nach Rasmussen [Ras83]

Handlungen auf fertigkeitsbasierter Ebene werden automatisiert und ohne bewusste Regulation ausgeführt. Eine hohe Verarbeitungsgeschwindigkeit liegt dieser Ebene zugrunde. Handlungen auf regelbasierter Ebene werden durch Entscheidungsvorgänge auf Basis gespeicherter Regeln bestimmt. Sie werden durch empirische Erfahrung erworben. Der Fahrer assoziiert Merkmale einer gespeicherten Regel mit der auszuführenden Aufgabe. Liegt eine Regel vor, wird für die auszuführende Aufgabe eine Lösung abgeleitet. Kann keine Regel abgeleitet werden, findet die Handlung auf wissensbasierter Ebene statt. Bei der Verarbeitung von Handlungen auf wissensbasierter Ebene werden verschiedene Arten des Gedächtnisses gefordert. So besteht das klassische Drei-Speicher-Modell nach Shiffrin [BB11] aus einem sensorischen-, Kurzzeit- und Langzeit-Speicher. Im ersten Schritt werden die wahrgenommenen Informationen mit Erfahrungswissen (Strukturen des Denkens und Urteilens) verglichen und an das Kurzzeitgedächtnis weitergegeben. Es dient der kurzfristigen Speicherung von Informationen. Um Informationen länger zugänglich zu machen, werden diese in das Langzeitgedächtnis übertragen [AB12]. Im Gegensatz zur unbegrenzten Speicherkapazität des Langzeitgedächtnisses besitzt das Kurzzeitgedächtnis eine begrenzte Speicherkapazität. Die in der Informationsverarbeitung getroffenen Entscheidungen (wissensbasiert, regelbasiert, fertigkeitsbasiert) werden in der Fahrzeugführung durch motorische Bewegungen der Arm- und Fuß-Muskulatur in Handlungen umgesetzt [Gol11] [AB12].

Informationen, welche nicht für die zu lösende Aufgabe relevant sind, jedoch wahrgenommen, fokussiert und verarbeitet werden, sind **Ablenkungen** [Ras04, 6ff.].

Aufgabenbearbeitung Das Modell nach Hackmann [Hac69] betrachtet die Informationsverarbeitung aufgabenorientiert. Er beschreibt in diesem Effekte und Aufgaben, welche bei Handlungen berücksichtigt werden sollten. Dem Fahrer wird eine objektive Aufgabe (siehe Abschnitt 3.2.1 auf Seite 51) dargestellt, welche aus einem Reiz, Instruktionen zur Ausführung und dem Ziel besteht. Er nimmt die Informationen über seine Sinnesorgane wahr und interpretiert die Aufgabe in Abhängigkeit von seinen charakteristischen Merkmalen und Erfahrungen (siehe Abschnitt 3.2.1 auf Seite 49). Besonders wichtig ist der Grad, in dem der Fahrer die Aufgabe versteht, die Aufgabe annimmt und seine Fähigkeiten dafür einsetzt. Auch ist der Einfluss ähnlicher Erfahrungen bei vorherigen Aufgaben förderlich. Nach dem Interpretieren definiert der Fahrer, wie er die Aufgabe bearbeitet.

Aus der Handlung resultiert ein vorläufiges objektives Ergebnis, welches das Resultat der eigentlichen Handlung ist (z.B. Navigation wird gestartet), und ein persönliches Ergebnis, welches die Nutzerreaktion darstellt (z.B. Gefühlsänderung). Ist der Fahrer mit dem Ergebnis unzufrieden, wird die Aufgabe erneut interpretiert und eine Handlung findet statt. Ist das Ergebnis zufriedenstellend, wird aus dem vorläufigen Ergebnis ein Endergebnis. Wie der Nutzer das Ergebnis beurteilt, hängt von unterschiedlichen Fahrermerkmalen ab (siehe nächster Abschnitt).

Erkenntnis: Wie in Abschnitt 2.3.4 auf Seite 31 beschrieben, weist die Entwurfstechnik Funktions(-fluss-)Layout Evaluations-Grenzen auf. So können Inhalte und Funktionen, welche die auditiven, haptischen oder vestibulären Sinneskanäle ansprechen, mittels eines Funktions(-fluss-)Layout nicht beurteilt werden.

Wahrnehmung	Aufgabe	konzeptrelevant
Visuell (Auge)	Farb-, Objekt-, Bewegungswahrnehmung sowie räumliche Größe und Tiefe	✓
Auditiv (Ohr)	Sprach- und Geräuschidentifizierung sowie akustische Raumorientierung	-
Haptisch (Haut, Gelenke)	Druck-, Berührungs- und Vibrationsempfinden der Haut, Gelenke u.w.	-
Vestibulär (Ohr)	Orientierung im physikalischen Raum	-

Tabelle 3.3.: Informationsaufnahme nach Winner [AB12] (- nicht relevant, ✓relevant)

Inhalte/Funktionen von Funktions(-fluss-)Layouts sollten auf der regel- und fertigkeitsbasierten Handlungsebene ausführbar sein, so dass die Verarbeitungszeit und damit die Handlungsdauer minimiert wird. Dies ist möglich, sobald Inhalte vertraut, verständlich und deutlich dargestellt werden (siehe Abschnitt 3.2.1 auf Seite 47). Die Dauer der Fahrerablenkung kann somit reduziert werden. Auch ist die **Darstellung irrelevanter Inhalte und Funktionen zu vermeiden**, da dies zu Falschinterpretationen, Fehlbedienungen und erhöhter Ablenkung führt (siehe Abschnitt 3.2.2 auf Seite 54).

Fahrermerkmale Neben der wissens-, regel- und fertigkeitsbasierten Handlungsebene sind die spezifischen Merkmale der Fahrer von Relevanz für die Ausführung der Fahraufgabe. Jeder Fahrer muss, bevor er ein Kraftfahrzeug (Klasse B) führen darf, eine Führerscheinprüfung absolvieren. Dies ist je nach Land zwischen dem 16.

(USA) [MV] bzw. 17. (Deutschland) [Fue] Lebensjahr möglich. Sowohl Frauen als auch Männer sind in den westlichen Ländern zur Führung eines Fahrzeugs berechtigt. Der Bildungshintergrund und/oder Beruf sind dafür irrelevant. Der Führerschein stellt sicher, dass der Fahrer in der Lage ist, ein Fahrzeug im Straßenverkehr sicher führen zu können. Er ist mit den Benutzungsschnittstellen der Längs- und Querdynamik vertraut. Ob der Fahrer ein KUKI-System bedienen kann, ist nicht Bestandteil der Ausbildung bzw. Fahrprüfung.

Fahrer, welche Produkte der elektronischen Konsumgüterindustrie wie Tablets oder Smartphones nutzen, besitzen **Vorerfahrungen im Hinblick auf grafische Bedienoberflächen und Interaktionstechniken** und können auf gespeicherte Handlungsstrategien zurückgreifen (Regelbasierte Handlung siehe Abschnitt 3.2.1 auf Seite 47). So nimmt die Wachstumsrate bei der Nutzung von Tablets in der Zielgruppe 50 bis 59 Jahren am stärksten zu. Diese stellt mit 23 Prozent die größte Nutzergruppe dar. Das Tablet wird, im Gegensatz zum Smartphone, meist von älteren Personen genutzt. Dies ist darauf zurückzuführen, dass das Tablet ein Zuhause-Medium ist, das Smartphone ein Unterwegs-Medium. Der Anteil weiblicher Nutzer ist mit dem der männlichen nahezu identisch [DRK13].

Neben soziodemografischen Merkmalen und Erfahrungshintergründen beeinflusst der **psychische Fahrerzustand** wie die Aufgabe ausgeführt wird.

> *„Psychische Beanspruchung ist die unmittelbare (nicht langfristige) Auswirkung der psychischen Belastung im Individuum in Abhängigkeit von seinen jeweiligen überdauernden und augenblicklichen Voraussetzungen, einschließlich der individuellen Bewältigungsstrategien.“* [Isoa]

So ist der Zustand des Fahrers durch veränderliche Faktoren geprägt (siehe Tabelle 3.4 auf Seite 51), welche Auswirkungen auf die Ausführung der Fahraufgabe haben. Sie wirken sich individuell auf den Zustand unterschiedlicher Fahrer aus. Auch ist die Reaktion auf veränderliche Faktoren je Fahrer in Abhängigkeit von der Zeit variabel. Verschlechtern sich die Zustandsfaktoren ist die Beanspruchung der Sinneskanäle höher, die Informationsverarbeitung träger und motorische Handlungen werden langsamer [Sch09, 21ff.].

Veränderliche Faktoren	Zustand
Nicht/langfristig	Konstitution, Belastbarkeit, Fahrkönnen, Fahrerfahrung, Persönlichkeit, sensorische und motorische Fähigkeiten etc.
Mittelfristig	Müdigkeit, Tagesrhythmus, gesundheitliche Behinderungen, Alkohol, Drogeneinfluss etc.
Kurzfristig	Gerichtete Aufmerksamkeit, Wachsamkeit, Emotionen, Anstrengungen etc.

Tabelle 3.4.: Veränderliche Zustandsfaktoren nach Kopf [Kop05]

Erkenntnis: Es existiert **keine homogene Fahrergruppe** (z.B. Geschlecht, Alter, Bildungshintergrund, Beruf etc.) mit einer einheitlichen Charakteristik, so dass Inhalte und Funktionen von KUKI-Systemen für alle Nutzer verständlich sein müssen (z.B. Vermeidung Fachbegriffe, keine Fremdsprachen). Auch ist der **Erfahrungshintergrund bezüglich neuer Technologien und Geräte unterschiedlich**. Darstellungen und Interaktionstechniken müssen selbsterklärend sein und dürfen kein Expertenwissen verlangen. Dies ist zudem vor dem Hintergrund wichtig, dass **veränderliche Zustandsfaktoren** wie Müdigkeit, Emotionen, Fahrkönnen etc. die Aufmerksamkeit der Fahrer beeinflussen können.

Fahraufgaben

Fahrzeugführung wird aufgeteilt in eine Primär-, Sekundär- und Tertiäraufgabe, wobei die Primäraufgabe die eigentliche Fahrzeugführung beschreibt. Experten, welche sich in der wissenschaftlichen Literatur mit der Thematik Fahraufgaben befassen, kommen zu ähnlichen Konzepten, welche im Folgenden vorgestellt werden.

Primäraufgabe Die Primäraufgabe besteht aus verschiedenen Ebenen. In der operationalen Ebene wird ein fahrdynamisch stabiler Zustand durch Längs- und Querdynamik gewährleistet. Der Fahrer hat die Aufgabe, die IST-Werte an die SOLL-Werte anzupassen. Die taktische Ebene bezieht sich auf die Führung des Fahrzeugs. In Abhängigkeit von verschiedenen Störfaktoren, wie aktuelle Verkehrssituation, Soll-Fahrtroute und Geschwindigkeit, werden Fahrmanöver getätigt [BG80] [Ber70]. Auf der strategischen Ebene erfolgt die Navigation des Fahrzeugs, welche den zeitlichen Ablauf sowie die Fahrtroute definiert. Ist der Verkehrsraum bekannt, kann die Navigation als erfüllt angesehen werden. Ist er dies nicht, verlangt die Navigation einen Prozess der bewussten Planung [Don09].

Fahraufgabe	Teilaufgabe	Beispiel
primär	Operationale Ebene - Stabilisierungsaufgabe Zeitmaßstab	z.B. Spur oder Abstand halten. Bis ca. 1s-Bereich.
	Taktische Ebene - Führungsaufgabe Zeitmaßstab	z.B. Überholvorgang einleiten. Ca. 1s- bis ca. 1m-Bereich.
	Strategische Ebene - Navigationsaufgabe Zeitmaßstab	z.B. Auswahl einer Fahrtroute. Minuten bis Stunden.
sekundär	reaktive Aufgaben	z.B. Erforderliche Reaktion auf Umweltbedingungen (z.B. Licht).
	aktive Aufgaben	z.B. Erwünschte Reaktion auf Ereignisse (z.B. Hupe).

Tabelle 3.5.: Klassifizierung Primär- und Sekundäraufgaben (s = Sekunden, m = Minuten) nach Timpe und Donges [Tim01] [Don12]

Sekundäraufgabe Eng mit der Primär- ist die Sekundäraufgabe verknüpft. Aufgaben entstehen aus Verkehrs- und Umfeldbedingungen, sind jedoch nicht für das eigentliche Führen eines Fahrzeugs relevant. Es wird unterschieden zwischen reaktiven Aufgaben, wie das Betätigen des Wischers und aktiven Aufgaben, wie das Betätigen der Hupe. Die Sekundäraufgabe unterstützt die Erfüllung der Primäraufgabe [Gei90] [Tim01].

Tertiäraufgabe Tertiäraufgaben stehen in einer indirekten Verbindung zur Fahraufgabe [BZW06] und enthalten **Komfort-, Unterhaltung-, Kommunikations-**, und **Informationsaufgaben**. Der Anstieg dieser ist durch die technologischen Entwicklungen im Bereich der Konsumgüterelektronik zu erklären. So haben Tablets und Smartphones die Erwartungshaltung der Fahrer, bezüglich der Gestaltung von Benutzungsschnittstellen und Funktionen im Fahrzeug, erhöht. In den nächsten Jahren ist mit einem weiteren Anstieg an internetfähigen und vernetzten Diensten im Automobil zu rechnen, welche vom Fahrer über Benutzungsschnittstellen bedient werden [Hes].

Fahraufgabe	Teilaufgabe	Produkt	Beispiel
tertiär	Komfortaufgabe	Ergonomie	Sitzheizung
		Klima	Lüfter
	Unterhaltungsaufgabe	Radio	Radiosender
		Medien	TV-Sender
	Kommunikationsaufgabe	Telefon	Anruf
			E-Mail
	Informationsaufgabe	Navigation	Ziel
		Fahrzeug	Verbrauch

Tabelle 3.6.: Eigene Klassifikation Tertiäraufgaben mit Produkten

Erkenntnis: Ziel der Primär- sowie Sekundäraufgabe ist es, das Fahrzeug zu jeden Verkehrs- und Umweltbedinungen sicher zu führen. Ein KUKI-System, welches der **Tertiäraufgabe** zuzuordnen ist, hat **nichts mit der eigentlichen Fahrzeugführung gemein und lenkt primär ab**. Ziel dieser Arbeit ist es, die Qualität von Konzepten für KUKI-Systeme strukturiert zu evaluieren, so dass die Fahrerablenkung auf ein Minimum reduziert wird. Dies kann über eine bewusste Reduzierung von Funktionen und Inhalten (siehe Abschnitt 3.2.2 auf Seite 54) und/oder eine Konzeptgestaltung, welche passend für die Interaktion während der Fahrt ist (siehe Abschnitt 4.5 auf Seite 84), erfolgen.

3.2.2. Modellkomponente Fahrzeug und Benutzungsschnittstellen

Das Fahrzeug ist ein System, welches über technische Merkmale und Benutzungsschnittstellen definiert ist. Im Folgenden wird untersucht, welche Anforderungen das Fahrzeug und dessen Benutzungsschnittstellen an Inhalte und Funktionen stellt.

Fahrzeug

Sicht- und Bewegungsbedingungen innerhalb des Fahrerarbeitsplatzes [Isoc] beeinflussen die Bedienbarkeit von Benutzungsschnittstellen. Folgende technische Gegebenheiten müssen betrachtet und berücksichtigt werden:

- Bauform: Ein Sport Utility Vehicle (SUV), Cabrio oder Sportwagen besitzt aufgrund unterschiedlicher Bauformen verschiedene Sitzhöhen. Dies hat Auswirkungen auf die Rundumsicht innerhalb des Fahrzeugs. Auch ist beispielsweise im Cabrio bei geöffnetem Dach eine gute Rundumsicht möglich, die Sonneneinstrahlung und dadurch die Reflexion auf dem Display jedoch höher als bei geschlossenem Verdeck.

- Sitzposition: Der Fahrer hat die Möglichkeit, beim Fahrzeugkauf zwischen einem Schalen-, Sport- oder Komfortsitz zu wählen. Unterschiedliche Sitze besitzen andere Einstellmöglichkeiten. Auch kann das Lenkrad nach den individuellen Wünschen des Fahrers verstellt werden. Hierbei können Ergonomieprobleme bezüglich der Erreich- und Sichtbarkeit von Benutzungsschnittstellen auftreten.
- Lenkvariante: Je nach Verkaufsland existieren Links- und Rechtslenker, so dass der Fahrer je nach Lenkvariante einmal von links und einmal von rechts mit dem KUKI-System interagiert.

Erkenntnis: HMI-Probleme, welche sich aus der Bauform bzw. der Sitzposition ergeben, werden in dieser Arbeit nicht betrachtet, da sie die anthropometrische Fragestellung betreffen (siehe Abschnitt 1.1 auf Seite 2). So ist das Blendungsverhalten neben der grafischen Gestaltung der Screens (siehe Abschnitt 2.2.3 auf Seite 16) auf den Einbau des Displays im Fahrzeug zurückzuführen. Ähnliches gilt für die Sitzposition. Bereits bei der Planung des Fahrzeug-Innenraums ist darauf zu achten, dass der Fahrer das Display erreichen kann. In dieser Arbeit wird von einer den Anforderungen entsprechenden anthropometrischen Fragestellung ausgegangen.

Die **Fahrzeug-Lenkvariante sollte während der HMI-Konzeptphase berücksichtigt werden**, da Bereiche und Inhalte/Funktionen innerhalb des Funktions(-fluss-)-Layouts gespiegelt werden müssen (siehe Abschnitt 5.1.4 auf Seite 113). Bei einem HMI-Konzept, welches für die Lenkvariante links erstellt ist, wird der Nutzer wichtige Inhalte und Funktionen nicht ohne größere Körperbewegung von rechts erreichen können. Er muss sich gegebenenfalls vorbeugen und eine unkomfortable wie auch unsichere Körperposition einnehmen. Zudem verlängert sich die Dauer der Interaktion, was eine erhöhte Fahrerablenkung zur Folge hat.

Funktionsumfang Benutzungsschnittstelle

Wie in Abschnitt 2.1.2 auf Seite 8 erläutert, beinhaltet die Benutzungsschnittstelle eines Fahrzeugs alle Aspekte, mit denen der Fahrer physisch, perzeptiv oder konzeptionell in Verbindung tritt [Mor81]. In dieser Arbeit liegt der Fokus auf der Beurteilung der Qualität von Funktions(-fluss-)Layouts für Tertiäraufgaben (siehe Abschnitt 3.2.1 auf Seite 52) innerhalb der HMI-Konzeptphase (siehe Abschnitt 2.2.3 auf Seite 16). Nahezu alle Premiumhersteller verankern die **Tertiäraufgaben in der Mittelkonsole**, wobei die Einbauhöhe des KUKI-Systems variiert.

Abbildung 3.6.: Verortung Tertiäraufgaben in der Mittelkonsole des Fahrzeugs

Für die visuelle Aufnahme der Informationen ist der **Fahrer demnach angehalten, den Kopf weg von der eigentlichen Fahraufgabe zu lenken** was zu **Fahrerablenkung** führt. Bedingt durch technologische Entwicklungen im Bereich der Konsumgüterelektronik sowie gestiegene Nutzerwünsche nimmt der Inhalts- und Funktionsumfang innerhalb von KUKI-Systemen zu, was zu einem erhöhten Ablenkungsrisiko führt. Besonders in technischen Fachbereichen wie beispielsweise der Automobilindustrie existiert der Ansatz, weil etwas technisch machbar ist, kann und sollte es verbaut werden. Laut Sierra [Sie] ist der Höhepunkt der Nutzerzufriedenheit ab einer gewissen Anzahl an Funktionen jedoch erreicht. Werden zu diesem Zeitpunkt weitere Funktionen und Inhalte hinzugefügt, verschlechtert sich die Nutzungsqualität und der Fahrer ist unzufrieden mit dem KUKI-System (siehe Abbildung 3.7 auf Seite 56).

Erkenntnis: Was jedoch ein zu hoher Inhalts- und Funktionsumfang ist, hängt von der jeweiligen Arbeitsaufgabe ab und kann nicht generalisierend definiert werden. Je mehr Inhalte und Funktionen im Produkt verankert sind, desto größer wird das Ablenkungspotential und die Nutzerzufriedenheit nimmt ab (siehe Abbildung 3.7 auf Seite 56). Dieses kann reduziert werden, sobald **Inhalte und Funktionen Usability-gerecht konzipiert** werden (siehe Abschnitt 2.4 auf Seite 34).

Zudem sollten **Handlungen auf der regel- bzw. fertigkeitsbasierten Ebene ausgeführt werden**, um die Handlungsdauer zeitlich gering zu halten (siehe Abschnitt 3.2.1 auf Seite 47).

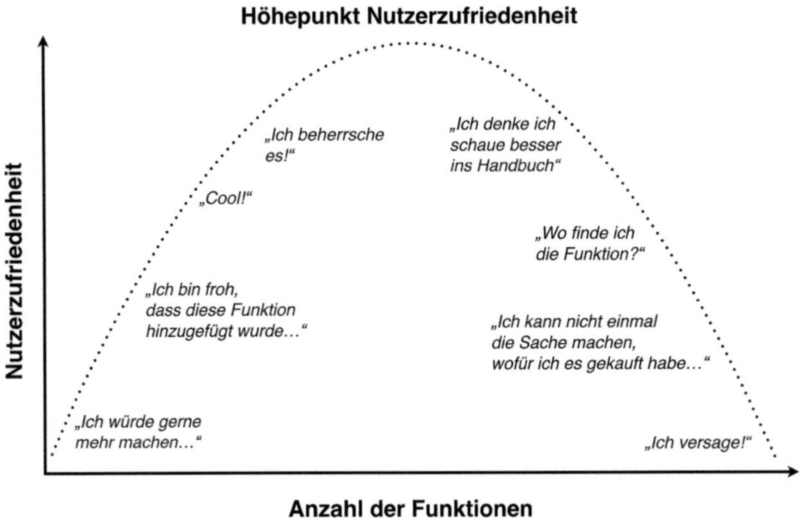

Abbildung 3.7.: Nutzerzufriedenheit nach Sierra [Sie]

3.2.3. Modellkomponente Umfeld

Das Umfeld, in dem sich der Fahrer über Benutzungsschnittstellen mit seinem Fahrzeug bewegt, wird definiert durch drei Entstehungsformen:

- Die **Natürliche** ist von der Natur vorgegeben.
- Die **Gestaltete** wird von Menschen durch Elemente definiert.
- Die **Soziale** wird durch den Menschen als Element beeinflusst [Rom85, 13ff.].

Kratzsch [Kra10, S. 66] erweitert genannte Entstehungsformen und deren Elemente um die Eigenschaften statisch, dynamisch und Ereignisse (siehe Abbildung 3.7 auf Seite 57).

Je mehr Elemente gleichzeitig auftreten, desto komplexer wird ein Verkehrsszenario. Dieses kann aus der Fahr- und Fahrersituation betrachtet werden. Erstere beschreibt den objektiv wahrnehmbaren Bereich des Verkehrsszenarios und ist damit nur ein Ausschnitt. Die Fahrersituation beschreibt das vom Fahrer eines Fahrzeugs tatsächlich wahrgenommene Verkehrsszenario [Rei00]. Sicht- und Bewegungsbedingungen sowie Merkmale der Fahrer beeinflussen dieses.

Entstehungsform	Elementeigenschaft	Element
Natürlich	Ereignisse	Metereologische Daten
Gestaltet	Statisch	Verkehrszeichen
		Straßen
		Gebäude
		Bepflanzung
Sozial	Dynamisch	Fahrzeug
		Radfahrer
		Fußgänger
		Lichtsignalanlage
		Wechselverkehrszeichen
		Unfall
		Panne
		Baustelle
		Objekte auf der Fahrbahn
	Ereignisse	Verkehrslage

Tabelle 3.7.: Umfeld-Klassifikation nach Rompe/Kratzsch [Rom85, 13ff.] [Kra10, S. 66]

Erkenntnis: Aufgrund des großen Ablenkungspotentials des Umfelds, in dem sich der Fahrer mit seinem Fahrzeug bewegt, sollten Inhalte und Funktionen von KUKI-Systemen so platziert und dargestellt werden, dass der Fahrer in einem komplexen Umfeld minimal abgelenkt wird. Auch sollte dieser **nicht gezwungen sein, zeitkritische Eingaben zu tätigen**, so dass der Fahrer sich in kritischen Situation vollständig auf die Primäraufgabe konzentrieren und zu einem späteren passenden Zeitpunkt die Interaktion mit dem KUKI-System wieder aufnehmen kann. Diese Besonderheiten werden bei der Ableitung der Beurteilungskriterien in Abschnitt 4.6.1 auf Seite 91 berücksichtigt.

3.3. Fazit

Im Folgenden werden die zu Beginn des Abschnitts gestellten Fragen erläutert.

Wie unterscheiden sich relevante Fahrer-Fahrzeug-Umfeld-Modelle?
Die vorgestellten Modelle von Johannsen, Timpe, Bubb und Lemmer enthalten alle die Modellkomponenten Fahrer, Fahrzeug und Umfeld. So interagiert der Fahrer in-

nerhalb einer Umwelt mit dem Fahrzeug, wobei sich die Modellkomponenten gegenseitig beeinflussen. Bis auf das Modell von Lemmer beschreiben alle als Motivation der Handlung Ziele. Des Weiteren fehlt bei Johannsens Modell, im Gegensatz zu den anderen, die explizite Erwähnung der Benutzungsschnittstelle. Diese Abweichungen sind auf die unterschiedliche Betrachtungsweise der Modelle zurückzuführen. So wird beispielsweise das Modell von Lemmer aus einer eher kognitiven Sichtweise dargestellt. Von ihren Grundkonzepten sind jedoch alle vorgestellten Modelle ähnlich.

Die Interaktion mit einem HMI-System erfolgt über eine Benutzungsschnittstelle (nicht explizit erwähnt bei Johannsens Modell) innerhalb des Fahrzeugs. Demzufolge stellen das Fahrzeug, der Fahrer sowie das Umfeld konzeptrelevante Anforderungen an die Darstellung von Inhalten und Funktionen eines KUKI-Systems, welche bereits während der HMI-Konzeptphase berücksichtigt werden sollten.

Können mittels einer Spezifikation Inhalte und Funktionen abgebildet werden, welche alle menschlichen Sinnesorgane ansprechen?

Wie bereits in Abschnitt 2.3.3 auf Seite 26 erläutert, wird die Entwurfstechnik Funktionslayout I, Funktionslayout II und Funktionsflusslayout innerhalb der HMI-Konzeptphase per Stift, Papier und/oder digital erstellt. So werden innerhalb eines definierten Bildbereiches wesentliche Bereiche (Funktionslayout I) und spezifische Elemente (Funktionslayout II) verortet sowie miteinander verknüpft (Funktionsflusslayout). Die Präsentation ist demnach rein visuell. Inhalte und Funktionen, welche die auditiven, haptischen oder vestibulären Sinneskanäle ansprechen, können mittels der vorgestellten Entwurfstechniken nicht abgebildet werden.

Wie müssen Inhalte und Funktionen eines KUKI-Systems dargestellt werden, um eine bestmögliche Usability zu erreichen?

Laut Hackmann ist es wichtig, Inhalte und Funktionen vertraut, verständlich und deutlich darzustellen, so dass sie vom Fahrer nicht fehlinterpretiert werden. Seine Erkenntnis deckt sich mit der Usability-Eigenschaft Effizienz, welche eine Aufwandsreduzierung für die Aufgabenerfüllung anstrebt (siehe Abschnitt 2.4.2 auf Seite 35). So sollten Inhalte und Funktionen die kognitiv geringer belastenden Handlungsebenen des Fahrers ansprechen:

- regelbasiert: Da keine homogene Fahrergruppe existiert (siehe Abschnitt 3.2.1 auf Seite 49), sollten Elemente und Abläufe so dargestellt werden, dass sie vom Fahrer ohne Vorwissen bearbeitet werden können (siehe Abschnitt 4.6.1 *Prinzip Selbstbeschreibungsfähigkeit* auf Seite 92).

- fertigkeitsbasiert: Werden selbige Elemente und Abläufe bereits in anderen Anwendungen verwendet, so sollten diese in ähnlicher Weise dargestellt werden (siehe Abschnitt 4.6.1 *Prinzip Erwartungskonformität* auf Seite 91).

Des Weiteren sollten Inhalte und Funktionen, welche für die Aufgabenerfüllung irrelevant sind, vermieden werden (siehe Abschnitt 4.6.1 *Prinzip Aufgabenangemessenheit* auf Seite 91). Laut Sierra [Sie] nimmt die Nutzungszufriedenheit bei einem zu hohen Inhalts- und Funktionsumfang ab. Der Fahrer wird von relevanten Inhalten abgelenkt und benötigt mehr Zeit für das eigentliche Aufgabenziel. Da es schwer zu bestimmen ist, ab wann der Inhaltsumfang zu hoch ist, ist es wichtig, Inhalte Usability-gerecht zu konzipieren, so dass sie auf der regel- bzw. fertigkeitsbasierten Ebene ausgeführt werden können.

Steht das KUKI-System mit dessen Produkten (z.B. Telefon) und Funktionen (z.B. Anruf tätigen) in Konflikt zur Primär-/Sekundäraufgabe?
Ja, da die Tertiäraufgabe nichts mit der eigentlichen Fahraufgabe zu tun hat, diese jedoch negativ beeinflusst. Sie wird innerhalb eines KUKI-Systems repräsentiert und beinhaltet Aufgaben des Komforts (z.B. Sitzheizung aktivieren), der Unterhaltung (z.B. Radiosender einstellen), der Kommunikation (z.B. Telefonanruf tätigen) sowie der Information (z.B. Navigationsziel eingeben). Während der Interaktion mit der Tertiäraufgabe fokussiert der Fahrer das KUKI-System, welches bei den meisten Herstellern in der Mittelkonsole verortet ist (siehe Abschnitt 2.1.2/3.2.2 auf Seite 8/54) und weniger das Verkehrsgeschehen. Er ist abgelenkt bzw. nicht so fokussiert als wenn er sich voll auf die Primäraufgabe konzentrieren würde (siehe Abbildung 3.6 auf Seite 55).

Fahrer besitzen spezifische Merkmale und Erfahrungshintergründe. Wie müssen diese bei der Ableitung von Beurteilungskriterien berücksichtigt werden?
Die Betrachtung zeigt, dass keine homogene Fahrergruppe mit einheitlicher Charakteristik existiert. So sind die soziodemografischen Merkmale der Fahrer sowie der Erfahrungshintergrund im Umgang mit neuen Technologien, grafischen Bedienoberflächen sowie Interaktionstechniken höchst unterschiedlich. Neben soziodemografi-

schen Merkmalen und Erfahrungswissen beeinflussen veränderliche Zustandsfaktoren wie Müdigkeit, Fahrkönnen, Tagesrhythmus oder Emotionen die Charakteristik des Fahrers kurz-, mittel-, oder langfristig. Inhalte und Funktionen sollten so dargestellt werden, dass sie für jede Fahrergruppe verständlich sind. Bei der Ableitung der Beurteilungskriterien ist darauf zu achten, dass kein Expertenwissen vorausgesetzt wird und die Interaktion mit dem System selbsterklärend ist (siehe Abschnitt 4.6.1 auf Seite 91).

Stellt der Fahrerarbeitsplatz spezifische Anforderungen an Inhalte und Funktionen eines Funktions(-fluss-)Layouts innerhalb der HMI-Konzeptphase?
Es existieren HMI-Probleme, welche sich aus der Fahrzeug-Bauform (z.B. SUV, Cabrio, Sportwagen) oder der Sitzposition (z.B. Schalensitze, Ergonomiesitze) ergeben. Diese Probleme werden in dieser Arbeit nicht betrachtet, da sie die anthropometrische Fragestellung betreffen (siehe Abschnitt 1.1 auf Seite 2). Die länderspezifische Lenkvariante des Fahrzeugs (Fahrerarbeitsplatz links oder rechts) stellt jedoch Anforderungen an die Organisation von Inhalten und Funktionen der Entwurfstechnik Funktions(-fluss-)Layout und muss bei der Spezifikation berücksichtigt werden. So findet die Interaktion mit Inhalten/Funktionen je nach Lenkvariante entweder von der rechten oder linken Displayseite statt (Annahme: Verortung des Displays für KUKI-System in der Mittelkonsole (siehe Abschnitt 2.1.2/3.2.2 auf Seite 8/54)).

Erhebt das Umfeld spezifische Anforderungen an Inhalte/Funktionen eines Funktions(-fluss-)Layouts innerhalb der Konzeptphase?
Das Umfeld in dem sich der Fahrer mit seinem Fahrzeug bewegt, ist kaum vorhersehbar. Viele Umfeld-Elemente wie bspw. das Wetter, Verkehrszeichen, Fahrzeuge, Fußgänger, Unfälle oder Baustellen definieren die Komplexität des Verkehrsszenarios. Konzepte sollten so gestaltet werden, dass der Fahrer zu jedem Zeitpunkt seine Tertiäraufgabe unterbrechen kann ohne Angst haben zu müssen, eingegebene Inhalte zu verlieren (siehe Abschnitt 4.6.1 *Prinzip Steuerbarkeit* auf Seite 93). Auf diese Weise ist er nicht gezwungen, in kritischen Situationen mit dem KUKI-System zu interagieren. Er kann sich dem Verkehrsgeschehen widmen und zu einem späteren Zeitpunkt die Interaktion mit der Tertiäraufgabe wieder aufnehmen.

Die detaillierte Analyse des Fahrer-Fahrzeug-Umfelds zeigt, dass dieses Anforderungen an die Entwicklung und Evaluation von HMI-Konzepten im Fahrzeug stellt. Konzeptrelevante Anforderungen des Fahrer-Fahrzeug-Umfelds werden bei der Ableitung von Beurteilungskriterien für Funktions(-fluss-)Layouts in Abschnitt 5.1 auf Seite 100 berücksichtigt. Im nächsten Abschnitt wird aufbauend auf den Anforderungen des Evaluations-Gegenstands aus Abschnitt 2.3 auf Seite 22 und des Fahrer-Fahrzeug-Umfelds, die Ableitung des methodischen Vorgehens sowie der Beurteilungskriterien erläutert.

4. Evaluation

Um die Forschungsfrage nach einem Vorgehensmodell für eine frühzeitige Evaluation der Qualität von Konzepten für KUKI-Systeme beantworten zu können, werden im folgenden Abschnitt existierende Evaluations-Methoden sowie bestehende Kriterienkataloge und Usability-Fragebögen analysiert und auf einen möglichen Einsatz überprüft.

Fragestellungen dieses Abschnitts

- Welche grundlegenden Komponenten beinhaltet eine Evaluation und wie werden diese für die vorliegende Arbeit berücksichtigt?
- Sind in der Praxis existierende expertenbasierte Evaluations-Methoden bezüglich des Vorgehens und der verwendeten Beurteilungskriterien für die Evaluation eines Funktions(-fluss-)Layouts geeignet?
- Können existierende Automotive-relevante HMI-Richtlinien für die Ableitung von Beurteilungskriterien berücksichtigt werden?

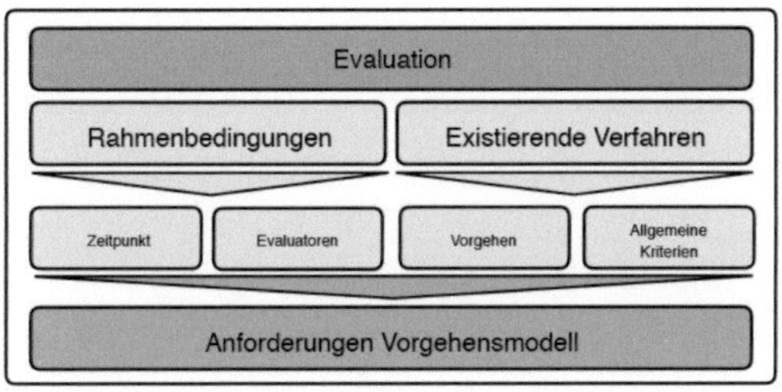

Abbildung 4.1.: Abschnitt *Evaluation*

4.1. Grundlegende Komponenten der Evaluation

In der empirischen Methodologie bezeichnet Evaluation das Versuchsdesign einer Informationsbeschaffung bis hin zu den Ergebnissen der Untersuchung. So ist der Termini Evaluation gekoppelt an den Begriff Beurteilung. **Etwas wird von jemandem nach Kriterien unter bestimmten Bedingungen beurteilt**. Ziel dieser Arbeit ist es, Konzepte frühzeitig mittels Kriterien zu beurteilen und dadurch Schwachstellen im Funktions(-fluss-)Layout aufzudecken, welche im Projektverlauf optimiert werden. Folgende Komponenten der Evaluation müssen im Vorfeld verbindlich definiert werden [BD06, 96ff.] [Kro01, 105ff.]:

- Evaluations-Gegenstand: Gegenstand der Evaluation ist ein spezifischer Sachverhalt. In der vorliegenden Arbeit sind dies das Funktionslayout I, Funktionslayout II sowie Funktionsflusslayout. Diese werden detailliert in Abschnitt 2.3 auf Seite 22 erläutert.
- Evaluations-Zeitpunkt: Die Evaluation findet formativ statt, so dass regelmäßig Evaluations-Ergebnisse in das laufende Projekt einfließen und HMI-Schwachstellen frühzeitig im Prozess (HMI-Entwicklungsphase Konzept) aufgedeckt werden können [Lot10].
- Evaluations-Methode: Je nach Evaluations-Ziel, -Zeitpunkt oder Art der Probanden (Experte oder realer Nutzer) existieren unterschiedliche Methoden, um den Evaluations-Gegenstand zu überprüfen. In Abschnitt 4.3 auf Seite 67 werden expertenbasierte Evaluations-Methoden analysiert und auf einen möglichen Einsatz überprüft.
- Evaluations-Kriterien: In Abhängigkeit des Reifegrads des Evaluations-Gegenstands existieren spezifische Beurteilungskriterien. In Abschnitt 4.5 auf Seite 84 werden für den Evaluations-Gegenstand relevante Beurteilungskriterien bestimmt, welche das Fahrer-Fahrzeug-Umfeld berücksichtigen.
- Evaluatoren: Aufgrund strenger Geheimhaltung neuer Konzepte innerhalb der Automobilindustrie ist eine Evaluation mittels realer Nutzer kaum möglich (siehe Abschnitt 2.3.2 auf Seite 23), so dass Konzepte durch Spezifikateure der eigenen HMI-Abteilung evaluiert werden. Um HMI-Hauptprobleme aufzudecken sowie Verzerrungen bei der Auswertung zu vermeiden, sollte mit einer maximalen Anzahl an Evaluatoren getestet werden, welche im folgenden Abschnitt ermittelt wird.

4.2. Evaluatoren

4.2.1. Reale Nutzer vs. Experten

Neben der Anzahl an Evaluatoren ist die Wahl der Evaluations-Methode entscheidend für die Qualität und Art der Ergebnisse. So wird diese dadurch bestimmt, ob reale Nutzer oder Experten den Evaluations-Gegenstand bewerten.

- Nutzerzentrierte Methode: Die empirische Erhebung der Daten erfolgt durch Beobachtungen und Befragungen realer Nutzer. Im Fokus stehen deren Meinungen und Probleme bezüglich des Evaluations-Gegenstands. Während der Testdurchführung beobachtet der Testleiter das Nutzerverhalten und nimmt die Kommentare und Anmerkungen der Probanden auf. Nach dem Test werden die erhobenen Daten vom Auswerter interpretiert und priorisiert.
- Expertenzentrierte Methode: Die Beurteilung des Evaluations-Gegenstands erfolgt durch Experten anhand analytischer Methoden und Expertenwissen. So prüft ein Experte, inwieweit Heuristiken eingehalten werden, und hinterfragt seine Arbeitsschritte und Interaktionen. Im Anschluss werden die erhobenen Daten der Experten vom Testleiter interpretiert und priorisiert. Wichtig ist jedoch, dass nicht der Spezifikateur sein eigenes Konzept evaluiert. Er ist nicht objektiv und verfälscht dadurch das Ergebnis. Im Gegensatz zur Evaluation mit realen Nutzern sind die Kosten- und Zeitersparnisse höher, da keine Nutzer-Rekrutierung und -Bezahlung stattfinden [SB06, 113ff.].

Erkenntnis: Aufgrund strenger Geheimhaltung innerhalb der Automobilindustrie (siehe Abschnitt 2.3.2 auf Seite 23) wird der **Evaluations-Gegenstand mittels einer expertenzentrierten Methode von HMI-Kollegen beurteilt**.

Im Folgenden wird beschrieben, mit welcher Anzahl an Experten der Evaluations-Gegenstand beurteilt werden muss, um Usability-Hauptprobleme (siehe Abschnitt 2.4.2 auf Seite 35) aufdecken zu können.

4.2.2. Anzahl

Wie bereits erwähnt, wird aufgrund strenger Geheimhaltung innerhalb der Automobilindustrie der Evaluations-Gegenstand mittels einer expertenzentrierten Methode (siehe Abschnitt 4.3 auf Seite 67) beurteilt. Unter Berücksichtigung von sechs Studien ermittelt Nielsen, dass ein Experte ca. 35 Prozent, fünf Experten ca. 75 Prozent und **zehn Experten ca. 88 Prozent der HMI-Probleme aufdecken**.

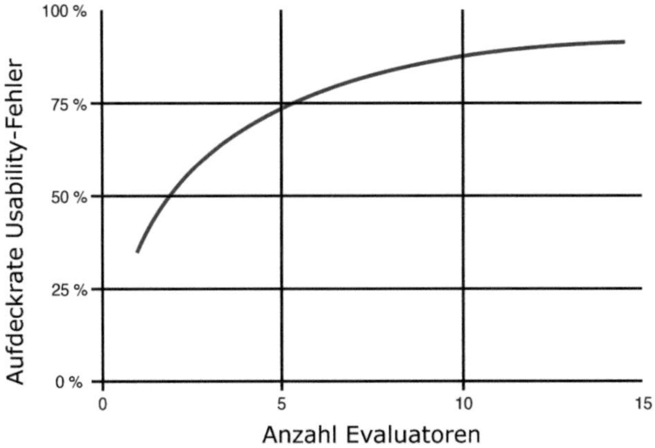

Abbildung 4.2.: Relation Anzahl Experten-Evaluatoren und Aufdeckung Usability-Probleme nach Nielsen [Nie94c, S. 33]

Ab zehn Experten verbessert sich die Aufdeckrate nicht mehr signifikant, so dass weitere Evaluatoren nicht erforderlich sind (siehe Abbildung 4.2 auf Seite 66). Er erwähnt jedoch auch, dass bei komplexen Usability-Fragestellungen mit einer höheren Anzahl an Evaluatoren getestet werden kann [Nie94c, 25ff.].

Erkenntnis: Eines der Ziele dieser Arbeit ist es, ein effizientes Evaluations-Vorgehen zu entwickeln (siehe Anforderungen der HMI-Spezifikateure in Abschnitt 2.3.2 auf Seite 23). Evaluations-Gegenstände, welche eine normale Komplexität besitzen, werden daher mittels **10 Evaluatoren** getestet. Diese **decken ca. 88 Prozent der HMI-Probleme auf**. Weitere Evaluatoren bringen laut Nielsen kaum neue Erkenntnisse, so dass die Kosten den Nutzen übersteigen.

Im folgenden Abschnitt werden praxisrelevante expertenbasierte Methoden analysiert und auf Eignung als Beurteilungsinstrument für Funktions(-fluss-)Layouts überprüft.

4.3. Expertenbasierte Evaluation

Experten ihrer Fachrichtung explorieren einen Evaluations-Gegenstand mit Hilfe expertenbasierter Evaluations-Methoden. Im Folgenden werden praxisrelevante Evaluations-Methoden, welche aus einem Vorgehen sowie Kriterien bestehen, detailliert vorgestellt. Es ist zu prüfen ob eine dieser expertenbasierten Methoden als Beurteilungsinstrument geeignet ist. Aufbauend auf den Erkenntnissen werden ein passendes Evaluations-Vorgehen (siehe Abschnitt 4.3.3 auf Seite 76) sowie Beurteilungskriterien (siehe Abschnitt 5.1 auf Seite 100) für die Bewertung von Funktions(-fluss-)-Layouts abgeleitet.

4.3.1. Praxisrelevante expertenbasierte Evaluations-Methoden

In der Fachliteratur und Praxis existieren expertenbasierte Evaluations-Methoden mit unterschiedlichen Ansätzen, welche im Folgenden vorgestellt werden:

1. Heuristische Evaluation (HE)

Die heuristische Evaluation gehört zu den Methoden der Usability-Inspektion und wurde von Rolf Molich und Jakob Nielsen im Jahre 1990 entwickelt. Mittels eines Sets an Heuristiken (siehe Abbildung 4.3 auf Seite 70), welche auf bestimmte Problemkategorien eines Evaluations-Gegenstands hinweisen, erfolgt die Beurteilung. Eine Gruppe aus Experten exploriert unabhängig voneinander den Evaluations-Gegenstand und versucht Verstöße gegen die Forderung der Heuristiken aufzudecken. Sobald der Evaluator einen Verstoß gegen die Forderung findet, hat er einen Hinweis auf ein mögliches HMI-Problem.

Evaluations-Vorgehen Nielsen beschreibt das Vorgehen **mittels zweier Phasen**. In der ersten Phase erlangt der Experte ein grundlegendes Verständnis über den Evaluations-Gegenstand, in der zweiten Phase evaluiert er Bereiche, Elemente und Abläufe anhand von Heuristiken, welche im Anschluss detailliert erläutert werden [Nie94b, 158ff.]. Wie das genaue Vorgehen der Betrachtung in der zweiten Phase erfolgt, erwähnt er nicht. Ist der Evaluations-Gegenstand domänspezifisch und der zu evaluierende Experte in diesem Feld Laie, können Arbeitsaufgaben für die strukturierte Beurteilung entwickelt werden. Diese beschreiben Teilaufgaben und Arbeitsabläufe basierend auf einer detaillierten Analyse. In Abschnitt 5.1.5 auf Seite

114 werden für den zu untersuchenden Evaluations-Gegenstand relevante Arbeitsaufgaben abgeleitet.

Je nach Komplexität sollte die Evaluation eine Stunde nicht übersteigen. Während der expertenbasierten Evaluation ist es den Experten untersagt, sich über den Evaluations-Gegenstand und dessen HMI-Probleme auszustauschen. Auf diese Weise wird eine unabhängige und unbeeinflusste Beurteilung gewährleistet. Die Resultate der Evaluation können schriftlich notiert oder für die spätere Auswertung audiovisuell aufgezeichnet werden. Ergebnis der Evaluation ist ein Report an Usability-Problemen, welcher beschreibt, wo und welche Heuristiken verletzt worden sind [Nie94c, 113ff.].

Beurteilungskriterien **Heuristiken** sind Regeln, welche sich bewährt haben und für eine Beurteilung interaktiver Systeme angewandt werden können. Sie sind generell formuliert und beziehen sich nicht auf spezifische Bereiche, Elemente und Abläufe, wie sie Funktions(-fluss-)Layouts (siehe Abschnitt 2.3.3 auf Seite 26) beinhalten.

> *„Heuristik […] ist eine Daumenregel, die in vielen Fällen funktioniert, in manchen aber auch nicht. Daher ist eine Heuristik im Gegensatz zum Prinzip nicht allgemeingültig.“* [Heu]

In der Fachliteratur bekannte Heuristik-Sets sind die *Eight golden rules of dialog design* von Shneidermann, die *Ten Heuristics* von Nielsen sowie die *Twelve Heuristics* von Sarodnick und Brau (siehe Abbildung 4.3 auf Seite 70).

Erkenntnis: Die Analyse bekannter Heuristik-Sets von Shneidermann, Nielsen und Sarodnick/Brau zeigt, dass der Fokus dieser auf **ähnlichen Schwerpunkten** liegt. So enthalten alle Sets Heuristiken zu den Themen Fehlerhandling, Steuerbarkeit, Selbstbeschreibungsfähigkeit oder Erwartungskonformität, welche von ihren Beschreibungen ähnlich sind.

Beispiel Schwerpunkt *Erwartungskonformität*: Alle drei Prinzipien erheben den Anspruch, dass die Systemgestaltung konsistent und nachvollziehbar ist:

- Eight golden rules of dialog design, Nr. 1: *„Strive for consistency: Consistent sequences of actions should be required in similar situations; identical termi-*

nology should be used in prompts, menus, and help screens; and consistent commands should be employed throughout.“ [SP04]

- Ten Heuristics, Nr. 4: *„Consistency and standards: Users should not have to wonder whether different words, situations, or actions mean the same thing. Follow plattform conventions.“* [Nie94a]
- Twelve Heuristics, Nr. 5: *„Erwartungskonformität: Dieses Prinzip steht für eine dem System angemessene Informationsdarstellung. Somit müssen ähnliche Aufgaben eine vergleichbare Gestaltung aufweisen.“* [SB06]

Des Weiteren beinhalten die vorgestellten Heuristik-Sets von Shneiderman, Nielsen und Sarodnick/Brau **Inhalte, welche in ähnlicher Form in den Grundsätzen der Dialoggestaltung aufgeführt werden**. Die Gegenüberstellung der verschiedenen Heuristik-Sets in Abbildung 4.3 auf Seite 70 visualisiert, dass jeder Heuristik ein spezifisches Prinzip der Grundsätze der Dialoggestaltung zugewiesen werden kann.

Erläuterung 4.3.1: Grundsätze der Dialoggestaltung

Die Grundsätze der Dialoggestaltung definieren im Gegensatz zu den Heuristiken allgemeingültige Prüfanforderungen an die Usability interaktiver Systeme. Ihre Einhaltung trägt dazu bei, die Eigenschaften Effektivität, Effizienz und Zufriedenheit zu erfüllen, welche die Usability definieren (siehe Abschnitt 2.4.2 auf Seite 35) und was mittels eines Funktions(-fluss-)Layouts (siehe Abschnitt 2.3 auf Seite 22) evaluiert werden kann. Jedes der Prinzipien wird von einer Anzahl an Kriterien und Beispielen ergänzt (siehe Tabelle 4.6 auf Seite 91). Aufgrund der allgemeinen Formulierung und des dadurch fehlenden Domän-Bezugs können die Prinzipien nicht als Beurteilungskriterien herangezogen werden.

In den folgenden Abschnitten werden Usability-Fragebögen (siehe Abschnitt 4.4 auf Seite 80) sowie Automotive-Richtlinien (siehe Abschnitt 4.5 auf Seite 84), welche die Grundsätze der Dialoggestaltung (siehe Abschnitt 4.6.1 auf Seite 91) operationalisieren, vorgestellt und auf einen Einsatz als mögliche Beurteilungskriterien für Funktions(-fluss-)Layouts für KUKI-Systeme überprüft.

Eight golden rules of dialog design (Shneiderman)	Ten Heuristics (Nielsen)	Twelve Heuristics (Sarodnick, Brau)
1 Strive for consistency. Consistent sequences of actions should be required in similar situations; identical terminology should be used in prompts, menus, and help screens; and consistent commands should be employed throughout. (E)	**1 Visibility of system status.** The system should always keep users informed about what is going on, through appropriate feedback within reasonable time. (S)	**1 Aufgabenangemessenheit.** Ein System soll so konzipiert sein, dass es dem Nutzer bei der Aufgabenbewältigung behilflich ist. (A)
2 Enable frequent users to use shortcuts. As the frequency of use increases, so do the user's desires to reduce the number of interactions and to increase the pace of interaction. Abbreviations, function keys, hidden commands, and macro facilities are very helpful to an expert user. (S)	**2 Match between system and the real world.** The system should speak the users' language, with words, phrases and concepts familiar to the user, rather than system-oriented terms. Follow real-world conventions, making information appear in a natural and logical order. (E)	**2 Prozessangemessenheit.** Von grosser Bedeutung ist ebenfalls die Abstimmung des Systems auf die Arbeitsaufgaben des realen Nutzers. (A)
3 Offer informative feedback. For every operator action, there should be some system feedback. For frequent and minor actions, the response can be modest, while for infrequent and major actions, the response should be more substantial. (S)	**3 User control and freedom.** Users often choose system functions by mistake and will need a clearly marked "emergency exit" to leave the unwanted state without having to go through an extended dialogue. Support undo and redo. (St)	**3 Selbstbeschreibungsfähigkeit.** Der Systemstatus muss jederzeit durch den User einsehbar sein. (S)
4 Design dialog to yield closure. Sequences of actions should be organized into groups with a beginning, middle, and end. The informative feedback at the completion of a group of actions gives the operators the satisfaction of accomplishment, a sense of relief, the signal to drop contingency plans and options from their minds, and an indication that the way is clear to prepare for the next group of actions. (S)	**4 Consistency and standards.** Users should not have to wonder whether different words, situations, or actions mean the same thing. Follow platform conventions. (E)	**4 Steuerbarkeit.** Der Nutzer sollte Kontrolle über das Systems ausüben können. Diese Heuristik beinhaltet unter anderem den Einsatz verschiedener Eingabehilfen sowie das Verhindern von Datenverlust beim Beenden des Systems. (St)
5 Offer simple error handling. As much as possible, design the system so the user cannot make a serious error. If an error is made, the system should be able to detect the error and offer simple, comprehensible mechanisms for handling the error. (F)	**5 Error prevention.** Even better than good error messages is a careful design which prevents a problem from occurring in the first place. Either eliminate error-prone conditions or check for them and present users with a confirmation option before they commit to the action. (F)	**5 Erwartungskonformität.** Dieses Prinzip steht für eine dem System angemessene Informationsdarstellung. Somit müssen ähnliche Aufgaben eine vergleichbare Gestaltung aufweisen. (E)
6 Permit easy reversal of actions. This feature relieves anxiety, since the user knows that errors can be undone; it thus encourages exploration of unfamiliar options. The units of reversibility may be a single action, a data entry, or a complete group of actions. (St)	**6 Recognition rather than recall.** Minimize the user's memory load by making objects, actions, and options visible. The user should not have to remember information from one part of the dialogue to another. Instructions for use of the system should be visible or easily retrievable whenever appropriate. (S)	**6 Fehlertoleranz.** Fehlermeldungen sollen dem Nutzer Probleme unmissverständlich aufzeigen. (F)
7 Support internal locus of control. Experienced operators strongly desire the sense that they are in charge of the system and that the system responds to their actions. Design the system to make users the initiators of actions rather than the responders. (St)	**7 Flexibility and efficiency of use.** Accelerators -- unseen by the novice user -- may often speed up the interaction for the expert user such that the system can cater to both inexperienced and experienced users. Allow users to tailor frequent actions. (St)	**7 System und Datensicherheit.** Das System muss stabil auf fehlerhafte Eingaben oder hohe Systembelastung reagieren. (F)
8 Support internal locus of control. Experienced operators strongly desire the sense that they are in charge of the system and that the system responds to their actions. Design the system to make users the initiators of actions rather than the responders. (S)	**8 Aesthetic and minimalist design.** Dialogues should not contain information which is irrelevant or rarely needed. Every extra unit of information in a dialogue competes with the relevant units of information and diminishes their relative visibility. (S)	**8 Individualisierbarkeit.** Der Nutzer sollte die Möglichkeit haben, das System auf seine individuellen Bedürfnisse abzustimmen. (I)
	9 Help users recognize, diagnose, and recover from errors. Error messages should be expressed in plain language (no codes), precisely indicate the problem, and constructively suggest a solution. (F)	**9 Lernförderlichkeit.** Diese Heuristik betont die Wichtigkeit der Erlernbarkeit des Systems durch den User. Voraussetzung dafür sind Hilfestellungen wie Anleitungen und Navigationshilfen. (L)
		10 Wahrnehmungssteuerung. Das Layout darf nicht von den Funktionalitäten des Systems ablenken, sondern soll dazu beitragen, dass sich der Nutzer gut zurechtfinden kann. (S)
		11 Joy of Use. Gestaltung und Funktionalität des Systems darf nicht Monotonie erzeugen und sollte im Gegenzug dem Zeitgeist entsprechen. (E)
		12 Interkulturelle Aspekte. Schliesslich muss sich ein System an den kulturellen Gegebenheiten der jeweiligen Zielgruppe orientieren. (E)

Die Heuristiken bauen auf den Grundsätzen der Dialoggestaltung (DIN ISO 9241-10) auf. Sie können folgenden Prinzipien daraus zugewiesen werden:
(A) Aufgabenangemessenheit, (S) Selbstbeschreibungsfähigkeit, (E) Erwartungskonformität, (St) Steuerbarkeit, (F) Fehlertoleranz, (L) Lernförderlichkeit, (I) Individualisierbarkeit

Abbildung 4.3.: Heuristik-Sets von Shneiderman [SP04], Nielsen [Nie94a] und Sarodnick/Brau [SB06]

Neben der heuristischen Evaluation (HE) existieren weitere Varianten der Methode. So wird das Evaluations-Vorgehen abgewandelt oder andere Beurteilungskriterien werden verwendet. Im Folgenden werden Variationen der HE aufgezeigt, welche im nächsten Abschnitt 4.3.2 auf Seite 74 auf Eignung als Beurteilungsinstrument überprüft werden.

2. Cognitve Walkthrough (CW)

Ein Experte versetzt sich in den Nutzer und bewertet mittels Aufgaben den Evaluations-Gegenstand. Die Methode wurde von Lewis/Wharten erfunden und basiert auf den Grundlagen der Kognitionsforschung. Sie fokussiert Denkprozesse, anstelle Korrekturvorschläge für Bedienoberflächen zu liefern. Es wird davon ausgegangen, dass der Nutzer den Navigationsweg des geringsten Aufwands geht [Wha+94] [LW97].

Evaluations-Vorgehen Der Experte versetzt sich in den Nutzer hinein und **analysiert vorgegebene Handlungsabläufe mittels Aufgaben**. Ziel ist es aufzudecken, wo der Evaluations-Gegenstand Probleme aufweist, indem vom Nutzer Wissen abverlangt wird, welches nicht vorhanden ist. Das Vorgehen findet wie folgt statt:

1. Definition Nutzer/Aufgaben: Nutzergruppen mit spezifischem Wissen werden definiert. Aufgaben werden nach häufigem Auftreten sowie kritischen Bereichen priorisiert. Der idealtypische Navigationsweg (Handlungssequenzen) wird festgelegt.
2. Überprüfung Handlungssequenzen je Aufgabe: Der Experte evaluiert die Handlungssequenzen des idealtypischen Navigationswegs und stellt sich dabei zum Nachdenken anregende Fragen.
3. Erfassung explorierter Probleme: Der Experte sammelt zwei Arten von Problemen: 1) Bedienschritte/Elemente, die zum Problem führen und dessen Gründe. 2) Informationen darüber, welche Kenntnisse und Erfahrungen der Nutzer zum erfolgreichen Bearbeiten unterschiedlicher Aufgaben benötigt.

Beurteilungskriterien Um Handlungssequenzen sowie den idealtypischen Navigationsweg zu hinterfragen, stellt sich der Evaluator folgende **Fragen**:

1. *„Will the user try to achieve the right effect?*
2. *Will the user notice that the correct action is available?*

3. *Will the user associate the correct action with the effect they are trying to achieve?*
4. *If the correct action is performed, will the user see the progression being made toward solution of their task?*" [Wha+94]

3. Metaphors of Thinking (MOT)

Experten bewerten anhand von Metaphern und Aufgaben den Evaluations-Gegenstand. Die Methode ist eine psychologiebasierte Inspektionstechnik, die auf die Gedanken der Nutzer abzielt (abgeleitet von James/Nauer). Laut Frokjaer und Hornbaeck [FH08] haben Gedanken Einfluss auf die Interaktion mit einem Produkt, wobei persönliche Gewohnheiten oder das eigene Wissen diese beeinflussen. Mittels der MOT-Methode sollen Experten während der Exploration menschliches Denken besser verstehen, kritisches Denken stimulieren und Konzepte hinterfragen.

Evaluations-Vorgehen Evaluatoren **definieren Aufgaben und explorieren** im Anschluss den Evaluations-Gegenstand. Definierte Metaphern, welche globale Schlüsselfragen enthalten, helfen beim Hinterfragen des Gegenstands. Verletzungen gegenüber den Metaphern geben Hinweise auf mögliche HMI-Probleme.

Beurteilungskriterien Wie bereits erwähnt, wird menschliches Denken laut Frokjaer und Hornbaeck von fünf Faktoren geprägt: die eigenen Gewohnheiten, der Strom des Denkens, das eigene Bewusstsein, die eigenen Äußerungen sowie das erworbene Wissen. Folgende Faktoren sind in den **fünf Metaphern** enthalten und helfen den Evaluatoren das Nutzerverhalten zu hinterfragen:

1. *„Metaphor M1: Habit Formation is Like a Landscape Eroded by Water.*
2. *Metaphor M2: Thinking as a Stream of Thought.*
3. *Metaphor M3: Awareness as a Jumping Octopus in a Pile of Rags.*
4. *Metaphor M4: Utterances as Splashes over Water.*
5. *Metaphor M5: Knowing as a Building Site in Progress."* [FH08, Bereich 20:6]

Die Metaphern können jedoch nicht eins zu eins vom Evaluator angewendet werden. Sie müssen interpretiert und auf die jeweilige Fragestellung projeziert werden. So soll beispielsweise die *„Metaphor M5: Knowing as a Building Site in Progress"*

[FH08, Bereich 20:6] das Wissen eines Nutzers charakterisieren, welches eine Mischung aus Ordnung, Unvollständigkeit und Inkonsistenz ist. Bildlich gesprochen ist das Wissen einer Person wie ein Gebäude im Bauzustand. Auch wenn das Gebäude noch im Bau ist, kann es als Schutz angesehen werden. Ähnlich verhält es sich mit unvollständigem Wissen von Personen, welches vorhanden ist und bereits als Bereicherung wahrgenommen werden sollte. Des Weiteren ist ein Gebäude im Bauzustand ausschließlich auf dem Bauplan definiert und kann verändert werden. Ähnlich verhält es sich bei einer Person, welche bestehendes Wissen hat, dieses jedoch ständig anpassen und abändern kann [FH02].

4. Pluralistic Walkthrough (PW)

Ein Team aus fachlichen Experten, Entwicklern und repräsentativen Nutzern evaluiert im Rahmen einer Gruppenexploration den Evaluations-Gegenstand. So versucht ein interdisziplinäres Team mittels Nutzeraufgaben die Gedanken und Erwartungen der Nutzer bei normalem Gebrauch zu analysieren. Entwickelt wurde die Methode von IBM.

Evaluations-Vorgehen Jeder **Teilnehmer exploriert** gesondert von den anderen den Evaluations-Gegenstand **mit Hilfe der Aufgaben**. Ziel ist es, möglichst viele Details und Inhalte zu explorieren. Nachdem alle den Gegenstand begutachtet haben, findet eine **Präsentation der Ergebnisse** in folgender Reihenfolge statt: Nutzer, Entwickler und Experte der Fachrichtung. Der Nutzer teilt als erstes seine Ergebnisse mit, um nicht vom Experten bzw. Entwickler beeinflusst zu werden [Bia94] [Rii02].

Beurteilungskriterien Keine Heuristiken, Kriterien oder Bewertungsfragen.

5. Heuristic Walkthrough (HW)

Der Heuristic Walkthrough kombiniert die Eigenschaften des Cognitive Walkthrough mit der heuristischen Evaluation. Entwickelt wurde die Methode von A. Sears 1997 [Sea97]. Der Experte evaluiert mittels Nutzeraufgaben (ähnlich der Methode des Cognitive Walkthrough) den Evaluations-Gegenstand in zwei Phasen.

Evaluations-Vorgehen

1. Aufgabenbezogene Evaluation: Der Experte exploriert den Evaluations-Gegenstand **anhand definierter Aufgaben** und einer Reihe zum **Nachdenken anregender Fragen** aus dem Cognitive Walkthrough. Aufgabenreihenfolge und -dauer können frei gewählt werden.
2. Freie Evaluation: Im Anschluss an die aufgabenbezogene Evaluation exploriert der Experte den Evaluations-Gegenstand in **Freiform mittels Heuristiken** (z.B. Nielsens Ten Heuristics).

Beurteilungskriterien Als Beurteilungskriterien dienen ein **Heuristik-Set** der Heuristischen Evaluation sowie die **Fragen des Cognitive Walkthrough**.

4.3.2. Prüfung expertenbasierter Evaluations-Methoden auf Eignung als Beurteilungsinstrument

Die heuristische Evaluation sowie deren unterschiedliche Varianten bestehen alle aus einem Evaluations-Vorgehen (V) sowie -kriterien (K), mit denen ein Evaluations-Gegenstand (Funktions(-fluss-)Layout) beurteilt werden kann. Es gilt zu prüfen, welches Vorgehen und welche Kriterien für die Beurteilung eines Funktionslayouts I (FL I), Funktionslayouts II (FL II) und Funktionsflusslayouts (FFL) geeignet sind.

Vorgehen (V):

1. Heuristische Evaluation: In der ersten Phase der Bewertung können ein Überblick über das Funktions(-fluss-)Layout sowie Benennungen und Beschreibungen erfolgen. In der zweiten Phase kann dann die strukturierte Begutachtung des Evaluations-Gegenstands stattfinden. So ist es möglich, das grundlegende Konzept zu erfassen (Phase 1), bevor eine detaillierte Evaluation mittels Arbeitsaufgaben (siehe Abschnitt 5.1.5 auf Seite 114) stattfindet (Phase 2).
2. Kognitive Walkthrough: Es fehlt die Phase der freien Evaluation (siehe Methode HE Phase 1). Diese ist relevant, um einen Überblick über das Funktions(-fluss-)Layout sowie dessen Konzept-Zusammenhänge zu erlangen.
3. Metaphors of Thinking: Wie beim Cognitive Walkthrough fehlt auch hier die Phase der freien Evaluation (siehe Methode HE Phase 1), welche relevant für den grundlegenden Überblick und die Konzept-Zusammenhänge ist.

4. Pluralistic Walkthrough: Aufgrund der strengen Geheimhaltung neuer Konzepte (siehe Abschnitt 2.3.2 auf Seite 24) kann beschriebenes Vorgehen, welches die Evaluation mittels realer Nutzer erfordert, nicht verwendet werden.
5. Heuristic Walkthrough: Im Gegensatz zur heuristischen Evaluation findet beim HW die erste Phase mittels Aufgaben und die zweite Phase in Freiform statt. Mit diesem Vorgehen kann kein grundlegender Überblick zu Beginn der Evaluation stattfinden, so dass Konzept-Zusammenhänge nicht ersichtlich werden.

Im Folgenden wird geprüft, ob von den vorgestellten expertenbasierten Evaluations-Methoden **Beurteilungskrterien (K)** geeignet sind:

1. Heuristische Evaluation: Vorgestellte Heuristik-Sets fokussieren nicht die Bewertung spezifischer Bereiche, Abläufe und Elemente von Funktions(-fluss-)-Layouts. Sie sind zu generell, interpretationsbedürftig und berücksichtigen nicht die Primäraufgabe (siehe Abschnitt 3.2.1 auf Seite 51).
2. Cognitive Walkthrough: Es werden Fragen gestellt, welche den Navigationsweg sowie Denkprozesse des Nutzers hinterfragen. Wie bei der heuristischen Evaluation fokussieren diese nicht Bereiche, Abläufe und Elemente von Funktions-(-fluss-)Layouts.
3. Metaphors of Thinking: Fünf Metaphern sollen helfen, das Nutzungsverhalten zu hinterfragen. Auch hier fokussieren diese nicht spezifische Bereiche, Abläufe und Elemente von Funktions(-fluss-)Layouts.
4. Pluralistic Walkthrough: Es werden keine Beurteilungskriterien genannt.
5. Heuristic Walkthrough: Die Beurteilungskriterien des Cognitive Walkthrough sowie der heuristischen Evaluation werden verwendet. Wie bereits erwähnt, eignen sich diese nicht für die Beurteilung eines Funktions(-fluss-)Layout.

Methode	**Vorgehen (V)**	**Kriterien (K)**
Heuristische Evaluation (HE)	✓	-
Cognitive Walkthrough (CW)	-	-
Metaphors of Thinking (MOT)	-	-
Pluralistic Walkthrough (PW)	-	-
Heurtistic Walkthrouhg (HW)	-	-

Tabelle 4.1.: Eignung expertenbasierter Methoden für eine Evaluation

Erkenntnis: Die Analyse zeigt, dass das **Vorgehen der heuristischen Evaluation für die Beurteilung von Funktions(-fluss-)Layouts nahezu passend geeignet** ist. Aufgrund der unterschiedlichen Detail- und Interaktionsgrade eines Funktions(-fluss-)Layouts (siehe Abschnitt 2.3.3 auf Seite 26) wird das Vorgehen der heuristischen Evaluation jedoch im folgenden Abschnitt 4.3.3 erweitert.

Keine der Beurteilungskriterien der präsentierten Evaluations-Methoden sind für eine Beurteilung von Funktions(-fluss-)Layouts geeignet. Alle Kriterien sind generell formuliert und gehen nicht auf die Evaluation spezifischer Bereiche, Elemente und Abläufe von Funktions(-fluss-)Layouts ein. Dies hat den Nachteil, dass jeder Evaluator unterschiedliche Bereiche, Elemente und Abläufe bewertet. Auch kann der Testleiter den Fokus, aufgrund der generellen Formulierung, nicht auf ein spezifisches Evaluations-Ziel lenken, um die Evaluation schneller durchführen zu können (siehe Anforderungen der Spezifikateure in Abschnitt 2.3.2 auf Seite 23). Durch die generelle Formulierung besteht zudem das Risiko, dass jeder der Evaluatoren ein Kriterium individuell interpretiert (siehe *Interpretationsobjektivität* in Abschnitt 5.3.1 auf Seite 129). Die Ergebnisse der Evaluatoren können nicht miteinander verglichen werden, da jeder der Bewerter gegebenenfalls das Kriterium unterschiedlich deutet. Des Weiteren bleibt aufgrund der generellen Formulierung die Primäraufgabe unberücksichtigt. Diese stellt jedoch Anforderungen an die Bewertung von Automotive-HMI-Konzepten (siehe Abschnitt 3.2.1 auf Seite 51).

Im nächsten Abschnitt wird das Evaluations-Vorgehen der heuristischen Evaluation optimiert und in der Folge werden in Abschnitt 4.4 auf Seite 80 bekannte Usability-Fragebögen vorgestellt. Es wird analysiert, ob mittels dieser spezifische Bereiche, Elemente und Abläufe von Funktions(-fluss-)Layouts bewertet werden können.

4.3.3. Entwicklung eines Vorgehens für die expertenbasierte Evaluations-Methode für Funktions(-fluss-)Layouts

Wie bereits im vorherigen Abschnitt erläutert, wird für die unterschiedlichen Detail- und Interaktionsgrade des Funktionslayouts I, Funktionslayouts II sowie Funktionsflusslayouts (siehe Abschnitt 2.3.3 auf Seite 26) ein spezifisches Evaluations-Vorgehen definiert, welches aus Phase 1 und 2 besteht.

Das **entwickelte Verfahren weist folgende Besonderheiten** auf:

- Je nach Entwicklungstätigkeit innerhalb der HMI-Konzeptphase beinhaltet die Entwurfstechnik Funktionslayout I, Funktionslayout II und das Funktionsflusslayout verschiedene Bestandteile und Darstellungsformen. Das **Evaluations-Vorgehen passt sich dem jeweiligen Detaillierungsgrad der zu bewertenden Entwurfstechnik an** (z.B. Bereiche, Elemente und Abläufe), so dass eine **schnelle Durchführbarkeit gewährleistet ist** (siehe Abschnitt 2.3.2 auf Seite 23). Es werden während der Evaluation ausschließlich Beurteilungskriterien abgefragt, welche mit der jeweiligen Entwurfstechnik beurteilbar sind (siehe Abschnitt 5.2.3 auf Seite 127).
- Der **Evaluator bewertet das Funktionslayout II sowie das Funktionsflusslayout mittels Automobil-relevanter Arbeitsaufgaben** (Identifizierung Arbeitsaufgaben siehe Abschnitt 5.1.5 auf Seite 114). Das Funktionslayout I ist nicht für die Bewertung mittels Arbeitsaufgaben geeignet, da keine spezifischen Elemente (z.B. Eingabefelder, Beschriftungen etc.) verortet sind, mit denen eine Aufgabe vom Nutzer gelöst werden kann. Aufgrund der Evaluation mittels Arbeitsaufgaben besitzen alle Evaluatoren das gleiche Evaluations-Ziel und begutachten identische Teile des Funktions(-fluss-)Layouts, so dass Evaluationsergebnisse vergleichbar sind.
- Aufgrund zweier Evaluationsphasen findet eine **systematische Hinführung des Evaluators an den Evaluations-Gegenstand** statt. So hat der Evaluator in Phase 1 die Möglichkeit, sich ein grundlegendes Verständnis über Konzept und Problematik zu verschaffen, bevor er in Phase 2 eine spezifische Bewertung durchführt.

Das **Evaluations-Vorgehen** für die unterschiedlichen Detail- und Interaktionsgrade von Funtions(-fluss-)Layouts wird im Folgenden detailliert beschrieben:

1. **Funktionslayout I - Definition Layout:** Der Evaluations-Gegenstand besitzt wesentliche Bereiche wie Steuerungs-, Eingabe-, Ausgabe- und Meldungsbereiche. Zudem sind reale oder fiktive Benennungen und Beschreibungen an der Entwurfstechnik platziert. Zu diesem Zeitpunkt werden noch keine zusammenhängenden Inhalte und Funktionen dargestellt. Die Struktur und/oder der grundlegende Aufbau des Bildbereiches ist Ziel der Beurteilung. Das Evaluations-Vorgehen findet wie folgt statt:

- Evaluations-Phase 1: Der Evaluator verschafft sich im ersten Schritt ein grundlegendes Verständnis über die **wesentlichen Bereiche einzelner Screens**. Eine Beurteilung dieser findet im nächsten Schritt, der Evaluations-Phase 2, statt.
- Evaluations-Phase 2: Der Evaluator bewertet die **Verortung wesentlicher Bereiche** wie bspw. Eingabe-/Ausgabebereich durch spezifische Beurteilungskriterien (siehe Abschnitt 5 auf Seite 99).

Wird das Funktionslayout I positiv bewertet, kann das Konzept um konkrete Inhalte und Funktionen erweitert werden. Im Anschluss wird das Funktionslayout II erneut in zwei Evaluations-Phasen bewertet.

Evaluations-Gegenstand	**Funktionslayout I**	**Funktionslayout II**	**Funktionsflusslayout**
Phase HMI-Entwicklung	Definition Layout	Zusammenführung Inhalt, Layout, Widget	
Darstellung und Inhalte	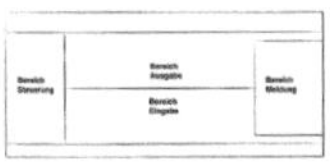	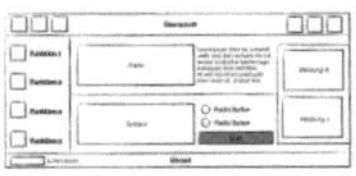	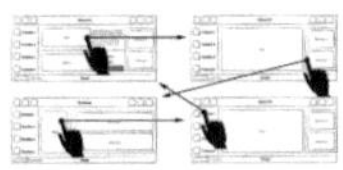
Interaktionsgrad	nein		ja, Seitenwechsel
Evaluation-Vorgehen			
Phase 1	In Freiform: Der Experte verschafft sich ein grundlegendes Verständnis über den Evaluations-Gegenstand		
Phase 2	Ohne Teilaufgabe: - Wesentliche Bereiche - Benennungen/ Beschreibungen	Eine Teilaufgabe: - Spezifische Elemente - Benennungen/ Beschreibungen	Mehrere Teilaufgaben: - Spezifische Elemente - Benennungen/ Beschreibungen - Abläufe

Tabelle 4.2.: Evaluations-Gegenstand und -Vorgehen für die Beurteilung von Funktionslayout I, Funktionslayout II und Funktionsflusslayout

2. **Funktionslayout II - Zusammenführung Inhalt, Layout, Widget:** Innerhalb der spezifischen Bereiche des Funktionslayouts I werden im Funktionslayout II spezifische Elemente für Inhalte und Funktionen verortet. Auch sind funktionale oder inhaltliche Benennungen und Beschreibungen platziert. Der grundlegende Aufbau des Bildbereiches ist nicht Ziel der Beurteilung. Dies fand bereits mit der Evaluation des Funktionslayouts I statt.

- Evaluations-Phase 1: Der Evaluator verschafft sich im ersten Schritt ein grundlegendes Verständnis über **spezifische Inhalte/Funktionen einzelner Screens**. Eine Beurteilung dieser findet im nächsten Schritt statt.
- Evaluations-Phase 2: In der folgenden Phase bewertet der Evaluator **relevante Elemente**, welche Inhalte/Funktionen für die zu lösenden **Teilaufgaben** (siehe Abschnitt 5.1.5 auf Seite 114) darstellen (**Fokus Darstellung, Benennung, Platzierung** von Inhalten/Funktionen). Der Evaluator überprüft, ob Elemente innerhalb des Screens passend und verständlich dargestellt sind.

Wird der Evaluations-Gegenstand Funktionslayout II positiv bewertet, wird das Konzept um Abläufe erweitert. Bereiche und spezifische Elemente werden miteinander verknüpft, so dass Abhängigkeiten/Interaktionen zwischen den einzelnen Screen-Inhalten und -Funktionen ersichtlich werden. Im Anschluss wird das Funktionsflusslayout erneut in zwei Evaluations-Phasen bewertet.

3. **Funktionsflusslayout - Zusammenführung Inhalt, Layout, Widget:** Der Evaluations-Gegenstand ist ähnlich dem des Funktionslayouts II. Es werden jedoch zusätzlich Abläufe und Interaktionen bewertet. Konkrete Elemente, welche Inhalte/Funktionen repräsentieren, referenzieren auf Inhalte/Funktionen weiterer Screens.

   - Evaluations-Phase 1: Der Evaluator verschafft sich im ersten Schritt ein grundlegendes Verständnis über **Abläufe und Interaktionsschritte spezifischer Inhalte und Funktionen über mehrere Screens** hinweg. Eine Beurteilung findet im nächsten Schritt, in der Evaluations-Phase 2, statt.
   - Evaluations-Phase 2: Der Evaluator beurteilt, ob Abläufe und Interaktionsschritte für spezifische Inhalte und Funktionen, über mehrere Screens hinweg, passend und verständlich sind. Die Beurteilung findet, wie bereits beim Funktionslayout, mittels **Teilaufgaben** (siehe Abschnitt 5.1.5 auf Seite 114) statt (**Fokus Abläufe/Interaktionen**). Der Evaluator muss diese mit Hilfe des Funktionsflusslayouts lösen.

Wie bereits in Abschnitt 4.3.2 auf Seite 74 erwähnt, sind **keine der vorgestellten Beurteilungskriterien der expertenbasierten Evaluations-Methoden**

für eine Beurteilung von Funktions(-fluss-)Layouts geeignet. So sind diese zu generell formuliert, gehen nicht auf die Evaluation spezifischer Bereiche, Elemente und Abläufe ein und lassen die Primäraufgabe unberücksichtigt.

Ähnlich wie die vorgestellten Heuristik-Sets der heuristischen Evaluation bauen auch die im nächsten Abschnitt präsentierten Usability-Fragebögen auf den Grundsätze der Dialoggestaltung auf. Im Folgenden wird analysiert, ob mittels Usability-Fragebögen spezifische Bereiche, Elemente und Abläufe von Funktions(-fluss-)Layouts für den Kontext Automotive (unter Berücksichtigung der Primäraufgabe) evaluiert werden können.

4.4. Usability-Fragebögen

Standardisierte Usability-Fragebögen werden eingesetzt, um subjektive Einstellungen und Erfahrungen der Evaluatoren abzufragen. Sie eignen sich dazu, Aspekte, welche die Usability negativ beeinflussen, aufzudecken und so Konzepte miteinander zu vergleichen. In der englischen Sprache existieren bekannte Fragebögen wie zum Beispiel:

- *Questionnaire for User Interface Satisfaction (QUIS)*
- *Software Usability Measurement Inventory (SUMI)*
- *Computer System Usability Questionnaire (CSUQ)*
- *System Usability Scale(UEQ)*

Um sicherzustellen, dass der Evaluator bei der expertenbasierten Evaluation die ihm dargebotenen Fragen versteht (siehe Abschnitt 2.3.2 auf Seite 24) sowie ein semantisches und pragmatisches Verständnis besitzt (siehe Abschnitt 5.2.2 auf Seite 122), werden ausschließlich Fragebögen der deutschen Sprache auf einen möglichen Einsatz überprüft. Die Übersetzung englischsprachiger Usability-Fragebögen hat sich im deutschsprachigen Raum nicht etabliert. In Deutschland sind als Usability-Fragebögen *IsoMetrics, IsoNorm 9241/10* sowie *ErgoNorm* weit verbreitet. Mittels dieser Fragebögen ist es möglich Evaluations-Gegenstände gemäß der DIN EN ISO 9241-110 zu beurteilen, da die **Grundsätze der Dialoggestaltung in den Fragebögen operationalisiert** werden.

Folgende Anforderungen werden an die Usability-Fragebögen gestellt:

Anforderungen an Usability-Fragebögen		Erhoben in
Kontext Automotive	Ein KUKI-System wird im Fahrzeug verwendet und unterliegt spezifischen Anforderungen des Fahrer-Fahrzeug-Umfelds.	Abschnitt 3 auf Seite 41
Detailgrad Fragen	Ein Funktions(-fluss-)Layout beinhaltet spez. Bereiche, Elemente und Abläufe, welche bewertet werden.	Abschnitt 2.3.3 auf Seite 26
Inhalt Fragen	Ein Funktions(-fluss-)Layout wird in der Konzeptphase erstellt und besitzt zu diesem Zeitpunkt kein Design bzw. ist noch nicht implementiert.	Abschnitt 2.2.3 auf Seite 16
Dauer der Befragung	Eine der Anforderungen der Evaluatoren ist, dass die Evaluation schnell durchführbar sein muss.	Abschnitt 2.3.2 auf Seite 24
Zeitpunkt Befragung	Um Funktions(-fluss-)Layouts kontinuierlich zu optimieren, ist es relevant, diese mittels einer formativen Evaluation in regelmäßigen Abständen zu überprüfen.	Abschnitt 4.1 auf Seite 64

Tabelle 4.3.: Anforderungen an die Usability-Fragebögen

Figel kommt in einer Studie, im Rahmen derer er die Fragebögen *IsoMetrics* und *IsoNorm 9241/10* analysiert und miteinander vergleicht, zu der Erkenntnis, dass beide Fragebögen eine ähnliche inhaltliche Validität (Ausmaß, mit welcher Wahrscheinlichkeit die Evaluation eine Lösung findet) sowie die Auswertungs-Ergebnisse eine hohe Übereinstimmung besitzen. Auch kann er die Objektivität (Ausmaß, in dem Testergebnisse unabhängig vom Testanwender sind) sowie Reliabilität (Ausmaß, mit der das Evaluierte gemessen wird) beider Fragebögen bestätigen. Abschnitt 5.3 auf Seite 129 beschreibt detailliert, welche Gütekriterien für die Entwicklung von Fragebögen relevant sind und mittels welcher Methoden diese überprüft werden können.

Der Fragebogen *ErgoNorm* kann nicht mit *IsoMetrics* sowie *IsoNorm 9241/10* verglichen werden, da dieser einen stärkeren Fokus auf spezifische Nutzungsprobleme mit dem Evaluations-Gegenstand besitzt. So werden Fragen, im Gegensatz zu *IsoMetrics* und *IsoNorm 9241/10* (Antwort mittels Skalen bzw. halboffener Antworten), mittels offener Antwortfelder beantwortet [Fig09]. Eine schnelle Durchführung, Auswertung sowie Vergleichbarkeit der Ergebnisse, wie sie von den Spezifikateuren gefordert werden (siehe Abschnitt 2.3.2 auf Seite 23), sind nicht möglich.

Aus genannten Gründen werden in der vorliegenden Arbeit ausschließlich die deutschsprachigen standardisierten Usability-Fragebögen *IsoMetrics* sowie *IsoNorm 9241/10* vorgestellt und auf Erfüllung der erhobenen Anforderungen an Usability-Fragebögen (siehe Tabelle 4.3 auf Seite 81) überprüft.

4.4.1. IsoMetrics

Der *IsoMetrics*-Fragebogen dient der Erfassung der Usability von Software-Systemen. In ihm sind die 7 Grundsätze der Dialoggestaltung aus der DIN EN ISO 9241-110 operationalisiert. Entwickelt wurde der Fragebogen an der Universität Osnabrück im Fachgebiet der Arbeits- und Organisationspsychologie [WGH96, 5ff.].

	stimmt nicht	stimmt wenig	stimmt mittelmäßig	stimmt ziemlich	stimmt sehr	keine Angabe
Es ist für mich unmittelbar ersichtlich, was die Befehle des Systems bewirken.	1	2	3	4	5	

	nicht wichtig	wenig wichtig	mittelmäßig wichtig	ziemlich wichtig	sehr wichtig	keine Angabe
Wie wichtig ist dieser Aspekt für Ihren Gesamteindruck von der Software?	1	2	3	4	5	

Können Sie konkrete Beispiele nennen, bei denen Sie dieser Aussage nicht zustimmen könnnen?

Abbildung 4.4.: Auszug Fragebogen ISOMetrics L [Wil]

Der Fragebogen besteht aus 7 Bereichen (Anlehnung an Grundsätze der Dialoggestaltung) mit je 7 bis 12 Items. Insgesamt enthält er 75 Items, welche auf einer 5-stufigen Skala (siehe Abbildung 4.4 auf Seite 82) beantwortet werden. Es besteht die Möglichkeit, mit *keine Angabe* zu antworten. Zwei Varianten des Fragebogens existieren:

- *ISOMetrics S:* Kurzversion des Fragebogens. Beurteilung der Items durch Skalen.
- *ISOMetrics L:* Langversion des Fragebogens. Beurteilung der Items durch Skalen und Freitext. Es existiert die Möglichkeit einer Wichtigkeitseinschätzung.

4.4.2. IsoNorm 9241/10

Ähnlich wie der *IsoMetrics* erfasst der *IsoNorm 9241/10*-Fragebogen die Usability von Software-Systemen. Entwickelt wurde er von Jochen Prümper und Michael Anft an der Hochschule für Technik und Wirtschaft Berlin. Nach Angaben von Prümper stellt der Fragebogen ein Evaluations-Verfahren dar, um Schwachstellen in Designkonzepten sowie interaktiven Prototypen zu identifizieren [Prü97]. Die 7-stufige Skala (siehe Abbildung 4.5) der 35 Items, gruppiert in 7 Bereiche, soll die Normenkonformität nach DIN EN ISO 9241-110 evaluieren. Zwei Varianten des Fragebogens existieren:

- *ISONorm S:* Pataki und Sachse erstellten eine Kurzversion des ISONorm 9241/110 mit 21 Items. Die Items je Gruppe wurden von fünf auf drei reduziert.
- *ISONorm:* Fragebogen mit 35 Items (von Prümper/Anft entwickelt).

Die Software...	---	--	-	-/+	+	++	+++	Die Software...
erzwingt unnötige Unterbrechungen der Arbeit.	O	O	O	O	O	O	O	erzwingt keine unnötigen Unterbrechungen der Arbeit.

Abbildung 4.5.: Auszug Fragebogen IsoNorm 9241/10 [Prü]

4.4.3. Prüfung Usability-Fragebögen auf Eignung als Beurteilungsinstrument

Die Analyse (siehe Tabelle 4.4 auf Seite 84) der deutschsprachigen Usability-Fragebögen zeigt, dass **keiner der beiden Fragebögen für die Evaluation des Funktionslayouts I, Funktionslayouts II und Funktionsflusslayouts geeignet** ist.

Neben den vorgestellten Usability-Fragebögen existieren HMI-Richtlinien, welche das Fahrer-Fahrzeug-Umfeld berücksichtigen. In Abschnitt 4.5 auf Seite 84 wird analysiert, ob sich die HMI-Richtlinien für die Evaluation von Funktions(-fluss-)Layouts eignen. Ist dies nicht der Fall gilt es zu prüfen, ob aus den Richtlinien passende Beurteilungskriterien operationalisiert werden können.

Anforderung	Prüfung als Bewertungsinstrument
Kontext Automotive	Weder der Fragebogen *IsoMetrics* als auch der *IsoNorm 9241/10* bezieht sich auf eine spezifische Fachrichtung. Eine Berücksichtigung des Fahrer-Fahrzeug-Umfelds ist jedoch zwingend erforderlich.
Detailgrad Fragen	Die Fragen besitzen Hinweischarakter und zeigen auf, dass das HMI-System Schwachpunkte besitzt, nicht jedoch, welche konkreten Inhalte, Funktionen oder Abläufe innerhalb eines Produkts problematisch sind (siehe Anhang B). Auch sind Formulierungen der Inhalte interpretationsbedürftig, was die Vergleichbarkeit der Ergebnisse mindert.
Inhalt Fragen	Die Fragen sind erst zum Zeitpunkt der HMI-Design- bzw. -Implementierungsphase beurteilbar. Funktions(-fluss-)Layouts innerhalb der HMI-Konzeptphase können mittels der Fragebögen nicht bewertet werden.
Dauer der Befragung	Der Fragebogen *IsoNorm 9241/10* verwendet zur Erhebung der Antworten eine Skala. Eine Antwortmöglichkeit mittels Freitextfeld ist nicht gegeben, so dass eine Erfassung von Meinungen, Empfehlungen und Verweisen nicht stattfindet. Der Fragebogen *IsoMetrics L* verwendet zur Erhebung der Antworten neben einer Skala ein Freitextfeld, um Meinungen, Verbesserungsvorschläge oder sonstige Anmerkungen abzufragen. Aufgrund der Anzahl an Fragen ist eine Testzeit von wenigstens zwei Stunden pro Evaluator nötig [Htw], was einer schnellen Durchführung, wie sie von den Spezifikateuren gefordert wird, widerspricht.
Zeitpunkt Befragung	Es werden keine konkreten Inhalte, Funktionen und Abläufe abgefragt. Vielmehr wird das Gesamtsystem holistisch bewertet, wodurch eine summative Evaluation stattfindet und das Funktions(-fluss-)Layout nicht projektbegleitend optimiert wird.

Tabelle 4.4.: Usability-Fragebögen und deren Eignung als Bewertungsinstrument

4.5. Automotive-relevante HMI-Richtlinien

In der Fachliteratur existieren Human-Machine-Interface-Normen, -Guidelines und -Styleguides, welche für den Kontext Automotive gelten. Im Folgenden wird die Differenzierung zwischen den Klassifizierungen Normen, Guideline und Styleguide dargestellt und überprüft, ob die Automotive-relevanten HMI-Richtlinien für die Bewertung von Funktions(-fluss-)-Layouts berücksichtigt werden können.

4.5.1. Klassifizierung Norm, Guideline, Styleguide

Sowohl Normen, Guidelines als auch Styleguides nehmen Spezifikateure, Designer und Entwickler in die Pflicht und stärken die Position der Nutzer. Alle Richtlinien-Systeme haben **unterschiedliche Abstraktionslevels. Je allgemeiner diese sind, desto höher ist die Einsatzflexibilität, je konkreter sie ausfallen, desto objektiver** können Evaluatoren den Gegenstand der Betrachtung beurteilen.

Laut Cronholm und Kollegen [CG06] [CB08] ist es für ein globales Problemverständnis elementar, sich mit beiden Arten zu beschäftigen. So bestätigt und vereinfacht das Konkrete das Abstrakte. Letzteres informiert über den Interessenwunsch. Alle drei Richtlinien-Systeme fördern die Usability und schließen sich gegenseitig nicht aus. Vielmehr beeinflussen sie sich und haben das Ziel, Systeme, Produkte, Prozesse und Aufgaben zu optimieren.

- **Norm**: Eine Norm bezeichnet die Formulierung und Veröffentlichung von Leitlinien/Regeln, basierend auf gesicherten Ergebnissen aus Erfahrung, Technik und Wissenschaft, bestätigt durch ein Gremium. Sie kommt dort zum Einsatz, wo ähnliche Systeme, Produkte, Prozesse u.w. in divergenten Zusammenhängen an unterschiedlichen Orten von verschiedenen Zielgruppen benötigt werden. Auf diese Weise wird für wiederkehrende Systeme, Produkte, Prozesse u.w. innerhalb des Interessenkreises international wie auch national Vereinheitlichung garantiert. Normen werden in einem mehrstufigen Verfahren in demokratischer Weise unter Einbeziehung aller betroffenen Zielgruppen im Konsensprinzip erstellt [JS03] [Din] [Alb].
- **Guideline**: Im Gegensatz zu Normen, welche beschreiben, wie etwas gemacht werden muss, definieren Guidelines, wie etwas gemacht werden sollte. Die Inhalte der Guidelines basieren auf Forschungen einzelner Personen und die Erstellung unterliegt keinem formalisierten Entwicklungsprozess. Daraus folgt, dass rasch auf Änderungen reagiert werden kann, Forscher mit ähnlichen Fachrichtungen können jedoch unterschiedliche Beurteilungen bezüglich des Sachverhalts haben. Die Inhalte von Guidelines sind von spezifischen Technologien losgelöst und auf nutzerzentrierte Eigenschaften bezogen [JS03]. Eine verwandte Form der Guidelines sind De-facto Standards. Sie kommen vorwiegend im technischen Sektor vor (Industriestandard) und werden über einen längeren Zeitraum definiert. De-facto Standards entwickeln sich aus einer Übereinkunft, die nicht geplant, sich jedoch infolge von Prozessen in der Praxis bewährt hat und als stillschweigende Übereinkunft gilt. Ist ein Standard erfolgreich, kann daraus eine Norm entwickelt und anerkannt werden [Egy09].
- **Styleguide**: In einem Styleguide wird die Designsprache eines Sachverhaltes beschrieben. Er enthält eine Sammlung an Empfehlungen, Beispielen und Anwendungsgebieten für die visuelle Gestaltung. Ersteller sind entwickelnde Organisationen und Firmen. Russel und Kollegen differenzieren zwischen gene-

rischen (breit anwendbar, jedoch für konkrete Situationen keine Umsetzungsempfehlung) und empathischen Styleguides (spezifisch, jedoch kein Hinweis darauf, ob etwas in einem spezifischen Kontext umsetzbar ist). Ihrer Meinung nach müssen nicht nur generische Styleguides häufig interpretiert werden, sondern aufgrund des fehlenden Kontextverständnisses ebenfalls spezifische Styleguides [Rus+97] [MB03, 139ff.].

Neben allgemeinen Richtlinien zur Gestaltung der HMI existiert eine Reihe von Richtlinien speziell für die HMI in der Automobilindustrie. Ziel der Richtlinien ist es, die Usability zu steigern, Fahrerablenkung zu verringern und/oder HMI-Prozesse zu optimieren. Im Folgenden werden Richtlinien vorgestellt, welche relevant für die Beurteilung der HMI von KUKI-Systemen sind. Richtlinien, welche HMI-Prozesse definieren, werden nicht fokussiert, da sie für die vorliegende Arbeit irrelevant sind.

4.5.2. Guideline NHTSA, AAM, JAMA, ESoP

National wie international existieren Guidelines, welche für die Gestaltung der HMI im Fahrzeug relevant sind. Aufgrund der drei Hauptstandorte der Automobilindustrie kommen die Guidelines aus Europa, den USA sowie Japan.

Region	Europa	USA	USA	Japan
Institution	European Commision de European Statement of Principles	National Highway Safety Administration	Alliance of Automobile Manufactures	Japan Automobile Manufactures Association
Guideline	European statement of principles on the design of human machine interaction	Visual-Manual NHTSA Driver Distraction Guidelines	Statement of Principles, Criteria and Verification Procedures on Driver Interactions with Advanced In-Vehicle Information and Communication Systems	Guidelines for In-Vehicle Display Systems
Version	2006 (V2)	2013 (V2)	2006 (V2)	2004 (V3)

Tabelle 4.5.: Automotive-relevante HMI-Guidelines [Eso] [Nht] [Aam] [Jam]

Die Inhalte der unterschiedlichen Guidelines fokussieren ähnliche Themen und erheben Anforderungen an beispielsweise die Platzierung von Displays und Funktionen innerhalb des Fahrzeugs, der Ausführbarkeit komplexer Handlungen oder die Eingabe zeitkritischer Interaktionen während der Fahrt. Die Analyse (siehe Abschnitt 4.5.4 auf Seite 87) zeigt zudem, dass wie bereits die Heuristik-Sets (siehe Abschnitt 4.3.1 auf Seite 67) und Usability-Fragebögen (siehe Abschnitt 4.4 auf Seite 80) die vorgestellten Automotive-relevanten HMI-Guidelines auf den Grundsätzen der Dialoggestaltung der DIN EN ISO 9241 aufbauen (siehe Abschnitt 4.6.1 auf Seite 91).

4.5.3. Norm DIN EN ISO 15005

Die *DIN EN ISO 15005: Straßenfahrzeuge - Ergonomische Apspekte von Fahrerinformations- und -assistenzsystemen - Grundsätze und Prüfverfahren des Dialogmanagements* [Isob] beschreibt Prüfverfahren und Grundsätze des Dialogmanagements bezüglich KUKI-Systemen im Fahrzeug. Es werden 40 Anforderungen, gruppiert in acht Bereiche, für die ergonomische Gestaltung von Fahrerinformations- und assistenzsysteme erhoben. Wie die Heuristik-Sets, die Usability-Fragebögen und die Automotive-Guidelines baut auch die DIN EN ISO 15005 auf den Grundsätzen der Dialoggestaltung auf. Die 8 Bereiche der DIN EN ISO 15005 können folgenden Prinzipien (z.B. *Aufgabenangemessenenheit*) der Grundsätze der Dialoggestaltung zugewiesen werden:

1. Eignung für den Gebrauch während der Fahrt (Prinzip *Aufgabenangemessenheit*)
2. Einfachheit (Prinzip *Selbstbeschreibungsfähigkeit*)
3. Timing/Priorität (Prinzip *Steuerbarkeit*)
4. Konsistenz (Prinzip *Erwartungskonformität*)
5. Steuerbarkeit (Prinzip *Steuerbarkeit*)
6. Selbsterklärungsfähigkeit (Prinzip *Selbstbeschreibungsfähigkeit*)
7. Konformtiät mit Fahrererwartungen (Prinzip *Erwartungskonformität*)
8. Fehlertoleranz (Prinzip *Fehlertoleranz*)

4.5.4. Prüfung der Automotive-Richtlinien auf Eignung als Beurteilungskriterien

Ein Vergleich der Automotive-Guidelines (NTHSA, AAM, JAMA, ESoP) sowie der DIN EN ISO 15005 zeigt, dass die **Basiskonzepte ähnlich** sind (siehe Anhang C).

Zudem sind Inhalte, wie bereits in den vorgestellten Heuristik-Sets und Usability Fragebögen, **zu generell formuliert**. Auch wird in den einzelnen Richtlinien vielmehr darauf hingewiesen, welche funktionalen und qualitativen Eigenschaften ein KUKI-System im Fahrzeug besitzen muss, z.B.:

- JAMA GL, Nr. 6.2: *„Safety information to be presented to the users of display systems shall be accurate, simple and clear."* [Jam]
- ESoP GL, Nr. 4.3.5.4: *„Dem Fahrer sollen Informationen zum aktuellen Status sowie zu sämtlichen Systemstörungen angezeigt werden, die sicherheitsrelevante Auswirkungen haben könnten."* [Eso]

Unterscheidende Merkmale innerhalb der einzelnen Inhalte der Automotive-Richtlinien, welche als Bedingung für eine Bewertung relevant sind, **werden kaum beschrieben**. All diese Erkenntnisse zeigen, dass es sich bei den Automotive-Richtlinien vielmehr um Anforderungen und keine Kriterien, handelt (siehe Abschnitt 4.6.1 auf Seite 91).

Eine weitere Erkenntnis ist, dass die Inhalte der Richtlinien vielmehr die **Beurteilung eines Evaluations-Gegenstands während der HMI-Design-/-Implementierungsphase** (Kennzeichnung in Anhang C mit Phase D bzw. I) als die der HMI-Konzeptphase (Kennzeichnung in Anhang C mit Phase K) fokussieren. Sowohl die Automotive-Guidelines als auch die DIN EN ISO 15005 sind für eine summative Produkt-Evaluation am Ende eines HMI-Entwicklungsprozesses geeignet (Evaluations-Zeitpunkt vorliegende Arbeit: formative Evaluation (siehe Abschnitt 4.1 auf Seite 64)), da viele der Inhalte ein fertiges funktionstüchtiges HMI-System für eine Beurteilung benötigen. So können Guideline-Inhalte, welche beispielsweise Themen der Akustik, zeitkritische Abläufe, der Systembeeinflussung, Displayausrichtung oder Schriften betreffen, erst zur HMI-Design- und/oder Implementierungsphase beurteilt werden (siehe Abschnitt 2.3.4 auf Seite 31).

Die Analyse der Automotive-Richtlinien (siehe Anhang C) zeigt jedoch auch, dass **einzelne Richtlinien unterschiedliche HMI-Entwicklungsphasen fokussieren** (siehe Abschnitt 2.2.3 auf Seite 16). Dies tritt auf, sobald eine Richtlinie nicht eindeutig formuliert ist und mehrere Bewertungsschwerpunkte besitzt, z.B.:

- DIN EN ISO 15005, Nr. 5.3.3.3.1: *„Bedienelemente sollen so **gestaltet** und **positioniert** sein, dass unbeabsichtigte Betätigungen vermieden werden."* [Isob]

Die Gestaltung der Bedienelemente kann erst während der HMI-Design-, die Positionierung bereits während der HMI-Konzeptphase beurteilt werden.

- ESoP GL, Nr. 4.3.1.3: „*Das System* ***lenkt nicht ab*** *und* ***dient nicht zur visuellen Unterhaltung*** *des Fahrers.*“ [Eso]
  Ob das System ablenkt, kann erst während der HMI-Implementierungsphase ermittelt werden. Ob visuell ablenkende Inhalte wie z.B. Videos spezifiziert sind, lässt sich bereits in der HMI-Konzeptphase beurteilt werden.
- NHTSA GL, Nr. D: „*Visual displays that present* ***information relevant to the driving task*** *and/or* ***visually intensive information*** *should be laterally positioned as close as practicable to a driver's forward line of sight.*“ [Nht]
  Ob visuelle Informationen stark ablenken, kann erst während der Implementierungsphase beurteilt werden. Inhalte, welche relevant für die Fahraufgabe sind, können bereits während der Konzeptphase identifiziert und auf eine Verortung nahe der natürlichen Sichtlinie des Fahrers beurteilt werden.

Zudem **bauen die Richtlinien auf den Grundsätzen der Dialoggestaltung auf** (siehe Anhang C), welche bereits für die vorgestellten Heuristik-Sets und deutschsprachigen Usability-Fragebögen die Grundlage bilden, z.B.:

- **JAMA GL, Nr. 5.5**: „*Preferably, a display system is so designed that its display of information can be discontinued by the driver.*“ [Jam]
  Prinzip der **Steuerbarkeit**: „*Ist der Dialog unterbrochen worden, sollte der Benutzer die Möglichkeit haben, den Wiederaufnahmepunkt der Fortsetzung des Dialoges zu bestimmen, falls es die Arbeitsaufgabe erlaubt.*“ [Isof]
- **DIN EN ISO 15005, Nr. 5.2.3.1**: „*Ein TICS-Dialog gilt als einfach, wenn er die Informationsmenge und Interaktion auf das für die jeweilige TICS-Aufgabe nötige Minimum reduziert.*“ [Isob]
  Prinzip der **Aufgabenangemessenheit**: „*Der Dialog sollte dem Benutzer solche Informationen anzeigen, die im Zusammenhang mit der erfolgreichen Erledigung der Arbeitsaufgabe stehen.*“ [Isob]
- **NHTSA GL, Nr. J**: „*Devices should not require uninterruptible sequences of visualmanual interactions by a driver. A driver should be able to resume an operator-interrupted sequence of visualmanual interactions with a device at the point of interruption or or at another logical point in the sequence.*“ [Nht]

> Prinzip der **Steuerbarkeit**: *„Ein Dialog ist steuerbar, wenn der Benutzer in der Lage ist, den Dialogablauf zu starten sowie seine Richtung und Geschwindigkeit zu beeinflussen, bis das Ziel erreicht ist.“* [Isob]

So bilden die Grundsätze der Dialoggestaltung die Basis der vorgestellten Automotive-Guidelines, der Norm DIN EN ISO 15005, der deutschsprachigen Usability-Fragebögen *IsoMetrics* und *IsoNorm 9241/10* sowie der Heuristiken der heuristischen Evaluation, mit denen die Usability eines Evaluations-Gegenstands evaluiert werden kann.

In Abschnitt 4.6 wird analysiert, wie die Grundsätze der Dialoggestaltung, welche in der DIN EN ISO 9241 verortet sind, für eine Evaluation von Funktions(-fluss-)-Layouts für KUKI-Systeme herangezogen und als Beurteilungskriterien operationalisiert werden können.

4.6. Allgemeingültige Usability-Norm

Die zentrale Norm, welche sich mit der Usability von HMI-Systemen beschäftigt, ist die DIN EN ISO 9241. Die Normenreihe wird seit 2006 in der deutschen Bezeichnung *Ergonomie der Mensch-System-Interaktion* verwendet und besteht aus 17 Teilen. Innerhalb dieser sind die Grundsätze der Dialoggestaltung verankert. Die Einhaltung der Grundsätze (sogenannte Prinzipien) trägt dazu bei, die Eigenschaften Effektivität, Effizienz und Zufriedenheit, welche die Usability definiert und mittels eines Funktions(-fluss-)Layout evaluiert werden kann (siehe Abschnitt 2.4.2 auf Seite 35), zu erfüllen.

Es werden die 7 Prinzipien der Grundsätze der Dialoggestaltung analysiert und auf einen möglichen Einsatz als Beurteilungskriterien überprüft. Folgende Fragestellungen, abgeleitet aus den Anforderungen vorheriger Abschnitte, dienen zur Analyse:

- Abschnitt 2.3.3 auf S. 26: Welchen Detailgrad besitzen die Prinzipien? Können damit Bereiche, Elemente und Abläufe von Funktions(-fluss-)Layouts beurteilt werden?
- Abschnitt 3 auf S. 41: Können mittels der Prinzipien erhobene Anforderungen des Fahrer-Fahrzeug-Umfelds abgefragt werden?

4.6.1. DIN EN ISO 9241-110: Grundsätze der Dialoggestaltung

Die 7 Grundsätze der Dialoggestaltung definieren, welche allgemeinen Prüfanforderungen an interaktive Systeme gestellt werden und sind unabhängig von gestalterischen Mitteln und Technologien. Zudem beeinflussen sie sich gegenseitig und die Vorteile eines Grundsatzes sind gegenüber eines anderen Grundsatzes abzuwägen.

Jedes der **Prinzipien** wird von einer Anzahl an **Kriterien** erweitert, welche das Prinzip ermöglichen. Erläutert werden die Kriterien durch **Beispiele**. Tabelle 4.6 erläutert die Klassifikation, die Abhängigkeiten der unterschiedlichen Konstrukte und verdeutlicht dies anhand von Beispielen.

Struktur	Definition	Beispiel
Prinzip, welches die Eigenschaften der Usability fördert.	Grundsätze *„[...]die man seinem Handeln zugrunde legt. Sie sind allgemein gültig, abstrakt, allgemeiner Art. Prinzipien bilden eine theoretische Grundlage. Sie werden aus der Erfahrung und Erkenntnis hergeileitet und durch sie besttigt.“* [Pri]	*„Ein interaktives System ist aufgabenangemessen, wenn es den Benutzer unterstützt, seine Arbeitsaufgabe zu erledigen, d.h. wenn Funktionalität und Dialog auf den charakteristischen Eigenschaften der Arbeitsaufgabe basieren, anstatt auf der zur Aufgabenerledigung eingesetzten Technologie.“* [Isof]
Kriterium, welches das Prinzip ermöglicht.	*„Unterscheidendes Merkmal als Bedingung für einen Sachverhalt, ein Urteil, eine Entscheidung.“* [Kri]	*„Der Dialog sollte dem Benutzer keine Informationen anzeigen, die nicht für die erfolgreiche Erledigung relevanter Arbeitsaufgaben benötigt werden.“* [Isof]
Beispiel, welches das Kriterium erläutert.	Erläuterungen und Beweise für etwas Allgemeines oder als musterhafter Einzelfall oder Vorbild. [Bei]	*„In einem Nutzungskontext, in dem Reisende ein Hotelzimmer für ein bestimmtes Datum buchen möchten, zeigt das Dialogsystem lediglich Hotels mit freien Zimmern für dieses bestimmte Datum an. Informationen über ausgebuchte Hotels dieser Region oder zusätzliche Reiseinformationen, z.B. besondere Sehenswürdigkeiten, werden erst auf Anforderung gezeigt.“* [Isof]

Tabelle 4.6.: Struktur und Klassifikation Prinzip, Kriterium, Beispiel [Isof]

Im Folgenden werden die 7 Grundsätze der Dialoggestaltung detailliert erläutert:

1. **Aufgabenangemessenheit** (A): *„Ein interaktives System ist aufgabenangemessen, wenn es den Benutzer unterstützt, seine Arbeitsaufgabe zu erledigen,*

d.h., wenn Funktionalität und Dialog auf den charakteristischen Eigenschaften der Arbeitsaufgabe basieren, anstatt auf der zur Aufgabenerledigung eingesetzten Technologie.“ [Isof]
Die Aufgabenangemessenheit definiert, mit welcher Vollständig- und Genauigkeit der Fahrer mit dem KUKI-System ein Ziel erreicht (Effektivität). Sind Elemente und Abläufe für die Arbeitsaufgabe mit dem KUKI-System passend? Werden alle Elemente dargestellt, welche relevant für das Aufgabenziel sind? Ist das Aufgabenziel schnell zu erreichen? Wird auf unnötige Arbeitsschritte/Inhalte verzichtet?
Prinzipien wie bspw. die Selbstbeschreibungsfähigkeit, Erwartungskonformität oder Lernförderlichkeit definieren den erforderlichen Aufwand, welchen der Fahrer benötigt, um das Aufgabenziel zu erreichen (Effizienz).

2. **Selbstbeschreibungsfähigkeit** (S): *„Ein Dialog ist in dem Maße selbstbeschreibungsfähig, in dem für den Benutzer zu jeder Zeit offensichtlich ist, in welchem Dialog, an welcher Stelle im Dialog sie sich befinden, welche Handlungen unternommen werden können und wie diese ausgeführt werden können.“* [Isof]
Selbstbeschreibungsfähigkeit befasst sich mit der Orientierung und Verständlichkeit einzelner Inhalte mittels Benutzungsschnittstellen. Wo befindet sich der Fahrer? Wo kommt der Fahrer her? Was kann er als Nächstes tun? Was ist der aktuelle Status? Wo kann er etwas eingeben?
3. **Erwartungskonformität** (E): *„Ein Dialog ist erwartungskonform, wenn er den aus dem Nutzungskontext heraus vorhersehbaren Benutzerbelangen sowie allgemein anerkannten Konventionen entspricht.“* [Isof]
Erlebt der Nutzer Überraschungsmomente, ist das System nicht erwartungskonform. Unerfahrene Nutzer haben keine Erwartungen, wodurch das Prinzip der Selbstbeschreibungsfähigkeit an Bedeutung gewinnt. Mit steigender Nutzung werden die Ansprüche hinsichtlich der Konformität mit den Nutzererwartungen größer [Erw].
4. **Lernförderlichkeit** (L): *„Ein Dialog ist lernförderlich, wenn er den Benutzer beim Erlernen der Nutzung des interaktiven Systems unterstützt und anleitet.“* [Isof]
Lernförderlichkeit ist an die Nutzer-Merkmale und Erwartungshaltungen gekoppelt. Ein Produkt ist umso lernförderlicher, je geringer die Abweichung

von bekannten Regeln ist. Auch wird die Lernförderlichkeit durch learning by doing gefördert, ohne Angst vor unerwarteten Reaktionen. Sie steht in einem Verhältnis zu den Anforderungen der Selbstbeschreibungsfähigkeit (z.B. eindeutige Beschreibungen), der Erwartungskonformität (z.B. Konsistenz von Elementen), der Fehlertoleranz (z.B. Rückmeldekonzepten) sowie der Steuerbarkeit (z.B. trial and error).

5. **Steuerbarkeit** (St): *„Ein Dialog ist steuerbar, wenn der Benutzer in der Lage ist, den Dialogablauf zu starten sowie seine Richtung und Geschwindigkeit zu beeinflussen, bis das Ziel erreicht ist.“* [Isof]
   Steuerbarkeit beschreibt, wie Inhalte gesteuert und verändert werden können. Kann der Nutzer Eingaben rückgängig machen? Kann er Dialoge nach Unterbrechungen wiederaufnehmen? Mit der Steuerbarkeit wird der Aufwand ermittel, den der Fahrer benötigt um ein Ziel zu erreichen.
6. **Fehlertoleranz** (F): *„Ein Dialog ist fehlertolerant, wenn das beabsichtigte Arbeitsergebnis trotz erkennbar fehlerhafter Eingabe entweder mit keinem oder mit minimalem Korrekturaufwand seitens des Benutzers erreicht werden kann.“* [Isof]
   Fehlertoleranz bezieht sich auf die Interaktion mit dem System und darauf, wie mit daraus entstehenden Fehlern umgegangen wird. Kann das System den Fehler selber beheben, ohne dass der Nutzer diesen wahrnimmt? Wird der Nutzer angeleitet, wie er den Fehler beseitigen kann?
7. **Individualisierung** (I): *„Ein Dialog ist individualisierbar, wenn Benutzer die Mensch-System-Interaktion und die Darstellung von Informationen ändern kön-nen, um diese an ihre individuellen Fähigkeiten und Bedürfnisse anzupassen.“* [Isof]
   Individualisierbarkeit ist an die Merkmale und Wünsche der Nutzer gekoppelt. Es ist darauf zu achten, dass die Individualisierbarkeit sich nicht negativ auf die anderen Prinzipien auswirkt.

Erkenntnis: Die Prinzipien sind aufgrund ihrer generellen Formulierung für eine Beurteilung spezifischer Bereiche, Elemente und Abläufe von Funktions(-fluss-)-Layouts ungeeignet. Auch lassen diese die Primäraufgabe unberücksichtigt, welche jedoch für die Bewertung von KUKI-Systemen im Fahrzeug relevant ist (siehe Abschnitt 3.2.1 auf Seite 51). Die Analyse zeigt jedoch, dass **zugehörige Kriterien, welche die Prinzipien ermöglichen, konkrete Empfehlungen und Merkma-**

le für Funktions(-fluss-)Layouts, beinhalten (siehe Abschnitt 5.1.2 auf Seite 102). Mittels der Kriterien ist es demnach möglich, die Eigenschaften Effektivität, Effizienz und Zufriedenheit, welche die Usability definiert, zu bestimmen. Tabelle 4.7 verdeutlicht am Beispiel des Prinzips *Aufgabenangemessenheit* [Isof], welchen Detailgrad die zugehörigen Kriterien besitzen.

1. **Aufgabenangemessenheit** (A): *„Ein interaktives System ist aufgabenangemessen, wenn es den Benutzer unterstützt, seine Arbeitsaufgabe zu erledigen, d.h., wenn Funktionalität und Dialog auf den charakteristischen Eigenschaften der Arbeitsaufgabe basieren, anstatt auf der zur Aufgabenerledigung eingesetzten Technologie.“* [Isof]

Nr.	Kriterium Aufgabenangemessenheit	HMI-Konzept-Anforderungen des Fahrer-Fahrzeug-Umfelds
A1	Der Dialog sollte dem Benutzer solche Informationen anzeigen, die im Zusammenhang mit der erfolgreichen Erledigung der Arbeitsaufgabe stehen.	Vermeidung irrelevanter Inhalte.
A2	Der Dialog sollte dem Benutzer keine Informationen anzeigen, die nicht für die erfolgreiche Erledigung relevanter Arbeitsaufgaben benötigt werden.	Siehe Kriterium A1.
A3	Die Form der Eingabe und Ausgabe sollte der Arbeitsaufgabe angepasst sein.	Berücksichtigung der Bedienmodalität Touch.
A4	Wenn für eine Arbeitsaufgabe ganz bestimmte Eingabewerte typisch sind, sollten diese Werte dem Benutzer automatisch als voreingestellte Werte verfügbar sein.	Mittels des FFU sind keine typischen Eingabewerte identifizierbar.
A5	Die vom interaktiven System verlangten Dialogschritte sollten zum Arbeitsablauf passen, d.h., notwendige Dialogschritte sollten enthalten sein und unnötige Dialogschritte sollten vermieden werden.	Mittels des FFU sind keine notwendigen Dialogschritte identifizierbar.
A6	Wenn bei einer Arbeitsaufgabe Quelldokumente verwendet werden, sollte die Benutzungsschnittstelle kompatibel zu den charakteristischen Eigenschaften der Quelldokumente sein.	Quelldokumente werden bei KUKI-Systemen nicht verwendet.
A7	Die Eingabe- und Ausgabemedien des interaktiven Systems sollten aufgabenangemessen sein.	Berücksichtigung der Lenkvariante des Ziellandes.

Tabelle 4.7.: FFU-Anforderungen und Kriterien der Aufgabenangemessenheit [Isof]

Auch ist es möglich, **mittels der Kriterien Konzept-Anforderungen des Fahrer-Fahrzeug-Umfelds abzufragen** (siehe Abschnitt 3.2 auf Seite 46).

In Abschnitt 5 auf Seite 99 wird das Vorgehen erläutert, wie aus den detaillierten Kriterien der Grundsätze der Dialoggestaltung mit Hilfe der Automotive-Richtlinien, der Anforderungen des Fahrer-Fahrzeug-Umfelds sowie Arbeitsaufgaben je Produkt (z.B. Navigation) Beurteilungskriterien für spezifische Bereiche, Elemente und Abläufe von Funktions(-fluss-)Layouts für KUKI-Systeme operationalisiert werden.

Nach der Operationalisierung werden die Beurteilungskriterien als Evaluations-Items (Bwertungsfragen) formuliert und nach Evaluations-Schwerpunkten (Darstellung, Benennung, Platzierung und Interaktion) gruppiert (siehe Abschnitt 5.2.3 auf Seite 126). So ist es für den Testleiter möglich, den Evaluations-Fokus individuell anzupassen. Eine Besonderheit des entwickelten Evaluations-Vorgehens aus Abschnitt 4.3.3 auf Seite 76 ist, dass sich dieses dem jeweiligen Detaillierungsgrad der zu bewertenden Entwurfstechnik Funktionslayout I, Funktionslayout II und Funktionsflusslayout anpasst. So werden Evaluations-Items dahingehend gekennzeichnet, mit welcher Entwurfstechnik sie evaluiert werden können. Einige Evaluations-Items fokussieren z.B. Abläufe, welche mit einem Funktionsflusslayout, nicht jedoch mit einem Funktionslayout II, abgefragt werden können.

4.7. Fazit

Im Folgenden werden die zu Beginn des Abschnitts gestellten Fragen erläutert.

Welche grundlegenden Komponenten beinhaltet eine Evaluation und wie werden diese für die vorliegende Arbeit berücksichtigt?
Das zentrale Element einer Evaluation ist der Evaluations-Gegenstand, für die vorliegende Arbeit ist dies das Funktions(-fluss-)Layout. Um im Entwicklungsprozess frühzeitig die Konzeptqualität beurteilen zu können, wird eine formative Evaluation durchgeführt. Das Funktionslayout I, Funktionslayout II und das Funktionsflusslayout werden projektbegleitend von Experten begutachtet, so dass Erkenntnisse regelmäßig in das laufende Projekt einfließen. In welcher Form der Evaluations-Gegenstand beurteilt wird, ist abhängig von der gewählten Evaluations-Methode. Aufgrund strenger Geheimhaltung neuer Konzepte wird der Evaluations-Gegenstand mittels einer expertenbasierten Evaluations-Methode beurteilt. Es ist darauf zu achten, dass nicht der Spezifikateur, welcher das HMI-Konzept erstellt hat, dieses evaluiert (fehlende Objektivität). So sind 10 Evaluatoren nötig, um ca. 88 Prozent der HMI-Probleme aufzudecken (siehe Abschnitt 4.2.2 auf Seite 65). In Abhängigkeit vom Ziel der Evaluation und Detailgrad des Funktions(-fluss-)Layouts existieren

unterschiedliche Evaluations-Kriterien. Die analysierten Heuristik-Sets, deutschsprachigen Usability-Fragebögen oder Automotive-Richtlinien sind für eine Beurteilung von Bereichen, Elementen und Abläufen von Funktions(-fluss-)Layouts für KUKI-Systeme unpassend. So ist der Abstraktionsgrad zu hoch, sie sind zu generell formuliert und/oder berücksichtigen nicht die Primäraufgabe. Für die vorliegende Arbeit werden alle Bestandteile einer Evaluation berücksichtigt und vor der Durchführung des Tests definiert (siehe Abschnitt 6.1.1 auf Seite 138).

Sind in der Praxis existierende expertenbasierte Evaluationsmethoden bezüglich des Vorgehens und der verwendeten Beurteilungskriterien für die Evaluation eines Funktions(-fluss-)Layouts geeignet?
Die Analyse der Methoden Heuristic Evaluation (HE), Cognitive Walkthrough (CW), Metaphors of Thinking (MOT), Pluralistic Walkthrough (PW) und Heuristic Walkthrough (HW) zeigt, dass das Vorgehen der Heuristic Evaluation (siehe Abschnitt 4.3.1 auf Seite 67) für die Beurteilung von Funktions(-fluss-)Layouts weitestgehend geeignet ist. Aufgrund unterschiedlicher Detail- und Interaktionsgrade des Funktions(-fluss-)Layouts wird das Evaluations-Vorgehen folgendermaßen optimiert:

1. **Das Funktionslayout I** verortet wesentliche Bereiche wie Eingabe-, Steuerungs-, Ausgabe- und Meldungsbereiche. Reale und/oder fiktive Benennungen und Beschreibungen sind Teil der Darstellung.
    - Evaluations-Phase 1: Im ersten Schritt verschafft sich der Evaluator ein Basisverständnis über **wesentliche Bereiche einzelner Screens**.
    - Evaluations-Phase 2: Im zweiten Schritt evaluiert der Experte die **Verortung wesentlicher Bereiche** durch spezifische Beurteilungskriterien.
2. **Das Funktionslayout II** verortet spezifische Elemente für Inhalte und Funktionen. Funktionale und/oder inhaltliche Benennungen und Beschreibungen sind Teil der Darstellung.
    - Evaluations-Phase 1: Im ersten Schritt verschafft sich der Evaluator ein Basisverständnis über **spezifische Inhalte und Funktionen einzelner Screens**.
    - Evaluations-Phase 2: Im zweiten Schritt evaluiert der Experte, ob **relevante Elemente passend und verständlich** für repräsentierte Inhalte und Funktionen dargestellt sind.

3. **Das Funktionsflusslayout** stellt Abläufe und Interaktionen zwischen den einzelnen Bereichen und Elementen des Konzepts dar.
    - Evaluations-Phase 1: Im ersten Schritt verschafft sich der Evaluator ein Basisverständnis über **Abläufe und Interaktionsschritte spezifischer Inhalte und Funktionen über mehrere Screens** hinweg.
    - Evaluations-Phase 2: Im zweiten Schritt evaluiert der Experte **ob Abläufe und Interaktionsschritte für spezifische Inhalte und Funktionen, über mehrere Screens hinweg, passend und verständlich** sind.

Die expertenzentrierten Methoden und Beurteilungskriterien sind für eine Evaluation von Bereichen, Elementen und Abläufen von Funktions(-fluss-)Layouts unpassend. So ist der Abstraktionsgrad zu hoch und sie berücksichtigen die Primäraufgabe nicht. Deutschsprachige Usability-Fragebögen eignen sich ebenfalls nicht für eine Evaluation von Funktions(-fluss-)Layouts. Auch sie lassen die Primäraufgabe unberücksichtigt und fokussieren nicht die HMI-Konzeptphase als Bewertungsschwerpunkt.

Können existierende Automotive-relevante HMI-Richtlinien für die Ableitung von Beurteilungskriterien berücksichtigt werden?

Die Inhalte der Automotive-Richtlinien fokussieren schwerpunktmäßig Themen, welche erst während der HMI-Design-/Implementierungsphase beurteilbar sind. So kann bspw. die Gestaltung von Bedienelementen oder die Ablenkung nicht in der HMI-Konzeptphase bewertet werden. Auch steht das Bewerten von Bereichen, Elementen und Abläufen während der HMI-Konzeptphase nicht im Fokus der Betrachtung der Richtlinien. Die detaillierte Analyse zeigt jedoch, dass vereinzelte Richtlinien unterschiedliche HMI Entwicklungsphasen (z.B. HMI-Konzept- und Designphase) ansprechen. Auch berücksichtigen die Richtlinien die Anforderungen der Primäraufgabe, da sie für den Automotive-Kontext entwickelt sind. Es werden konzeptrelevante Anforderungen extrahiert und bei der späteren Ableitung von Beurteilungskriterien für das Funktions(-fluss-)Layout berücksichtigt.

Wie bereits die unterschiedlichen Heuristik-Sets sowie die deutschsprachigen Usability-Fragebögen bauen die Inhalte der Richtlinien auf den Grundsätzen der Dialoggestaltung auf. Die Einhaltung dieser trägt dazu bei, die Eigenschaften Effektivität, Effizienz und Zufriedenheit, welche die Usability definiert, zu erfüllen (siehe Abschnitt 2.4.2 auf Seite 35). So bestehen die Grundsätze der Dialoggestaltung aus sieben Prinzipien, welche allgemeine Prüfanforderungen an interaktive System stellen. Für eine Beurteilung spezifischer Bereiche, Elemente und Abläufe eignen sie sich jedoch nur bedingt, da sie zu generell formuliert sind und der Abstraktionsgrad hoch ist. Im Gegensatz zu den Prinzipien eignen sich zugehörige Kriterien für eine konkrete Beurteilung. Sie enthalten spezifische Empfehlungen und sind die Grundlage für die Ableitung von Beurteilungskriterien für Bereiche, Elemente und Abläufe von Funktions(-fluss-)Layouts für KUKI-Systeme.

In Abschnitt 5.1 auf Seite 100 wird das Vorgehen beschrieben, wie aus den Grundsätzen der Dialoggestaltung passende Beurteilungskriterien für Funktions(-fluss-)Layouts abgeleitet werden, so dass deren Einhaltung zu einer positiven Usability führt. Um den Evaluatoren die Beurteilungskriterien zugänglich zu machen, wird im Anschluss ein Fragebogen für die Erfassung gefundener HMI-Probleme entwickelt.

5. Beurteilungskriterien

Aus den theoretischen Grundlagen aus Abschnitt 2, 3 und 4 werden im ersten Teil dieses Abschnitts passende Beurteilungskriterien für Funktions(-fluss-)Layouts abgeleitet. Im zweiten Teil erfolgen die Erstellung des Fragebogens sowie die Erläuterung der Gütekriterien, welche die Qualität der Evaluation sicherstellen.

Fragestellungen dieses Abschnitts

- Wie erfolgt die Ableitung von Beurteilungskriterien für Inhalte und Funktionen von Funktions(-fluss-)Layouts für KUKI-Systeme?
- Welche Kriterien der Automotive-Richtlinien können innerhalb der HMI-Konzeptphase mittels eines Funktions(-fluss-)Layouts berücksichtigt werden?
- Welche spezifischen Elemente der Funktions(-fluss-)Layouts unterstützen die Ausführung typischer Tertiäraufgaben?
- Welcher Aufbau und welche Inhalte der Evaluations-Fragebögen sind für die Zielgruppe und den erwarteten Erkenntnisgewinn passend?
- Wie kann die Qualität der Evaluation sichergestellt werden?

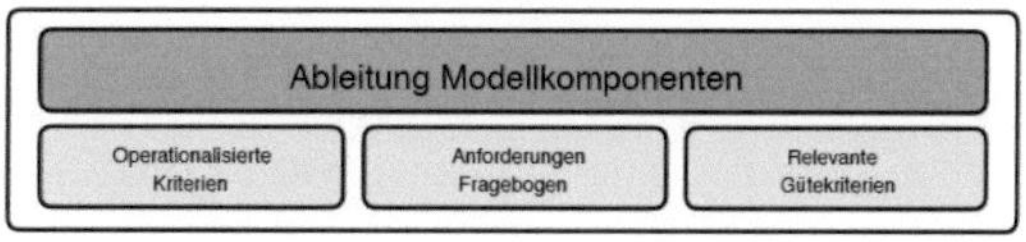

Abbildung 5.1.: Abschnitt *Beurteilungskriterien*

5.1. Ableitung Beurteilungskriterien

Im Folgenden wird das Vorgehen beschrieben, wie aus den Grundsätzen der Dialoggestaltung Beurteilungskriterien für Funktions(-fluss-)Layouts abgeleitet werden, so dass deren Einhaltung zu einer positiven Usability führt. Die Anforderungen des Fahrer-Fahrzeug-Umfelds sowie konzeptrelevante Automotive-Richtlinien werden berücksichtigt.

5.1.1. Vorgehen Ableitung Beurteilungskriterien

Die folgenden Abschnitte beschäftigen sich mit der Ableitung relevanter Beurteilungskriterien. Abbildung 5.2 auf Seite 101 visualisiert den Ableitungsprozess schematisch.

1. Abschnitt 5.1.2. *Anwendbarkeit der Kriterien:* Es wird überprüft, welche Kriterien der Grundsätze der Dialoggestaltung mittels eines Funktionslayouts I, Funktionslayouts II oder Funktionsflusslayouts abgefragt werden können. Diese werden für die spätere Ableitung extrahiert und bilden die Basis der Ableitung.
2. Abschnitt 5.1.3. *Konzeptrelevante Automotive-Richtlinien:* Wie bereits in Abschnitt 4.5.4 auf Seite 87 erläutert, fokussieren einzelne Automotive-Richtlinien unterschiedliche HMI-Entwicklungsphasen. Die in Anhang C gekennzeichneten konzeptrelevanten Anforderungen werden den extrahierten Kriterien der Grundsätze der Dialoggestaltung zugewiesen, so dass diese bei der Ableitung berücksichtigt werden.
3. Abschnitt 5.1.4. *Anforderungen Fahrer-Fahrzeug-Umfeld:* Wie bereits in Abschnitt 3 auf Seite 41 analysiert, stellen die Modellkomponenten Fahrer-Fahrzeug-Umfeld konzeptrelevante Anforderungen an Funktions(-fluss-)Layouts. Diese werden den extrahierten Kriterien der Grundsätze der Dialoggestaltung zugewiesen, so dass sie bei der Ableitung berücksichtigt werden.
4. Abschnitt 5.1.5. *Arbeitsaufgabe je Produkt:* Wie bereits in Abschnitt 4.3.3 auf Seite 76 beschrieben, bewertet der Experte das Funktions(-fluss-)Layout mittels Automotive-relevanter Arbeitsaufgaben. Da diese jedoch zu global sind, erfolgt eine Spaltung in Teilaufgaben. Mit Hilfe dieser ist es möglich, spezifische Bereiche, Elemente und Abläufe von Funktions(-fluss-)Layouts zu identifizieren und für die Ableitung heranzuziehen.

5. Abschnitt 5.1.6. *Ableitung Beurteilungskriterien:* Extrahierte Kriterien (siehe Punkt 1), konzeptrelevante Automotive-Richtlinien (siehe Punkt 2) sowie Anforderungen des FFU (siehe Punkt 3) werden den Bereichen, Elementen und Abläufen der Teilaufgaben (siehe Punkt 4) gegenübergestellt, so dass daraus passende Beurteilungskriterien abgeleitet werden.

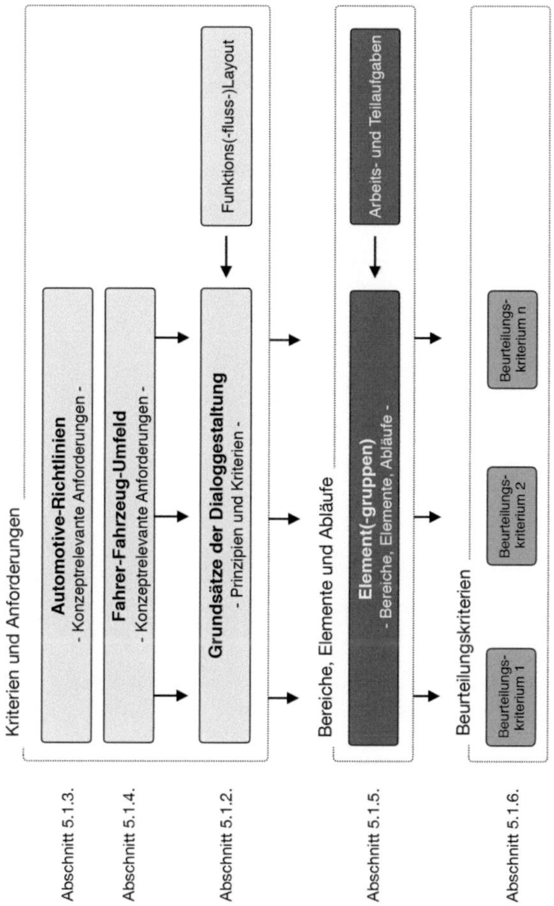

Abbildung 5.2.: Schematische Darstellung Ableitungsprozess Beurteilungskriterien

5.1.2. Anwendbarkeit der Kriterien der Grundsätze Dialoggestaltung

Es gilt zu prüfen, welche Kriterien der Grundsätze der Dialoggestaltung mittels eines Funktionslayouts I, II und Funktionsflusslayouts beurteilbar sind. Aufgrund der besonderen Darstellungsform, Bestandteile und Grenzen (siehe Abschnitt 2.3.3/2.3.4 auf Seite 26/31) sind nicht alle Kriterien mittels Funktions(-fluss-)Layouts beurteilbar.

1. Prinzip Aufgabenangemessenheit (A)

> *„Ein interaktives System ist aufgabenangemessen, wenn es den Benutzer unterstützt, seine Arbeitsaufgabe zu erledigen, d.h., wenn Funktionalität und Dialog auf den charakteristischen Eigenschaften der Arbeitsaufgabe basieren, anstatt auf der zur Aufgabenerledigung eingesetzten Technologie.“* [Isof]

Nr.	Kriterium	Relevanz für FL und FFL
A1	Der Dialog sollte dem Benutzer solche Informationen anzeigen, die im Zusammenhang mit der erfolgreichen Erledigung der Arbeitsaufgabe stehen.	ja
A2	Der Dialog sollte dem Benutzer keine Informationen anzeigen, die nicht für die erfolgreiche Erledigung relevanter Arbeitsaufgaben benötigt werden.	ja
A3	Die Form der Eingabe und Ausgabe sollte der Arbeitsaufgabe angepasst sein.	ja
A4	Wenn für eine Arbeitsaufgabe ganz bestimmte Eingabewerte typisch sind, sollten diese Werte dem Benutzer automatisch als voreingestellte Werte verfügbar sein.	ja
A5	Die vom interaktiven System verlangten Dialogschritte sollten zum Arbeitsablauf passen, d.h., notwendige Dialogschritte sollten enthalten sein und unnötige Dialogschritte sollten vermieden werden.	ja
A6	Wenn bei einer Arbeitsaufgabe Quelldokumente verwendet werden, sollte die Benutzungsschnittstelle kompatibel zu den charakteristischen Eigenschaften der Quelldokumente sein.	nein, da keine Quelldokumente verwendet werden.
A7	Die Eingabe- und Ausgabemedien des interaktiven Systems sollten aufgabenangemessen sein.	ja

Tabelle 5.1.: Kriterien der Aufgabenangemessenheit [Isof]

Kriterien der Aufgabenangemessenheit hinterfragen, ob relevante Elemente für Inhalte und Funktionen der Tertiäraufgaben im Funktions(-fluss-)Layout enthalten sind und diese den Fahrer dabei unterstützen die Aufgabe erfolgreich auszuführen. Bis auf ein Kriterium, welches auf ein Quelldokument referenziert und keine Verwendung in Automotive HMI-Systemen hat, sind alle Kriterien mittels Funktions(-fluss-)Layouts beurteilbar.

2. Prinzip Selbstbeschreibungsfähigkeit (S)

> *„Ein Dialog ist in dem Maße selbstbeschreibungsfähig, in dem für den Benutzer zu jeder Zeit offensichtlich ist, in welchem Dialog, an welcher Stelle im Dialog sie sich befinden, welche Handlungen unternommen werden können und wie diese ausgeführt werden können.“* [Isof]

Die Kriterien der Selbstbeschreibungsfähigkeit hinterfragen, ob die dargestellten Elemente für Inhalte/Funktionen vom Fahrer ohne Vorwissen bearbeitet werden können. Ist dem Fahrer zu jeder Zeit bewusst, an welcher Stelle im Funktions(-fluss-)-Layout er sich befindet und welche Aktionen er ausführen kann, so ist das Konzept selbstbeschreibungsfähig. Bis auf ein Kriterium, welches für die Beurteilung ein interaktives System erfordert (HMI-Implementierungsphase), sind alle Kriterien mittels Funktions(-fluss-)Layouts beurteilbar.

Nr.	Kriterium	Relevanz für FL und FFL
S1	Die dem Benutzer bei jedem Dialogschritt angezeigten Informationen sollten handlungsbegleitend sein, um den Dialog erfolgreich abzuschließen.	ja
S2	Während der Interaktion mit dem System sollte die Notwendigkeit, Benutzer-Handbücher und andere externe Informationen heranzuziehen, minimiert sein.	ja
S3	Der Benutzer sollte über Änderungen des Zustandes des interaktiven Systems informiert werden, z. B.: - wann Eingaben erwartet werden. - durch Bereitstellung eines Überblickes über die nächsten Dialogschritte.	nein, da keine Zustandsveränderungen dargestellt werden.
S4	Wenn eine Eingabe verlangt wird, sollte das interaktive System dem Benutzer Informationen über die erwartete Eingabe bereitstellen.	ja
S5	Dialoge sollten so gestaltet sein, dass die Interaktion für den Benutzer offensichtlich ist.	ja
S6	Das interaktive System sollte dem Benutzer Informationen über die erforderlichen Formate und Einheiten bereitstellen.	ja

Tabelle 5.2.: Kriterien der Selbstbeschreibungsfähigkeit [Isof]

3. Prinzip Erwartungskonformität (E)

> „*Ein Dialog ist erwartungskonform, wenn er den aus dem Nutzungskontext heraus vorhersehbaren Benutzerbelangen sowie allgemein anerkannten Konventionen entspricht.*“ [Isof]

Die Kriterien der Erwartungskonformität hinterfragen, ob die dargestellten Elemente für Inhalte und Funktionen vorhersehbar sind. Dies ist beispielsweise dann gegeben, sobald Elemente und Abläufe, welche bereits aus anderen Anwendungen bekannt sind, in ähnlicher For dargestellt werden und/oder anerkannten Konventionen entsprechen. Bis auf ein Kriterium, welches für die Beurteilung ein interaktives System erfordert (HMI-Implementierungsphase), sind nahezu alle Kriterien mittels Funktions(-fluss-)Layouts beurteilbar.

Nr.	Kriterium	Relevanz für FL und FFL
E1	Das interaktive System sollte das Vokabular verwenden, das dem Benutzer bei der Ausführung der Arbeitsaufgabe vertraut ist oder von ihm auf Grund seiner Kenntnisse und Erfahrungen verwendet wird.	ja
E2	Auf Handlungen des Benutzers sollte eine unmittelbare und passende Rückmeldung folgen, soweit dies den Erwartungen des Benutzers entspricht.	ja, jedoch keine Beurteilung zeitkritischer Aktionen.
E3	Kann vorhergesehen werden, dass erhebliche Abweichungen von der vom Benutzer erwarteten Antwortzeit entstehen, sollte der Benutzer hiervon unterrichtet werden.	nein, da keine zeitkritischen Aktionen dargestellt werden.
E4	Informationen sollten so strukturiert und organisiert sein, wie es vom Benutzer als natürlich empfunden wird.	ja
E5	Formate sollten geeigneten kulturellen und sprachlichen Konventionen entsprechen.	ja
E6	Art und Länge von Rückmeldungen oder Erläuterungen sollten den Benutzerbelangen entsprechen.	ja, jedoch keine Beurteilung konkreter Rückmeldungsinhalte.
E7	Dialogverhalten und Informationsdarstellung eines interaktiven Systems sollten innerhalb von Arbeitsaufgaben und über ähnliche Arbeitsaufgaben hinweg konsistent sein.	ja
E8	Wenn eine bestimmte Eingabeposition auf der Grundlage von Benutzererwartungen vorhersehbar ist, dann sollte diese Position für die Eingaben voreingestellt sein.	ja
E9	Rückmeldungen oder Mitteilungen, die dem Benutzer angezeigt werden, sollten in einer objektiven und konstruktiven Art formuliert sein.	ja

Tabelle 5.3.: Kriterien der Erwartungskonformität [Isof]

4. Prinzip Steuerbarkeit (S)

> *„Ein Dialog ist steuerbar, wenn der Benutzer in der Lage ist, den Dialogablauf zu starten sowie seine Richtung und Geschwindigkeit zu beeinflussen, bis das Ziel erreicht ist.“* [Isof]

Die Kriterien der Steuerbarkeit hinterfragen, ob mit den dargestellten Elementen für Inhalte und Funktionen fahrerfreundlich interagiert werden kann. So sollte z.B. der Fahrer in der Lage sein, zu jedem Zeitpunkt versehentliche Eingaben rückgängig zu machen, oder selber bestimmen können, wie er mit dem System interagiert. Von den acht Kriterien können fünf beurteilt werden. Die restlichen drei benötigen für eine Evaluation ein interaktives System, welches erst zum Zeitpunkt der HMI-Implementierungsphase bereitgestellt wird.

Nr.	Kriterium	Relevanz für FL und FFL
St1	Die Geschwindigkeit der Interaktion sollte nicht durch das interaktive System vorgegeben werden. Sie sollte vom Benutzer steuerbar sein, und zwar unter Berücksichtigung der Benutzerbelange und der charakteristischen Eigenschaften des Benutzers.	nein, da keine zeitkritischen Aktionen dargestellt werden.
St2	Der Benutzer sollte die Steuerung darüber haben, wie der Dialog fortgesetzt wird.	ja
St3	Ist der Dialog unterbrochen worden, sollte der Benutzer die Möglichkeit haben, den Wiederaufnahmepunkt der Fortsetzung des Dialoges zu bestimmen, falls es die Arbeitsaufgabe erlaubt.	nein, da kein interaktives System simuliert wird.
St4	Wenigstens der letzte Dialogschritt sollte zurückgenommen werden können, soweit Handlungsschritte reversibel sind und falls es der Nutzungskontext erfordert.	ja
St5	Wenn die Datenmenge, die für eine Arbeitsaufgabe von Bedeutung groß ist, dann sollte der Benutzer die Möglichkeit haben, die Anzeige der dargestellten Datenmenge zu steuern.	ja
St6	Der Benutzer sollte dort, wo es geeignet ist, die Möglichkeit haben, jedes verfügbare Eingabe-/Ausgabemittel benutzen zu können.	nein, da kein interaktives System simuliert wird.
St7	Wenn es für die Arbeitsaufgabe zweckmäßig ist, sollte der Benutzer voreingestellte Werte ändern können.	ja
St8	Wenn Daten verändert wurden, sollten die Originaldaten für den Benutzer verfügbar bleiben, wenn dies für die Arbeitsaufgabe erforderlich ist.	ja

Tabelle 5.4.: Kriterien der Steuerbarkeit [Isof]

5. Prinzip Fehlertoleranz (F)

> *„Ein Dialog ist fehlertolerant, wenn das beabsichtigte Arbeitsergebnis trotz erkennbar fehlerhafter Eingabe entweder mit keinem oder mit minimalem Korrekturaufwand seitens des Benutzers erreicht werden kann.“* [Isof]

Die Kriterien der Fehlertoleranz befassen sich mit dem Umgang von Fehlern bei der Inhaltsverarbeitung. Da das Fehlerhandling eine primär interaktive Tätigkeit ist, wird ein interaktiv implementiertes System für die Beurteilung der Kriterien benötigt, welches zum Zeitpunkt der Konzeptphase noch nicht vorhanden ist. Von den zehn Kriterien kann keines mittels eines Funktions(-fluss-)Layout beurteilt werden.

Nr.	Kriterium	Relevanz für FL und FFL
F1	Das interaktive System sollte den Benutzer dabei unterstützen, Eingabefehler zu entdecken und zu vermeiden.	
F2	Das interaktive System sollte verhindern, dass irgendeine Benutzer-Handlung zu undefinierten Systemzuständen oder zu Systemabbrüchen führen kann.	nein, da kein interaktives System simuliert wird.
F3	Wenn sich ein Fehler ereignet, sollte dem Benutzer eine Erläuterung zur Verfügung gestellt werden, um die Beseitigung des Fehlers zu erleichtern.	
F4	Aktive Unterstützung zur Fehlerbeseitigung sollte dort, wo typischerweise Fehler auftreten, zur Verfügung stehen.	
F5	Wenn das interaktive System Fehler automatisch korrigieren kann, sollte es den Benutzer über die Ausführung der Korrektur informieren und ihm Gelegenheit geben, zu korrigieren.	
F6	Der Benutzer sollte die Möglichkeit haben, die Fehlerkorrektur zurückzustellen oder den Fehler unkorrigiert zu lassen, es sei denn, eine Korrektur ist erforderlich, um den Dialog fortsetzen zu können.	
F7	Wenn möglich, sollten dem Benutzer auf Anfrage zusätzliche Informationen zum Fehler und dessen Beseitigung zur Verfügung gestellt werden.	
F8	Die Prüfung auf Gültigkeit und Korrektheit von Daten sollten stattfinden, bevor das interaktive System die Eingabe verarbeitet.	
F9	Die zur Fehlerbehebung erforderlichen Schritte sollten minimiert sein.	
F10	Falls sich aus einer Benutzerhandlung schwerwiegende Auswirkungen ergeben können, sollte das interaktive System Erläuterungen bereitstellen und Bestätigung anfordern, bevor die Handlung ausgeführt wird.	

Tabelle 5.5.: Kriterien der Fehlertoleranz [Isof]

6. Prinzip Lernförderlichkeit (L)

> *„Ein Dialog ist lernförderlich, wenn er den Benutzer beim Erlernen der Nutzung des interaktiven Systems unterstützt und anleitet.“* [Isof]

Die Kriterien der Lernförderlichkeit hinterfragen, ob ein Konzept bei mehrfacher Nutzung dem Fahrer hilft, dieses zu erlernen. Sie ist ein Effekt der Prinzipien Aufgabenangemessenheit, Selbstbeschreibungsfähigkeit, Steuerbarkeit und Fehlertoleranz. Da jedoch bei allen sieben Kriterien der Lernförderlichkeit ein interaktives System für eine Beurteilung erforderlich ist und/oder keine konkreten Empfehlungen erfolgen, findet keine Beurteilung mittels der Kriterien der Lernförderlichkeit statt.

Nr.	Kriterium	Relevanz für FL und FFL
L1	Regeln und zugrunde liegende Konzepte, die für das Erlernen nützlich sind, sollten dem Benutzer zugänglich gemacht werden.	nein, da keine konkrete Empfehlung erfolgt.
L2	Wenn ein Dialog selten gebraucht wird oder charakteristische Eigenschaften des Benutzers es erfordern, den Dialog erneut zu erlernen, dann sollte geeignete Unterstützung dafür bereitgestellt werden.	
L3	Geeignete Unterstützung sollte bereitgestellt werden, damit der Benutzer mit dem Dialog vertraut wird.	
L4	Rückmeldung und Erläuterungen sollten den Benutzer unterstützen, ein konzeptionelles Verständnis vom interaktiven System zu bilden.	nein, da kein interaktives System simuliert wird.
L5	Der Dialog sollte ausreichende Rückmeldung über Zwischen- und Endergebnisse von Handlungen bereitstellen, damit die Benutzer von erfolgreich ausgeführten Handlungen lernen.	
L6	Falls es zu den Arbeitsaufgaben und den Lernzielen passt, sollte das interaktive System dem Benutzer erlauben, Dialogschritte ohne nachteilige Auswirkungen neu auszuprobieren.	
L7	Das interaktive System sollte es dem Benutzer ermöglichen, die Arbeitsaufgabe mit minimalem Lernaufwand auszuführen, indem es den Dialog mit minimaler Eingabe von Informationen ermöglicht, jedoch zusätzliche Information auf Anforderung zur Verfügung stellt.	

Tabelle 5.6.: Kriterien der Lernförderlichkeit [Isof]

7. Prinzip Individualisierbarkeit (I)

> *„Ein Dialog ist individualisierbar, wenn Benutzer die Mensch-System-Interaktion und die Darstellung von Informationen ändern können, um diese an ihre individuellen Fähigkeiten und Bedürfnisse anzupassen.“* [Isof]

Die Kriterien der Individualisierbarkeit hinterfragen, ob ein Konzept an die Merkmale der Fahrer anpassbar ist. Von zehn Kriterien können sieben beurteilt werden.

Nr.	Kriterium	Relevanz für FL/FFL
I1	Das interaktive System sollte dem Benutzer dort, wo unterschiedliche Benutzerbelange typischerweise vorkommen, Techniken zur Anpassung an die charakteristischen Eigenschaften von Benutzern bereitstellen.	nein, da keine konkrete Aussage zu Techniken zur Anpassung an die charakteristischen Eigenschaften von Benutzern erfolgt.
I2	Das interaktive System sollte es dem Benutzer erlauben, zwischen verschiedenen Formen der Darstellung zu wählen, wenn es für die individuellen Bedürfnisse unterschiedlicher Benutzer zweckmäßig ist.	ja
I3	Der Umfang von Erläuterungen (z. B. Details in Fehlermeldungen, Hilfeinformationen) sollte entsprechend dem individuellen Wissen des Benutzers veränderbar sein.	ja
I4	Benutzer sollten, soweit zweckmäßig, die Möglichkeit haben, eigenes Vokabular einzubinden, um Objekte und Funktionen („Werkzeuge“) individuell zu benennen.	ja
I5	Der Benutzer sollte, soweit zweckmäßig, die Geschwindigkeit von dynamischen Eingaben und Ausgaben einstellen können, um sie an seine individuellen Bedürfnisse anzupassen.	ja
I6	Die Benutzer sollten, soweit zweckmäßig, die Möglichkeit haben, zwischen unterschiedlichen Dialogtechniken zu wechseln.	nein, da kein haptisch-interaktives System simuliert wird aus dem z.B. die Interaktion aus Touch- u. haptischem Input ersichtlich wird.
I7	Der Benutzer sollte die Möglichkeit haben, das Niveau und die Methoden der Mensch-System-Interaktion so auszuwählen, dass sie am besten seinen Bedürfnissen entsprechen.	nein, da keine konkrete Empfehlung erfolgt wie z.B. das Niveau ausgewählt wird, welches am besten zu den Bedürfnissen der Nutzer passt.
I8	Der Benutzer sollte die Möglichkeit haben, die Art zu wählen, in der Eingabe-/Ausgabe-Daten dargestellt werden (Format und Typ).	ja
I9	Soweit zweckmäßig, sollte es den Benutzern möglich sein, Dialogelemente oder Funktionen hinzuzufügen oder neu zu ordnen, insbesondere, um individuelle Bedürfnisse bei der Ausführung von Arbeitsaufgaben zu unterstützen.	ja
I10	Individuelle Einstellungen eines Dialoges sollten rückgängig gemacht werden können und es dem Benutzer erlauben, zu den ursprünglichen Einstellungen zurückzugehen.	ja

Tabelle 5.7.: Kriterien der Individualisierbarkeit [Isof]

Im nächsten Abschnitt werden konzeptrelevante Inhalte der Automotive-Richtlinien den aus diesem Abschnitt extrahierten Kriterien der Grundsätze der Dialoggestaltung zugewiesen.

5.1.3. Konzeptrelevante Automotive-Richtlinien

Wie in Abschnitt 4.5.4 auf Seite 87 erläutert, fokussieren einzelne Automotive-Richtlinien unterschiedliche HMI-Entwicklungsphasen (Konzept-, Design-, Implementierungsphase). Zudem sind die Inhalte der Richtlinien ähnlich, was darauf zurückzuführen ist, dass diese zu unterschiedlichen Zeiten entstanden sind und sich gegenseitig referenzieren. Es gilt zu prüfen, welche Automotive-Richtlinien-Inhalte in der Konzeptphase mittels Funktions(-fluss-)Layout beurteilbar sind. Das Vorgehen findet wie folgt statt:

1. In einer Datenbank (Auszug siehe Abbildung 5.3 auf Seite 110) werden im ersten Schritt die übergreifenden Kategorien der NHTSA-Guidelines (siehe Anhang C) erfasst, z.B.: *Erreichbarkeit/Bedienung von Schnittstellen*. Es werden die globalen Kategorien der NHTSA-Guidelines verwendet, da diese einen detaillierteren Grad als die AAM-, ESoP- und JAMA-Guidelines besitzen. Auf diese Weise kann sichergestellt werden, dass alle Richtlinien-Inhalte (NHTSA, AAM, ESoP, Jama, DIN ISO 15005) einer globalen Kategorie zugeordnet werden können.
2. Im zweiten Schritt werden die Inhalte der DIN ISO 15005, NHTSA-, AAM-, JAMA-, ESoP-Richtlinien den zutreffenden globalen NHTSA-Guideline-Kategorien aus Punkt 1 zugewiesen.
3. Im dritten Schritt werden die zugewiesenen Guideline-Inhalte jeder globalen Kategorie analysiert und Anforderungen, welche sich bereits in der HMI-Konzeptphase beurteilen lassen, durch Unterstreichung gekennzeichnet. Zudem wird dargestellt, zu welcher Phase (Konzept (K), Design (D), Implementierung (I)) eine Richtlinie vollständig überprüfbar ist. Existieren je globaler Kategorie inhaltlich vergleichbare Anforderungen (z.B. spezifischer Inhalt aus Kategorie *Erreichbarkeit/Bedienung von Schnittstellen* aus AAM- und JAMA-Guideline ist ähnlich), wird die mit der stärksten Ausprägung herangezogen, so dass alle konzeptrelevanten Automotive-Richtlinien als berücksichtigt angesehen werden können.

Das Ergebnis ist eine Sammlung an Anforderungen der Automotive-Richtlinien (siehe Anhang C), welche innerhalb der HMI-Konzeptphase (gekennzeichnet durch Unterstreichung K) beurteilt werden können. Um diese bei der Ableitung von Beurteilungskriterien zu berücksichtigen, werden sie den beurteilbaren Kriterien der Grundsätze der Dialoggestaltung zugewiesen.

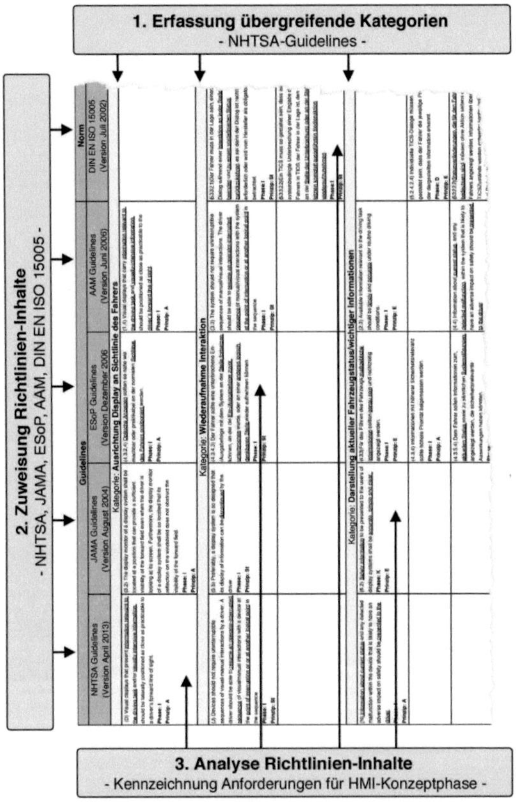

Abbildung 5.3.: Auszug Datenbank konzeptrelevante Automotive-Richtlinien

Tabelle 5.8 und 5.9 auf Seite 111/112 veranschaulicht abgeleitete HMI-Konzept-Anforderungen der Automotive-Richtlinien und dessen Zuweisung zu den beurteilbaren Kriterien der Grundsätze der Dialoggestaltung aus Abschnitt 5.1.2 auf Seite 102. Das beurteilbare Kriterium wird mittels einer Kennung dargestellt (z.B. S5, E7), wie es bereits im vorherigen Abschnitt verwendet wird.

Kategorie Automotive-Richtlinien	**Abgeleitete HMI-Konzept-Anforderungen der Automotive-Richtlinien**	**Beurteilbares Kriterium der ISO 9241-10**
1. Einheitliche Schnittstellengestaltung	1.1 Die Platzierung von Inhalten und Funktionen erfolgt nach konsistenten Regeln.	E7
	1.2 Die Interaktion mit Inhalten und Funktionen erfolgt nach konsistenten Regeln.	E7
2. Erreichbarkeit und Bedienung Schnittstellen	2.1 Inhalte und Funktionen sind so platziert, dass sie nicht unbeabsichtigt betätigt werden.	S5
3. Ausrichtung Display an Sichtlinie des Fahrers	3.1 Inhalte und Funktionen, welche sich auf das Fahren beziehen, sind nahe der natürlichen Sichtlinie des Fahrers positioniert.	A7
	3.2 Inhalte und Funktionen, welche visuell stark sind, sind nahe der natürlichen Sichtlinie des Fahrers positioniert.	A7
4. Verbot von Inhalten und Funktionen für den Fahrer während der Fahrt	4.1 Inhalte und Funktionen, welche der visuellen Unterhaltung dienen, werden nicht dargestellt.	A2
	4.2 Inhalte und Funktionen, welche ein gefährliches Fahrverhalten provozieren, werden nicht dargestellt.	A2
	4.3 Die manuelle Texteingabe für folgende Funktionen ist unterbunden: Nachrichten- und Kommunikationsdienste, Browsen im Internet.	A3
	4.4 Dem Fahrer werden keine animierten Bilder dargestellt. Ausnahmen sind: - Rückfahr- und Umgebungsvideos. - Richtungsangaben während der Navigation (kein 3D, fotorealistische oder Satellitenbilder).	A2
	4.5 Dem Fahrer werden keine statischen Bilder und/oder Grafiken dargestellt. Ausnahmen sind: - Fahrzeugbezogene Bilder wie Kartenmaterial (kein 3D, fotorealistische oder Satellitenbilder). - Bilder und/oder Grafiken, welche den Auswahlprozess bei fahrfremden Produkten erleichtern. Nach Ausführung der Aufgabe verschwindet das Bild/die Grafik. Eine textuelle Beschreibung ist erlaubt. - International standardisierte Symbole/Icons.	A2
	4.6 Dem Fahrer wird kein automatisch laufender Text dargestellt.	A3
	4.7 Begriffe, Akronyme, Terminologien und Abkürzungen entsprechen internationalen Normen und Standards.	E1
	4.8 Das verwendete Vokabular ist für den Fahrer verständlich.	E1
	4.9 Das verwendete Vokabular wird konsistent eingesetzt.	E7

Tabelle 5.8.: HMI-Konzept-Anforderungen der Automotive-Richtlinien (1/2)

Kategorie Automotive-Richtlinien	Abgeleitete HMI-Konzept-Anforderungen der Automotive-Richtlinien	Beurteilbares Kriterium der ISO 9241-10
5. Spezifische Inhalte	5.1 Dem Fahrer werden keine Texte zu folgenden Inhalten dargestellt: Bücher, Zeitschriften, Zeitungen, Artikel, Webseiten-Inhalte, Social-Media-Inhalte, textbasierte Werbung, Nachrichtendienste.	A2
6. Ein-Hand-Bedienung	6.1 Während der Fahrt können Inhalte und Funktionen mit einer Hand bedient werden.	A3
7. Darstellung Inhalt	7.1 Inhalte und Funktionen werden auf das für die Aufgabe nötige Minimum reduziert.	A1
	7.2 Die Interaktion wird auf das für die Aufgabe nötige Minimum reduziert.	A5
	7.3 Inhalte und Funktionen werden in kleine erfassbare Gruppen aufgeteilt.	E4
8. Steuerung Informations-aufnahme	8.1 Der Fahrer hat die Steuerung über Beginn und Abschluss eines Dialogs.	St2
	8.2 Rechtliche Meldungen und solche, welche die momentane Verkehrssituation darstellen, können vom Fahrer nicht deaktiviert werden.	A5
9. Wiederaufnahme Interaktion	9.1 Der Fahrer hat die Möglichkeit, die Interaktion an jeder Stelle zu beenden. Ausnahme: rechtliche Inhalte.	St2
	9.2 Der Fahrer hat die Möglichkeit, zu einem letzten Status zurückzukehren.	St4
10. Löschung von Daten	10.1 Der Fahrer hat die Möglichkeit, die letzte Eingabe zu löschen.	St4
11. Eingabe von Daten	11.1 Inhalte und Funktionen sind so dargestellt, dass die Bedeutung dieser offensichtlich ist.	S2
	11.2 Es ist verständlich, was während eines Dialogs getan werden muss/kann.	S5
	11.3 Der Fahrer hat Informationen, welche Eingaben notwendig sind.	S4
12. Sperrung von Inhalten/ Funktionen für den Fahrer während der Fahrt.	12.1 Erläuterungen beschreiben, welche Inhalte und Funktionen für den Fahrer während der Fahrt verboten sind.	S1
13. Darstellung aktueller Fahrzeugstatus oder wichtige Informationen	13.1 Sicherheitsrelevante Informationen werden dem Fahrer dargestellt.	A1
	13.2 Sicherheitsrelevante Informationen werden in einer für den Fahrer bekannten Sprache dargestellt.	E1
14. Erwartungshaltung Fahrer	14.1 Beschreibungen wecken keine unrealistischen Erwartungen.	A1
	14.2 Beschr. fördern keine illegale Nutzung.	A1

Tabelle 5.9.: HMI-Konzept-Anforderungen der Automotive-Richtlinien (2/2)

5.1.4. Anforderungen des Fahrer-Fahrzeug-Umfelds

Neben den konzeptrelevanten Anforderungen der Automotive-Richtlinien stellen die Modellkomponenten des Fahrer-Fahrzeug-Umfelds (FFU) Anforderungen an KUKI-Systeme im Fahrzeug (siehe Abschnitt 3 auf Seite 41). Um diese bei der Ableitung der Beurteilungskriterien zu berücksichtigen, werden die FFU-Anforderungen den beurteilbaren Kriterien der Grundsätze der Dialoggestaltung zugewiesen (siehe Abschnitt 5.1.2 auf Seite 102). Tabelle 5.10 veranschaulicht die für Funktions(-fluss-)-Layouts relevanten Konzept-Anforderungen des Fahrer-Fahrzeug-Umfelds und deren Zuweisung zu den beurteilbaren Kriterien der Grundsätze der Dialoggestaltung. Das beurteilbare Kriterium wird mittels einer Kennung dargestellt (z.B. A3, E7), wie sie bereits in Abschnitt 5.1.2 auf Seite 102 verwendet wird.

Abgeleitete HMI-Konzept-Anforderungen des Fahrer-Fahrzeug-Umfelds	**Beurteilbares Kriterium der ISO 9241-10**
1. Vermeidung irrelevanter Inhalte.	A1
2. Berücksichtigung der Bedienmodalität Touch.	A3
3. Berücksichtigung der Lenkvariante des Ziellandes.	A7
4. Keine homogene Fahrergruppe. Elemente und Abläufe müssen so dargestellt werden, dass sie vom Fahrer ohne Spezialwissen abgearbeitet werden können.	E1
5. Elemente und Abläufe, welche in anderen Anwendungen verwendet werden, sollten so in ähnlicher Art und Weise dargestellt werden.	E7
6. Aufgrund des komplexen Umfelds sollten Konzepte so entwickelt werden, dass sie jederzeit unterbrochen werden können und die Interaktion später wieder aufgenommen werden kann.	St2

Tabelle 5.10.: HMI-Konzept-Anforderungen des Fahrer-Fahrzeug-Umfelds

Um aus den beurteilbaren Kriterien der Grundsätze der Dialoggestaltung (siehe Abschnitt 5.1.2 auf Seite 102), den HMI-Konzept-Anforderungen der Automotive-Richtlinien (siehe Abschnitt 5.1.3 auf Seite 109) sowie des Fahrer-Fahrzeug-Umfelds (siehe Abschnitt 5.1.4 auf Seite 113) spezifische Beurteilungskriterien ableiten zu können, müssen **konkrete Konzept-Bereiche, -Elemente und -Abläufe der Funktions(-fluss-)Layouts identifiziert werden**. Konkrete Arbeitsaufgaben, welche der Nutzer mit dem KUKI-System ausführt, helfen diese zu bestimmen.

5.1.5. Arbeitsaufgaben je Produkt

Wie bereits in Abschnitt 2.3.3 auf Seite 26 erwähnt, beinhaltet die DIN EN ISO 9241-12 häufig verwendete Konzept-Bereiche und -Elemente, welche jedoch für keine spezifische Domäne entwickelt und gegebenenfalls für Funktions(-fluss-)Layouts in der Automobilindustrie unrelevant sind. Im Folgenden werden relevante Bereiche, Elemente und Abläufe von Funktions(-fluss-)Layouts für KUKI-Systeme identifiziert, mit Hilfe derer in Abschnitt 5.1.6 auf Seite 118 Beurteilungskriterien erhoben werden. Welche Bereiche, Elemente und Abläufe für HMI-Konzepte für KUKI-Systeme von Interesse sind, wird mittels konkreter Arbeitsaufgaben bestimmt. Neben der Identifizierung relevanter Bereiche, Elemente und Abläufe fungieren die abgeleiteten Arbeitsaufgaben zudem als Evaluationsleitfaden (siehe Abschnitt 4.3.3 auf Seite 76). Der Bewerter überprüft das HMI-Konzept mittels Aufgaben und bewertet im Anschluss das Funktions(-fluss-)Layout. In Schritt eins erfolgt die Ableitung der Arbeits- und deren Teilaufgaben je Produkt (z.B. Radio) eines KUKI-Systems.

1. Identifizierung Arbeitsaufgaben

Aus einer über mehrere Jahre entwickelten **Datenbasis empirisch erhobener Nutzerstudien** des Volkswagen-Konzerns werden 65 Arbeitsaufgaben, welche auf der Nutzungshäufigkeit von Probanden basieren, abgeleitet und in Abstimmungsrunden durch verschiedene Funktionsbereiche innerhalb des VW-Konzerns nach Relevanz priorisiert (siehe Anhang D.1). Das Expertengremium setzt sich aus den Bereichen Human-Machine-Interaction, Design, Vertrieb, Qualität, Entwicklung Gesamtfahrzeug und Forschung zusammen [Mül14]. Die Arbeitsaufgaben werden nach Produktkategorien, wie sie für KUKI-Systeme in Abschnitt 3.2.1 auf Seite 51 definiert sind, gruppiert. So sind beispielsweise in der Produktkategorie Telefon alle Inhalte und Funktionen zur Telefonie verortet. Je Produktkategorie werden jeweils die vier am höchsten priorisierten Arbeitsaufgaben für die Ableitung von Teilaufgaben herangezogen. Ähneln sich innerhalb der vier Arbeitsaufgaben je Produktkategorie zwei Arbeitsaufgaben stark, wird eine alternative Aufgabe mit einem anderen Fokus gewählt. So wird jede Kategorie mit ihren Inhalten und Funktionen allumfassend betrachtet. Folgende Arbeitsaufgaben je Produkt werden extrahiert:

1. Produkt **Radio**
    a) Radiosender abspielen und als Favorit abspeichern.

b) Klangeinstellungen ändern.
c) FM-Frequenz manuell ändern.
d) Senderlogo manuell ändern.

2. Produkt **Media**
   a) Audiowiedergabe über BT starten.
   b) Quellenwechsel SD zu CD.
   c) Ein Audiofile aus mind. 100 auswählen und abspielen.
   d) Den dritten Titel einer Audio CD abspielen.
3. Produkt **Fahrzeug**
   a) Fahrmodus von normal auf eco stellen.
   b) Systemzeit einstellen.
   c) Anzeige Durchschnittsverbrauch ab Start anzeigen.
   d) Reifendruck kallibrieren nachdem mindestens ein Reifendruck geändert wurde.
4. Produkt **Telefon**
   a) Ein Telefon per BT pairen.
   b) Eintrag aus Telefonbuch auswählen und Anruf starten.
   c) Telefonnmmer als Favorit festlegen.
   d) Rückruf eines verpassten Anrufs.
5. Produkt **Navigation**
   a) Ziel (Würzburg, Otto-Stein-Straße 19) eingeben.
   b) Zielführung zu einem Ziel im Zielspeicher starten.
   c) Eingabe eines Zwischenziels in der Nähe der aktiven Routenführung.
   d) Die aktive Zielführung stoppen.

Der Fokus dieser Arbeit liegt auf der Beurteilung von Konzepten digitaler Benutzungsschnittstellen. Produkte wie z.B. Ergonomie werden bei nahezu allen Herstellern haptisch repräsentiert (Stand 2015) und sind nicht Teil der Betrachtung dieser Arbeit.

2. Identifizierung Teilaufgaben der Arbeitsaufgaben

Wie die Darstellung der Arbeitsaufgaben jedoch zeigt, sind diese nicht detailliert genug, um daraus **spezifische Bereiche, Elemente und Abläufe zu identifi-**

zieren. Jede der vier Arbeitsaufgaben eines Produkts wird mittels der Methode *Hierarchical Task Analysis* [MHH12, 174f.] in einzelne Teilaufgaben unterteilt, um elementare Aspekte sowie erforderliche Elemente, welche für die Erfüllung der Teilaufgabe notwendig sind, zu identifizieren. Durch die Unterteilung der lösungsunabhängigen Arbeitsaufgabe in kleine Teilaufgaben kann ein abstraktes Abhängigkeitsmodell zwischen Aufgabe, Funktionen und spezifischen Bereichen, Elementen und Abläufen, welche die Funktion ermöglichen, geschaffen werden.

Die Herleitung der Teilaufgaben erfolgt anhand des typischen Navigationswegs, um die Arbeitsaufgabe erfolgreich zu lösen. So sind Teilaufgaben für den Fahrer ausführbar, wenn die richtigen Inhalte/Funktionen dargestellt werden. Innerhalb eines Funktions(-fluss-)-Layouts werden diese durch spezifische Element(-gruppen) wie bspw. Menüpunkte oder Steuerungselemente repräsentiert, welche in Schritt drei Identifizierung Element(-gruppen) detailliert beschrieben werden.

Die folgende Aufzählung visualisiert beispielhaft eine Arbeitsaufgabe aus dem Produkt *Radio*. Anhang D.2 beschreibt alle Produkte, Arbeits- und Teilaufgaben.

1. Produkt Radio

    1.1 Arbeitsaufgabe Radiosender abspielen und als Favorit abspeichern.

    1.1.1 Teilaufgabe Wechsel in Bereich Radio.

    1.1.2 Teilaufgabe Suche Wunschradiosender.

    1.1.3 Teilaufgabe Abspielen Wunschradiosender.

    1.1.4 Teilaufgabe Favorit festlegen.

3. Identifizierung Element(-gruppen)

Aufgrund der Vielfalt an Konzepten für KUKI-Systeme ist es nicht möglich, für jede existierende Arbeitsaufgabe Beurteilungskriterien abzuleiten. Die Analyse aller betrachteter Teilaufgaben (siehe Anhang D.2) zeigt, dass sich diese innerhalb der unterschiedlichen Produkte Radio, Media, Navigation, Fahrzeug und Telefon wiederholen. So erfolgt beispielsweise in allen Arbeitsaufgaben der Produkte ein *Wechsel in einen spezifischen Bereich*. Dieser Wechsel wird durch die Element(-gruppe) *Menüpunkt* ermöglicht.

Folgende **Element(-gruppen) werden aus den relevanten Teilaufgaben extrahiert** und für die Ableitung der Beurteilungskriterien von Funktions(-fluss-)-Layouts für KUKI-Systeme herangezogen:

1. Menüpunkt: Element bzw. Gruppe an Elementen, mit denen ein globaler Inhalt des Produkts aufgerufen wird.
2. Schaltfläche: Element bzw. Gruppe an Elementen, mit dem eine Aktion zu einem spezifischen Inhalt aufgerufen wird.
3. Moduswechsel: Element bzw. Gruppe an Elementen, mit denen mehrere Inhalte in eine spezifische Betriebsart geschaltet werden.
4. Filter: Element bzw. Gruppe an Elementen, mit denen mehrere Inhalte von anderen gefiltert werden.
5. Steuerungselemente: Element bzw. Gruppe an Elementen, mit denen Radio- und Media-Inhalte gesteuert werden.
6. Speichern: Element bzw. Gruppe an Elementen, mit denen Inhalte gespeichert werden.
7. Favorit: Element bzw. Gruppe an Elementen, mit dem ein Inhalt favorisiert wird.
8. Quellen-/Dateimanager: Element bzw. Gruppe an Elementen, mit denen Quellen und/oder Dateien hinzugefügt werden.
9. Frequenzband: Element bzw. Gruppe an Elementen, welche die Radiofrequenz darstellt.
10. Einstellungen: Elemente bzw. Gruppe an Elementen, welche Einstellungsmöglichkeiten darstellen.
11. Such-/Eingabemaske: Element bzw. Gruppe an Elementen, mit denen Zeichen eingegeben werden, um Inhalte zu suchen oder Daten einzugeben.
12. Bild ändern: Element bzw. Gruppe an Elementen, mit denen ein Bild innerhalb eines Inhalts ausgetauscht wird.
13. Inhaltsgruppe: Gruppe an Elementen, welche zusammengehörige Inhalte (z.B. Radiosender mit Name, Senderlogo, aktuelles Lied) darstellen.
14. Mehrere Inhaltsgruppen: Zusammenfassende Darstellung von Inhaltsgruppen. Dies können unterschiedliche Radiosender, verschiedene Musikalben eines Künstlers oder Kontakte eines Telefonbuchs sein.

Erkenntnis: Jede der Element(-gruppen) besitzt in den unterschiedlichen Teilaufgaben **gleiche Usability Anforderungen hinsichtlich der beurteilbaren Evaluationsschwerpunkte Darstellung, Benennung, Platzierung und Interaktion** (siehe Abschnitt 2.3.4 auf Seite 31). So gelten beispielsweise für einen *Menüpunkt* im Produkt Radio, Navigation oder Media gleiche Anforderungen bezüglich:

- Darstellung: z.B.: Der Menüpunkt enthält alle relevanten Elemente.
- Benennung: z.B.: Bezeichnungen des Menüpunkts sind für den Fahrer verständlich.
- Platzierung: z.B.: Der Menüpunkt ist für die Aufgabe passend platziert.
- Interaktion: z.B.: Das Interaktionskonzept des Menüpunkts ist verständlich.

Auch hat die Entwicklung von Beurteilungskriterien für konkrete Element(-gruppen) den Vorteil, dass die **Evaluations-Durchführung spezifisch auf den Untersuchungs-Gegenstand angepasst werden kann** (siehe Abschnitt 5.2.3 auf Seite 124). Ist im Funktions(-fluss-)Layout beispielsweise kein Quellen-/Dateimanager vorhanden, wird die Element(-gruppe) *Quellen-/Dateimanager* nicht evaluiert. Die Skalierbarkeit der Beurteilungskriterien in Abhängigkeit vom Evaluations-Gegenstand und von dessen Inhalten und Funktionen ist eine der Anforderungen der befragten Spezifikateure aus Abschnitt 2.3.2 auf Seite 23.

Im nächsten Abschnitt werden mittels der Grundsätze der Dialoggestaltung (siehe Abschnitt 5.1.2 auf Seite 102) und der konzeptrelevanten Anforderungen der Automotive-Richtlinien (siehe Abschnitt 5.1.3 auf Seite 109) sowie den Anforderungen des Fahrer-Fahrzeug-Umfelds (siehe Abschnitt 5.1.4 auf Seite 113) Beurteilungskriterien zu Darstellung, Benennung, Platzierung und Interaktion spezifischer Element(-gruppen) (siehe Abschnitt 5.1.5 auf Seite 114) von Funktions(-fluss-)Layouts abgeleitet.

5.1.6. Durchführung Ableitung Beurteilungskriterien

Aufgrund der Komplexität der Ableitung wird für die Erfassung der Daten ein Tabellenkalkulationsprogramm verwendet. Die Ableitung erfolgt wie in Abbildung 5.4 auf Seite 119 dargestellt und orientiert sich an der schematischen Darstellung des Ableitungsprozesses aus Abbildung 5.2 auf Seite 101. Die vollständige Liste aller abgeleiteter Beurteilungskriterien ist in Anhang E vorzufinden.

1. In der ersten horizontalen Zeile werden alle beurteilbaren Kriterien der Grundsätze der Dialoggestaltung erfasst (siehe Abschnitt 5.1.2 auf Seite 102).
2. In der zweiten horizontalen Zeile werden alle konzeptrelevanten Anforderungen der Automotive-Richtlinien erfasst (siehe Abschnitt 5.1.3 auf Seite 109). Es findet eine Referenzierung auf Tabelle 5.8/5.9 auf Seite 111/112 statt.

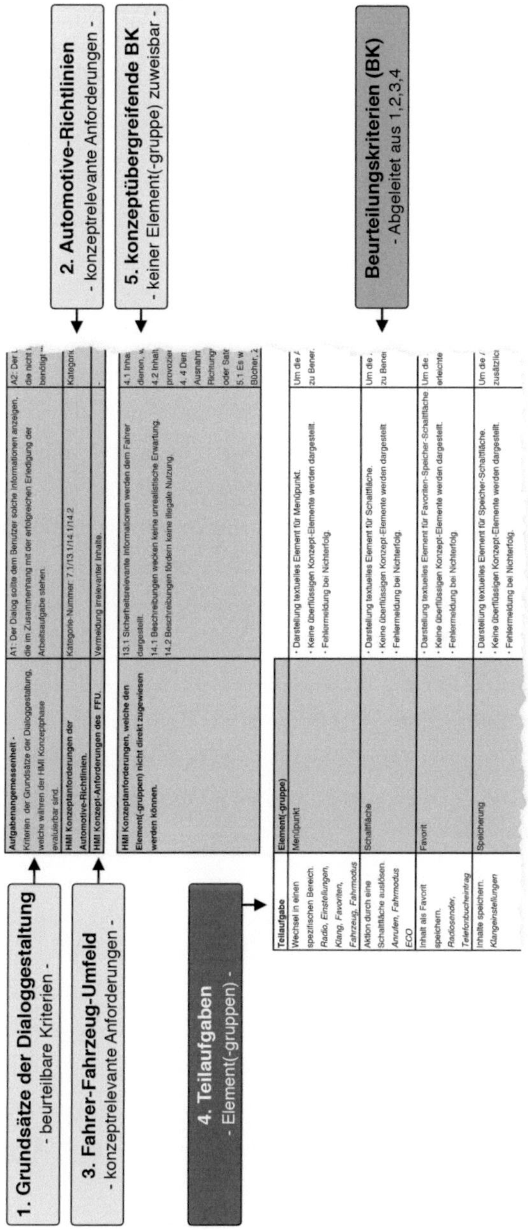

Abbildung 5.4.: Struktur der Ableitung

3. In der dritten horizontalen Zeile werden alle konzeptrelevanten Anforderungen des Fahrer-Fahrzeug-Umfelds erfasst (siehe Abschnitt 5.1.4 auf Seite 113).
4. Dem gegenüber (vertikale Spalte) stehen die Teilaufgaben der Produkte mit ihren spezifischen Element(-gruppen) (siehe Abschnitt 5.1.5 auf Seite 114).

Jede Element(-gruppe) (siehe Punkt 4) wird den beurteilbaren Kriterien (siehe Punkt 1), konzeptrelevanten Anforderungen der Automotive-Richtlinien (siehe Punkt 2) sowie des Fahrer-Fahrzeug-Umfelds (siehe Punkt 3) gegenübergestellt. Ist ein Beurteilungskriterium ableitbar, erfolgt ein Tabelleneintrag. Beurteilbare Kriterien der Grundsätze der Dialoggestaltung, konzeptrelevante Anforderungen der Automotive-Richtlinien sowie des Fahrer-Fahrzeug-Umfeld, welche keiner konkreten Element(-gruppe) zuweisbar sind, werden gesondert erfasst (siehe Punkt 5) und während der Evaluation in einem konzeptübergreifenden Fragebogen abgefragt.

Erkenntnis: Die Ableitung zeigt, dass sich die **Beurteilungskriterien vielmehr auf spezifische Inhalte und Funktionen als auf Bereiche** des Funktionslayouts beziehen. Wie in Abschnitt 2.3.3 auf Seite 26 beschrieben, besteht das Funktionslayout I aus einem alleinstehenden Screen, welcher die Struktur bzw. den grundlegenden Aufbau des Bildbereichs definiert. In ihm sind spezifische Bereiche verortet. Die Einteilung des Bildbereichs in harmonische Bereiche findet durch mathematische Proportionsregeln statt. Aufbauend auf diesen wird das Gestaltungsraster, in dem die verschiedenen Inhalte und Funktionen verortet sind, abgeleitet (siehe Abschnitt 2.2.3 auf Seite 16). Da die Einteilung des Rasters anhand mathematischer Regeln stattfindet, ist eine Evaluation mittels Experten nicht nötig. Ob ein Bereich ergonomisch sinnvoll platziert ist, ist u.a. gekoppelt an die anthropometrische Fragestellung, welche nicht Teil dieser Arbeit ist (siehe Abschnitt 1 auf Seite 1). So interagiert der Nutzer bspw. häufig mit dem Navigationsbereich, so dass dieser Bereich für den Nutzer gut erreichbar sein sollte. Ob dies jedoch erfüllt wird, ist u.a. abhängig von der Sitzposition sowie dem Einbau des Displays, welches anthropometrische Fragestellungen sind. Aus genannten Gründen wird eine **expertenbasierte Evaluation mittels des Funktionslayouts I während der Konzeptphase Definition Layout in dieser Arbeit nicht berücksichtigt**.

Das Ergebnis der Ableitung ist eine Matrix an Beurteilungskriterien (siehe Anhang E), welche den Evaluatoren durch einen Fragebogen zugänglich gemacht werden.

5.2. Fragebogen

„Nicht der Interviewer, der Fragebogen muss schlau sein.“ [Sch62]

Mittels eines Fragebogens können Eindrücke und Meinungen der Evaluatoren erhoben werden. Bevor jedoch für die vorliegende Arbeit die Beurteilungskriterien aus Abschnitt 5.1.6 auf Seite 118 in einem Fragebogen verortet werden, wird im Folgenden auf die theoretischen Grundlagen der Fragebogenentwicklung eingegangen. Dies ist relevant, da z.B. die Formulierung von Fragen, die Wahl des Antwortformats oder die Struktur der Fragen gewissen Regeln unterliegen, welche berücksichtigt werden sollten. Zudem stellen die Spezifikateure, welche den Evaluations-Gegenstand evaluieren, Anforderungen an den Fragebogen.

5.2.1. Anforderungen der Spezifikateure

HMI-Spezifikateure, welche die Fragebögen während der Evaluation anwenden, stellen Anforderungen an Inhalt und Format (siehe Abschnitt 2.3.2 auf Seite 23) und werden bei der Fragebogenentwicklung (siehe Abschnitt 5.2.3 auf Seite 124) berücksichtigt.

1. Die Mehrheit der Spezifikateure innerhalb der HMI Konzeptphase besitzt einen Hochschulabschluss. Aufgrund der unterschiedlichen Ausbildungs- und Erfahrungshintergründe haben diese jedoch kein einheitliches Fachwissen. Die Inhalte der Fragebögen dürfen demnach den Evaluatoren **kein Fachwissen** abverlangen.
2. Aufgrund der täglichen Arbeitsbelastung haben die Spezifikateure wenig Zeit für eine Evaluation. Neun der zehn befragten Spezifikateure fordern eine **schnelle Durchführ- sowie Skalierbarkeit der Fragen** (8/10), so dass ausschließlich relevante Fragestellungen evaluiert werden.
3. Auch sollte die **Anonymität** der Beurteilungen gewahrt werden (6/10), so dass die Evaluatoren Meinungen ohne Angst vor Benachteiligungen frei äußern können.
4. Zudem sollte der Fragebogen nicht nur HMI-Probleme aufdecken, sondern auch **andere Sichtweisen hervorbringen** (4/10), welche das Konzept verbessern (3/10).

Nachdem die Anforderungen der Spezifikateure an den Fragebogen erläutert sind, wird im folgenden Abschnitt auf die Grundlagen der Fragebogenentwicklung eingegangen. In Abschnitt 5.2.3 auf Seite 124 wird dann, unter Berücksichtigung der erhobenen Anforderungen, ein Fragebogen für die Evaluation von Funktions(-fluss-)-Layouts erstellt.

5.2.2. Grundlagen Fragebogenentwicklung

Ein Fragebogen besteht aus mehreren Items (sog. Fragen) und Antworten, welche in einer Fragebogenstruktur verankert sind. Je offensichtlicher die Struktur ist, desto konzentrierter arbeitet der Evaluator damit [Por09, 17ff.].

Item

In der wissenschaftlichen Literatur wird eine Frage als Item bezeichnet. Diese veranlasst den Evaluator zu einer als Indikator verwendeten Reaktion. Eine der Hauptanforderungen ist, dass der Evaluator das ihm dargebotene Item versteht und ein Verständnis für die Frage besitzt (siehe Abschnitt 5.2.1 auf Seite 121).

Verständnis: Für den Evaluator hat das Verständnis einer Frage folgende Dimensionen [Por09, 18ff.]:

- Semantisch: Was heißt ein Begriff oder eine Formulierung innerhalb eines Items? Werden folgende Aspekte verletzt, so entsteht ein Problem mit dem semantischen Verständnis: Items und Begriffe sind unbekannt, Items und Begriffe sind unklar formuliert, Items und Begriffe sind kompliziert formuliert, Items und Begriffe sind mehrdeutig oder Items und Begriffe werden von den unterschiedlichen Evaluatoren individuell interpretiert.
- Pragmatisch: Was will der Interviewer mit der Fragestellung in Erfahrung bringen? Die Fragestellung *Wie findest Du den Button?* ist semantisch eindeutig. Die Beantwortung dieser lässt viele Möglichkeiten zu: *Er ist zu groß, Er ist an falscher Position, Er ist nicht beschriftet* etc. Der Evaluator ist sich im Unklaren darüber, was er angeben soll [Gri75].

Formulierung: Die Art der Formulierung eines Fragebogenitems richtet sich nach dem zu untersuchenden Inhalt sowie der beabsichtigten Antwort [BD06, 254f.]:

- Frage: Fragen sind allgemeiner formuliert als Behauptungen und halten die Anfrage offener.
- Behauptung: Um Positionen oder Einstellungen von Rezipienten abzufragen, sind Behauptungen geeigneter als Fragen, da Meinungen prononcierter und differenzierter eruierbar sind.

Antwort

Meinungen und Reaktionen des Evaluators werden mittels Antworten festgehalten und können wie folgt gestaltet werden:

Beantwortungstyp: In der Literatur existieren unterschiedliche Beantwortungstypen für Fragebogenitems [BD06, S. 213–217] [Por09, 51ff.]:

- Offene Antwort: Es existiert keine Antwortvorgabe, so dass der Befragte seine Position, Einstellung und Meinung frei formulieren kann.
- Antwortvorgabe: Der Evaluator muss sich zwischen Antwortvorgaben entscheiden. Zwei Varianten existieren: Nur eine Antwort oder mehrere Antworten (Multiple Choice) dürfen abgegeben werden.
- Halboffene Antwort: Ein Frageitem mit Antwortvorgabe wird kombiniert mit einer offenen Antwort.

Skala: Skalen werden verwendet, um Items mit Antwortvorgaben messen zu können. Das Messen erfolgt mittels Skalenpunkten. In der Literatur existieren unterschiedliche **Skalentypen** für Fragebogenitems [BD06, 67ff.] [Por09, 69ff.]:

- Nominal-Skala: Ausprägungen der Skalenpunkte können unterschieden werden, weisen jedoch keine natürliche Reihenfolge auf. Es existieren dichotome (zwei Merkmalsausprägungen) sowie polytome (mindestens drei Merkmalsausprägungen) Skalenpunkte.
- Ordinal-Skala: Bei der Ordinal-Skala stehen, im Gegensatz zur Nominal-Skala, die unterschiedlichen Ausprägungen der Skalenpunkte in einer relationalen Beziehung zueinander. Es existiert keine polytome Variante.
- Intervall-Skala: Bei der Intervall-Skala sind, im Gegensatz zur Ordinal-Skala, die Abstände der Skalenpunkte gleich groß.
- Ratio-Skala: Die Verhältnis-Skala besitzt einen Skalennullpunkt.

Jede Skalenart besitzt unterschiedliche **Skalenstrukturen**, welche die Beurteilungsqualität eines Items beeinflussen [BD06, 176ff.] [Por09, 72ff.]:

- Skalenbreite: Die Breite einer Skala orientiert sich an der vermuteten Abstraktionsfähigkeit der Evaluatoren. Mehr als 10 Skalenpunkte sollten nicht eingesetzt werden, da eine Abgrenzung zwischen 7 und 8 schwer ist. Ist die Skala zu eng, können Aussagen der Evaluatoren nicht differenziert erfasst werden.
- Primacy effect: Der Effekt kann bei schriftlichen Befragungen auftreten. Der Evaluator liest die ersten Möglichkeiten, überfliegt die restlichen und nennt die Antwortmöglichkeit, welche als Erstes genannt wird.
- Recency effect: Der Effekt kann bei mündlichen Befragungen auftreten. Dem Evaluator werden Antwortmöglichkeiten vorgelesen. Er wählt eine der letzten, da diese ihm noch im Gedächtnis sind.
- (Un-)gerade Skala: Ungerade Skalen besitzen einen Skalenmittelpunkt. Er kann als Fluchtkategorie genutzt werden. Geradzahlige Skalen verzichten auf einen Skalennullpunkt. Sie erzwingen vom Evaluator eine Meinung.
- Laufrichtung Skala: Die Laufrichtung einer Skala ist abhängig von der Präsentation der Items. Werden diese optisch dargeboten, sollte das menschliche Wahrnehmungsverhalten beachtet werden (Lese- und Schreibrichtung). Zudem liegt bei grafischen Visualisierungen das Höhere häufig rechts.
- Skalenbenennung: Es können die Skalenendpunkte oder alle Skalenpunkte definiert werden. Im Falle einer endpunktbenannten Skala werden die nicht benannten Skalenpunkte mit einer Zahl definiert.

Aufbauend auf den Fragebogen-Anforderungen der Spezifikateure in Abschnitt 5.2.1 auf Seite 121 sowie den theoretischen Grundlagen der Fragebogenentwicklung in Abschnitt 5.2.2 auf Seite 122 wird im Folgenden ein Fragebogen für die Beurteilung von Funktions(-fluss-)Layouts entwickelt. Es wird konkret aufgezeigt, wie Items und Antwortformate formuliert werden sowie welche Struktur und Gestaltung der Fragebogen besitzen muss.

5.2.3. Entwicklung Fragebogen für Funktions(-fluss-)Layouts

Item

Die Berücksichtigung des semantischen Verständnisses ist für den zu entwickelnden Fragebogen wichtig, da die Ausbildungshintergründe der Evaluatoren und das

Fachwissen unterschiedlich sind (siehe Abschnitt 5.2.1 auf Seite 121). So werden **Fachbegriffe und komplexe Formulierungen vermieden**.

Um das pragmatische Verständnis zu fördern, werden Behauptungen kurz gefasst, so dass keine Teilbereiche überlesen werden und ein schnelles Verständnis über das Item erlangt werden kann. Dieses wird jedoch detailliert genug beschrieben, so dass der Evaluator dieses **nicht interpretieren** muss. Da Positionen und Einstellungen der Evaluatoren im Vordergrund stehen, wird die **Formulierungsart der Behauptung** verwendet.

Antwort

Um Empfehlungen für Konzeptoptimierungen von den Evaluatoren zu erlangen ist es wichtig, dass diese ihre Meinung frei äußern können. Auch sollten aufgrund des Zeitdrucks innerhalb der HMI-Abteilung die Beurteilungen der Evaluatoren schnell erfasst und ausgewertet werden können (siehe Abschnitt 5.2.1 auf Seite 121). Aufgrund der genannten Anforderungen werden **halboffene Antwortmöglichkeiten** verwendet, welche eine schnelle Auswertung (Skala) sowie die Erhebung von Hintergrundwissen (Freitextfeld) ermöglichen.

Beantwortet werden die Behauptungen mittels einer **fünfstufigen Ordinal-Skala**, wobei der Punkt *Frage trifft nicht zu* das Item nicht wertet. Wie der Skala zu entnehmen (siehe Abbildung 5.5 auf Seite 125), wird auf einen **Skalennullpunkt verzichtet**, um **keine Fluchtkategorie** zu ermöglichen. Der Evaluator ist gezwungen, eine Tendenz-Meinung abzugeben. Diese kann er mittels eines Freitextfelds näher erläutern.

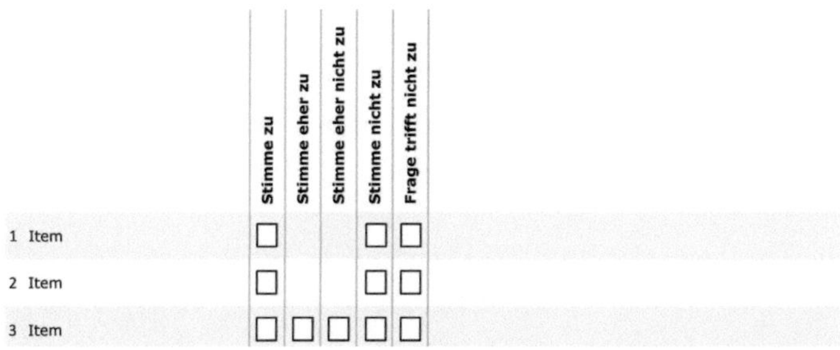

Abbildung 5.5.: Fragebogen und verwendete Antwortformulierung/-typ

Die Breite der Skala orientiert sich an der Abstraktionsfähigkeit der Evaluatoren. Aufgrund der unterschiedlichen Ausbildungshintergründe wird eine enge Skalenbreite verwendet. Zudem sind vier Skalen für das Untersuchungsziel ausreichend, da beurteilt wird, ob ein Konzept frei von Usability-Problemen ist oder Probleme enthält. Ob dieses *7* oder *6* problematisch ist, ist für das Untersuchungsziel nicht relevant.

Die **Skalenbenennungen sind ich-bezogen formuliert**, so dass der Evaluator äußert, was er selber denkt, und nicht das, was seiner Vermutung nach die restlichen Evaluatoren denken. Items, welche keine subjektive Meinung der Evaluatoren zulassen, eindeutig mit ja/nein beantwortet werden können oder sich auf ein eindeutiges einzelnes Element beziehen, werden ausschließlich mit *Stimme zu* oder *Stimme nicht zu* beantwortet.

Struktur

Für die Beantwortungsqualität ist es wichtig, dass der Fragebogen eine Struktur aufweist. Wie in Abschnitt 2.3.4 auf Seite 31 dargestellt, können mittels eines Funktionslayouts II Darstellungen, Benennungen und Platzierungen hinterfragt werden. Aufgrund der Verlinkung mit anderen Funktionslayouts II kann mit einem Funktionsflusslayout zusätzlich die Interaktion beurteilt werden:

- Darstellung: Die Inhalte dieser Kategorie beziehen sich auf die Darstellung relevanter Elemente für die jeweilige Element(-gruppen).
- Benennung: Die Inhalte dieser Kategorie beziehen sich auf die Verständlichkeit relevanter Element(-gruppen).
- Platzierung: Die Inhalte dieser Kategorie beziehen sich auf die Platzierung relevanter Element(-gruppen).
- Interaktion: die Inhalte dieser Kategorie beziehen sich auf das Interaktionskonzept relevanter Element(-gruppen).

Dieser Aufbau wird auch für die Strukturierung der Items innerhalb der Fragebögen verwendet (siehe Abbildung 5.6 auf Seite 127), so dass der Befragungsablauf für den Evaluator nachvollziehbar ist und die Items schlüssig gruppiert sind.

Eine Anforderung der befragten Spezifikateure ist zudem, dass die Items je nach Untersuchungsziel, skalierbar sein müssen (siehe Abschnitt 5.2.1 auf Seite 121). Die Gruppierung der Items in Frageblöcke ermöglicht dies, da die **unterschiedlichen**

Kategorien (Darstellung, Benennung, Platzierung, Interaktion) unabhängig voneinander evaluiert werden können. Ist der Testleiter beispielsweise daran interessiert, ob relevante Elemente enthalten und deren Benennungen verständlich sind, lässt er ausschließlich die genannten zwei Kategorie-Blöcke (Darstellung, Benennung) beurteilen.

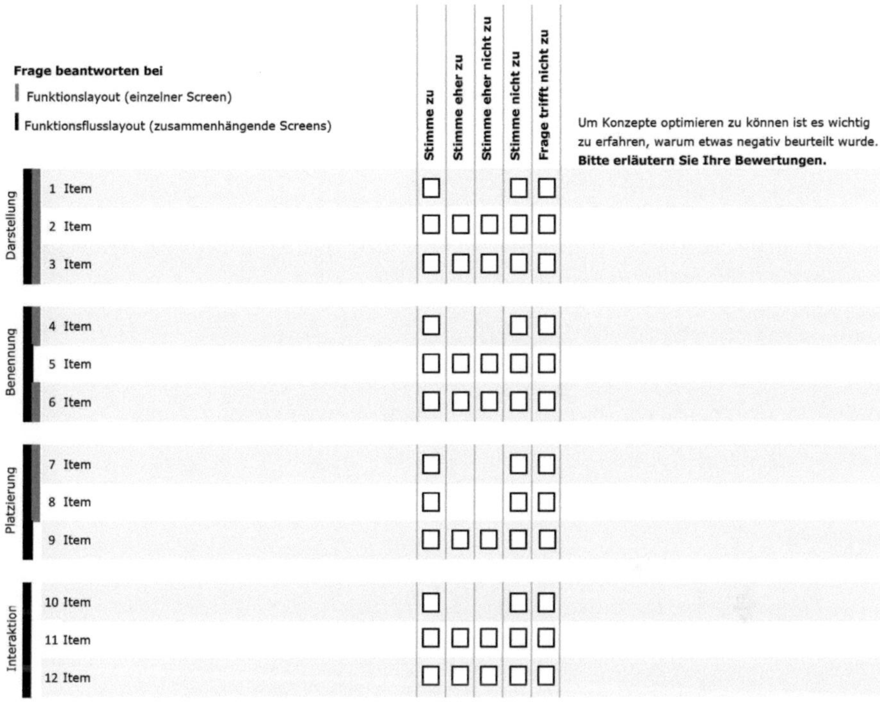

Abbildung 5.6.: Fragebogen und deren Struktur

Kennzeichnung, ob Funktions- bzw. Funktionsflusslayout

Wie in Abschnitt 2.3.3 auf Seite 26 erläutert besitzt der Evaluations-Gegenstand Einschränkungen. Die **Items werden farblich gekennzeichnet**, ob diese mittels eines **Funktionslayouts II (Farbe Schwarz) oder Funktionsflusslayouts (Farbe Grau) beurteilt** werden können (siehe Abbildung 5.6). So liegt dem Evaluator bspw. bei Ersterem ausschließlich ein einzelner Screen zur Beurteilung vor.

Items, welche die Kategorie *Interaktion* betreffen, sind mittels eines Funktionslayouts II nicht evaluierbar, z.B.:

- Item: Nach Touch auf den Menüpunkt verändert sich der Status des Screens.
- Item: Die Interaktion mit einer Frequenz erfolgt durch Touch auf eine spezifische Frequenz.

Des Weiteren existieren innerhalb der Kategorie *Benennung* und *Platzierung* Items, welche ausschließlich mit einem Funktionsflusslayout beurteilt werden können, z.B.:

- Fragebogen-Item: Weitere im Konzept dargestellte Menüpunkte selbiger Hierarchie sind ähnlich platziert.
- Fragebogen-Item: Weitere im Konzept dargestellte Menüpunkte selbiger Hierarchie sind ähnlich benannt.

Gestaltung

Nachdem die inhaltlichen Themen der Fragebögen erläutert sind, werden im Folgenden gestalterische Aspekte im Hinblick auf den Fragebogen erhoben. Der Einstieg eines jeden Fragebogens beginnt mit der **Titelseite**. Diese enthält folgende Informationen:

- Zeitpunkt der Testdurchführung.
- Probanden-Nummer.
- Erläuterung warum Konzept-Evaluation stattfindet.
- Informationen zum Testvorgehen.
- Informationen zur Handhabung der Fragebogens.

Neben der Gestaltung der Titelseite ist das **Layout des Fragebogens** entscheidend für die **Motivation und Qualität der Beantwortung**. Folgende Gestaltungs-Regeln werden berücksichtigt [Por09]:

- Nummerierung der Items.
- Strukturierung der Items durch Linien und Hervorhebungen.
- Schrift der Items in einer für die Zielgruppe passenden Lesegröße.
- Keine Unterbrechung eines Items durch das Seitenende.

Bei der Entwicklung der Fragebögen für die Beurteilung des Funktionslayouts II und Funktionsflusslayouts für KUKI-Systeme werden alle Anforderungen der Spezifikateure (siehe Abschnitt 5.2.1 auf Seite 121) sowie der Fragebogenentwicklung (siehe Abschnitt 5.2.2 auf Seite 122) berücksichtigt. Die Titelseite, der allgemeine Fragebogen (Beurteilungskriterien, welche keiner konkreten Element(-gruppen) zuweisbar sind) sowie die Fragebögen der einzelnen Element(-gruppen) sind in Anhang F aufzufinden.

Bevor jedoch die Evaluation in der Praxis durchgeführt werden kann, sind Gütekriterien zu bestimmen, welche die Qualität dieser definiert.

5.3. Gütekriterien

Die drei folgenden Gütekriterien definieren die Lösungsmächtigkeit und müssen bei der Vorbereitung, Durchführung und Auswertung berücksichtigit werden [BD06, S. 14]. Im Folgenden wird beschrieben, wie die Objektivität, die Validität sowie die Reliabilität für die vorliegende Arbeit berücksichtigt werden.

5.3.1. Objektivität

In welchem Ausmaß sind Evaluationsergebnisse unabhängig von Einflüssen der Evaluatoren? Dies ist der Fall, wenn das Ergebnis nicht vom Testleiter oder von Situationsvariablen beeinflusst wird. Sie betrifft Planung, Durchführung und Auswertung des Evaluations-Vorgehens. Drei Arten der Objektivität existieren:

- **Durchführungsobjektivität:** Das Testergebnis der Untersuchung ist vom Testleiter unbeeinflusst.
  »Operationalisierung: Vergleichbare Testbedingungen für alle Evaluatoren (z.B. Räumlichkeiten, Zeit, Gegenstand, Items).
- **Auswertungsobjektivität:** Standardisierte Fragebögen und Antwortformate generieren bei der Auswertung einheitliche Ergebnisse.
  »Operationalisierung: Einsatz standardisierter Fragebögen sowie Antwortformate für die Beurteilung spezifischer Element(gruppen).
- **Interpretationsobjektivität:** Individuelle Deutungen der Auswerter fließen nicht in die Interpretation der Ergebnisse mit ein [Ram04, 2ff.] [Ros04].

»*Operationalisierung:* Sind schriftliche Bemerkungen der Evaluatoren interpretationsbedürftig, werden diese subjektiven Ergebnisse in einer sog. Fokusgruppe besprochen. Der Testleiter moderiert die Diskussion und hinterfragt uneindeutige Bemerkungen. Aufgrund der Gruppendiskussion wird eine entspannte Atmosphäre geschaffen, was die Offenheit der Teilnehmer fördert [Fli10, 369ff.].

5.3.2. Validität

Die Validität gibt an, mit welcher Wahrscheinlichkeit die Evaluation eine Lösung findet. *Wie gut ist die Evaluation in der Lage das zu messen, was sie zu messen vorgibt?* Drei Arten der Validität existieren:

- **Inhaltsvalidität:** Erfasst die Evaluation das zu messende Konstrukt in seinen wichtigsten Aspekten? Unter einem Konstrukt wird das gedankliche Konzept, welches aus Überlegungen und Erfahrungen abgeleitet wird, verstanden. Die Höhe der Inhaltsvalidität einer Evaluation kann nicht numerisch bestimmt werden. Sie beruht auf subjektiven Einschätzungen. Laut Schnell [SHE11, S. 104] handelt es sich bei der Inhaltsvalidität nicht um ein Testgütekriterium, sondern vielmehr um eine Zielvorgabe, die bei der Testkonstruktion bedacht werden muss.
  »*Operationalisierung:* Inhaltsvalidität kann nicht objektiv gemessen werden. Für die vorliegende Arbeit wird sie durch die systematische Herleitung der Evaluationsinhalte unter Berücksichtigung relevanter Einflussfaktoren erreicht (siehe Abschnitt 2, 3, 4 auf Seite 7, 41, 63).
- **Kriteriumsvalidität:** Sie gibt an, inwieweit ein Item ein spezifisches Merkmal so misst, dass es mit einem für das Merkmal relevanten Außenkriterium übereinstimmt. Korreliert das Ergebnis mit dem Außenkriterium, so gilt das Item als valide [Lem13]. Die Berechnung der Kriteriumsvalidität (V) ist technisch einfach. Ergebnis(t) und Kriterium(c) werden korreliert(R):

  $$V = R_{t,c}$$

  Das Problem besteht darin, dass meist kein adäquates Außenkriterium vorhanden ist. Für eine Kriteriumsvalidierung existieren folgende Verfahren:

  - **Übereinstimmungsvalidität:** Neu entwickelte Items werden mit einem etablierten Verfahren/Methode validiert.

   - **Vorhersagevalidität:** Durchführen des Tests, bevor das Außenkriterium erhoben wird. Anhand von Informationen und Ergebnissen werden Voraussagen über den Erfolg getroffen. Je mehr diese Voraussagen zutreffen, als desto stärker inhaltsvalid gilt der Test.

  »*Operationalisierung:* Da keine vergleichbare Methode existiert, werden Beurteilungsitems durch bereits erhobene Informationen und Erkenntnisse abgeleitet (siehe Abschnitt 3, 4 auf Seite 41, 63).

- **Konstruktvalidität:** Ziel der Konstruktvalidität ist es zu überprüfen, ob die Evaluation das zu erfassende Konstrukt misst. Diese ist eine abgeleitete, nicht unmittelbar operational erfassbare Einheit, welche durch eine schrittweise Annäherung von Theorie zu Empirie erreicht wird. Die Konstruktvalidität wird durch Hypothesen, welche die Dimensionalität des zu erfassenden Konstruktes enthalten, empirisch überprüft [SHE11, 146ff.] [BD06, 195ff.] [Ram04].
  »*Operationalisierung:* Sie liegt vor wenn die Evaluation das erfasst, was sie erfassen soll. In Abschnitt 6.1.2 auf Seite 142 werden Hypothesen definiert, welche in Abschnitt 6 auf Seite 137 empirisch überprüft und bestätigt werden.

5.3.3. Reliabilität

Die Reliabilität gibt die formale Genauigkeit des Fragebogens an. *Bietet dieser für denselben Evaluations-Gegenstand bei Wiederholung der Erhebung gleiche Ergebnisse?* Ein reliabler Fragebogen sollte nach wiederholter Anwendung bei denselben Personen zu exakt den gleichen Ergebnissen führen, sofern der Evaluations-Gegenstand unverändert ist. Dies ist in der Praxis nicht zu erreichen, da exakt die gleichen Bedingungen ausgeschlossen sind. So können situative Störungen, Lustlosigkeit, Lernzuwachs der Evaluatoren oder Missverständnisse nicht ausgeschlossen werden. Um die Reliabilität zu überprüfen, existieren unterschiedliche Verfahren:

- **Paralleltestmethode**: Entwicklung zweier Testversionen, die beide Operationalisierungen desselben Konstruktes darstellen. Während der Evaluation bewerten die Evaluatoren beide Paralleltests in derselben Sitzung hintereinander. Je mehr beide Testergebnisse korrelieren, desto höher ist die Reliabilität.
- **Split-Half-Methode**: Die Items einer Evaluation werden pro Evaluator in zwei Hälften geteilt. Anschließend werden für jeden Probanden zwei Testwerte berechnet, die jeweils auf der Hälfte aller Items beruhen. Im Unterschied zur

Paralleltest- und Retest-Methode erfordert diese keinen untersuchungstechnischen Mehraufwand.

- **Retest-Reliabilität**: Der gleiche Fragebogen wird derselben Stichprobe zweimal vorgelegt.

In der Praxis ist es nicht möglich, zwei identische Evaluationsversionen aufzubauen und abzufragen. Auch ist der Aufwand für die Paralleltestmethode hoch. Die Split-Half-Methode bedarf eines hohen methodischen Aufwands, da mathematisch gesehen die Reliabilität des halben Fragebogens ermittelt wird. Das Ergebnis muss im Nachgang mit der Spearman-Brown-Korrektur korrigiert werden. Voraussetzung der Methode ist, dass die Homogenität der Items beider Hälften gleich groß ist, was in der Praxis nicht erreicht werden kann [BL14, 88ff.]. Die Ermittlung der Reliabilität mittels des Verfahrens der Retest-Reliabilität ist nicht aussagekräftig. Neben einem hohen Durchführungsaufwand durch eine erneute Evaluation sind Veränderungen in den Merkmalsausprägungen über die Zeit ein zentrales Problem. So kann sich beispielsweise die Leistung eines Evaluators verbessern, die Leistung eines anderen Evaluators verschlechtern. Auch können Erinnerungs- bzw. Lerneffekte sowie Lustlosigkeit die Messung beeinflussen. So kann ein reliabler Test mittels des Verfahrens der Retest-Reliabilität negativ beurteilt werden.
»Operationalisierung: Auf eine Überprüfung der Reliabilität wird in dieser Arbeit verzichtet, da diese mit den genannten Methoden nicht eindeutig prognostiziert werden kann.

5.4. Fazit

Im Folgenden werden die zu Beginn des Abschnitts gestellten Fragen erläutert.

Wie erfolgt die Ableitung von Beurteilungskriterien für Inhalte und Funktionen von Funktions(-fluss-)Layouts für KUKI-Systeme?
Basis der Ableitung stellen die sieben Grundsätze der Dialoggestaltung sowie deren Prinzipien und Kriterien dar. Es wird analysiert, welche Kriterien mittels Funktions(-fluss-)Layouts beurteilbar sind. Diesen werden konzeptrelevante Inhalte der Automotive-Richtlinien sowie relevante Anforderungen des Fahrer-Fahrzeug-Umfelds zugewiesen. Im letzten Schritt werden konkrete Arbeitsaufgaben sowie Teilaufgaben

je Produkt abgeleitet, mit denen spezifische Bereiche, Elemente und Abläufe identifiziert werden können. Diese werden den extrahierten Kriterien der Grundsätze der Dialoggestaltung sowie den Anforderungen des Fahrer-Fahrzeug-Umfelds und den Automotive-Richtlinien gegenübergestellt und relevante Beurteilungskriterien abgeleitet.

Welche Kriterien der Automotive-Richtlinien können innerhalb der HMI-Konzeptphase mittels eines Funktions(-fluss-)Layouts berücksichtigt werden?
Es existieren mehrere relevante Automotive-Richtlinien, welche in unterschiedlichen Ländern bzw. Regionen entwickelt werden. Die Inhalte der NHTSA-, AAM-, ESoP- und JAMA-Guidelines sowie die DIN EN ISO 15005 werden nach Kategorien erfasst und gleiche bzw. ähnliche Inhalte gruppiert. Inhalte, welche bereits in der HMI Konzeptphase beurteilbar sind, werden gekennzeichnet und den Kriterien der Grundsätze der Dialoggestaltung zugewiesen, so dass sie bei der Ableitung von Beurteilungskriterien berücksichtigt werden können.

Welche spezifischen Elemente der Funktions(-fluss-)Layouts unterstützen die Ausführung typischer Tertiäraufgben?
Aus Nutzerstudien des Volkswagen-Konzerns werden 65 Arbeitsaufgaben, welche auf der Nutzungshäufigkeit von Probanden basieren, abgeleitet und priorisiert. Im nächsten Schritt werden für die relevanten Arbeitsaufgaben Teilaufgaben bestimmt, welche die übergeordnete Arbeitsaufgabe ermöglicht. Jede dieser Teilaufgaben identifiziert relevante Bereiche, Elemente und Abläufe innerhalb von Funktions(-fluss-)-Layouts, welche von den Spezifikateuren während der Evaluation beurteilt werden. Eine detaillierte Auflistung aller zu beurteilender Element(-gruppen) ist in Abschnitt 5.1.5 auf Seite 116 dargestellt.

Welcher Aufbau und welche Inhalte der Evaluations-Fragebögen sind für die Zielgruppe und den erwarteten Erkenntnisgewinn passend?
Ein Fragebogen besteht aus mehreren Fragen mit Antwortmöglichkeiten und einer Struktur. Um eine bestmögliche Qualität der Erhebung zu garantieren, müssen Regeln berücksichtigt werden. Um Positionen der Probanden abzufragen, werden Fragen als Behauptungen formuliert. Diese sollten keine Fachwörter enthalten, da

die Zielgruppe unterschiedliches Fachwissen besitzt. Antworten können mittels eines halboffenen Antwortformates (Freitextfeld und 5-stufige Skala) abgegeben werden. Auf einen Skalennullpunkt wird verzichtet und die Benennung der Skalen erfolgt aus der Ich-Perspektive (z.B. *Stimme eher zu*), so dass der Evaluator seine eigene Meinung abgibt. Können Fragen objektiv beantwortet werden, erfolgt eine Beantwortung ausschließlich mit *Stimme zu* oder *Stimme nicht zu*. Um eine logische Fragebogenstruktur zu garantieren, werden Fragen gleicher Kategorie folgendermaßen gruppiert: Darstellung, Benennung, Platzierung und Interaktion. Vorteil dieser Struktur ist, dass die unterschiedlichen Fragenblöcke von den Evaluatoren unabhängig bewertet werden können, was eine Anforderung der befragten Spezifikateure ist (siehe Abschnitt 2.3.2 auf Seite 23). Im Gegensatz zum Funktionslayout können mit einem Funktionsflusslayout Abläufe bewertet werden. Fragen dieser Art werden gekennzeichnet, so dass je Entwurfstechnik ausschließlich relevante Fragen von den Evaluatoren beantwortet werden. Neben inhaltlichen und strukturellen Anforderungen existieren zudem gestalterische, welche in Abschnitt 5.2.3 auf Seite 128 detailliert beschrieben werden.

Wie kann die Qualität der Evaluation sichergestellt werden?

Das Qualitätskriterium der Objektivität gibt an, in welchem Ausmaß Ergebnisse unabhängig von äußeren Einflüssen sind. So wird die Durchführungsobjektivität durch gleiche Testbedingungen für alle Evaluatoren erreicht. Der Einsatz standardisierter Fragebögen garantiert die Auswertungsobjektivität und interpretationsbedürftige Antworten der Evaluatoren werden in einer Gruppendiskussion besprochen, so dass die Interpretationsobjektivität als erfüllt angesehen werden kann. Das Gütekriterium der Validität gibt an, mit welcher Wahrscheinlichkeit die Evaluation eine Lösung findet. Die systematische Herleitung der Evaluationsinhalte bestimmt die Inhaltsvalidität. Kriteriumsvalidität wird erreicht durch die Ableitung der Beurteilungskriterien durch bereits erhobene Erkenntnisse (Automotive-Richtlinien und -Anforderungen des Fahrer-Fahrzeug-Umfelds). Ob eine Evaluation das erfasst, was sie erfassen soll, und damit die Konstruktvalidität erfüllt wird, wird mittels aufgestellter Hypothesen in Abschnitt 6.1.2 auf Seite 142 überprüft. Drittes Gütekriterium ist die Reliabilität. Sie beschreibt, ob der Fragebogen für den selben Evaluations-Gegenstand bei Wiederholung der Erhebung exakt gleiche Ergebnisse liefert. In der Praxis ist dies jedoch nicht erreichbar, da der Aufbau zweier identischer Evaluationsverfahren ausgeschlossen ist. So kann sich beispielsweise die Leistung des Evaluators verschlechtern, er hat einen Lernzuwachs oder ist unmotiviert. All dies beeinflusst die Ergebnisse, so dass die Reliabilität nicht eindeutig prognostiziert werden kann.

Im folgenden Abschnitt wird ein Funktions(-fluss-)Layout mittels der entwickelten Fragebögen, unter Berücksichtigung vorgestellter Gütekriterien, von Evaluatoren evaluiert. Es wird überprüft, ob das abgeleitete Vorgehen sowie die Beurteilungskriterien Usability-Probleme aufdecken.

6. Empirische Studie zum Vorgehen bei der Evaluation

Es wird das Konzept der empirischen Studie vorgestellt, in dem Hypothesen aufgestellt und operationalisiert werden. Im Anschluss daran wird ein Leitfaden extrahiert, in dem das Vorgehensmodell detailliert beschrieben ist.

Fragestellungen dieses Abschnitts

- Wie erfolgt das Testdesign der empirischen Studie?
- Welche Hypothesen müssen erfüllt werden?
- Wann gilt eine Hypothese als erfüllt?
- Werden die aufgestellten Hypothesen alle erfüllt?
- Welche Inhalte muss der Vorgehens-Leitfaden enthalten?

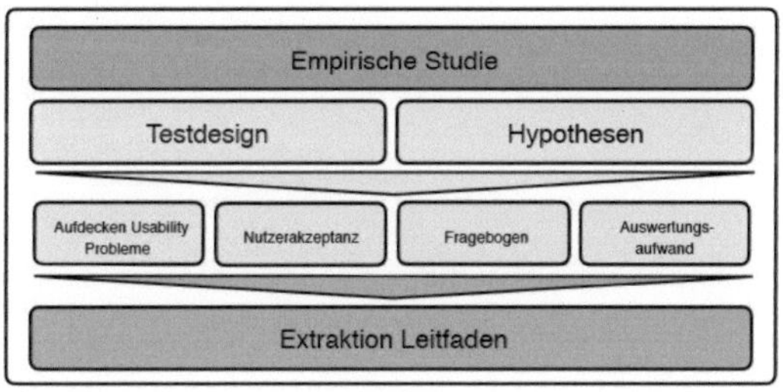

Abbildung 6.1.: Abschnitt *Empirische Studie zum Vorgehen bei der Evaluation*

6.1. Konzept der empirischen Studie

Im ersten Teil des Abschnitts wird das Testdesign der empirischen Studie beschrieben. Es werden Evaluatoren bestimmt sowie das Funktionsflusslayout und passende Fragebögen extrahiert, zudem wird das Testvorgehen im Detail vorgestellt. Im nächsten Schritt werden Hypothesen aufgestellt, welche das Evaluations-Vorgehen sowie die Fragebögen in der Praxis auf Anwendbarkeit empirisch überprüfen.

6.1.1. Testdesign

Wie bereits in Abschnitt 4.1 auf Seite 64 beschrieben, müssen grundlegende Komponenten der Evaluation im Vorfeld verbindlich definiert werden. Abbildung 6.2 visualisiert relevante Planungstätigkeiten, welche im Folgenden erläutert werden.

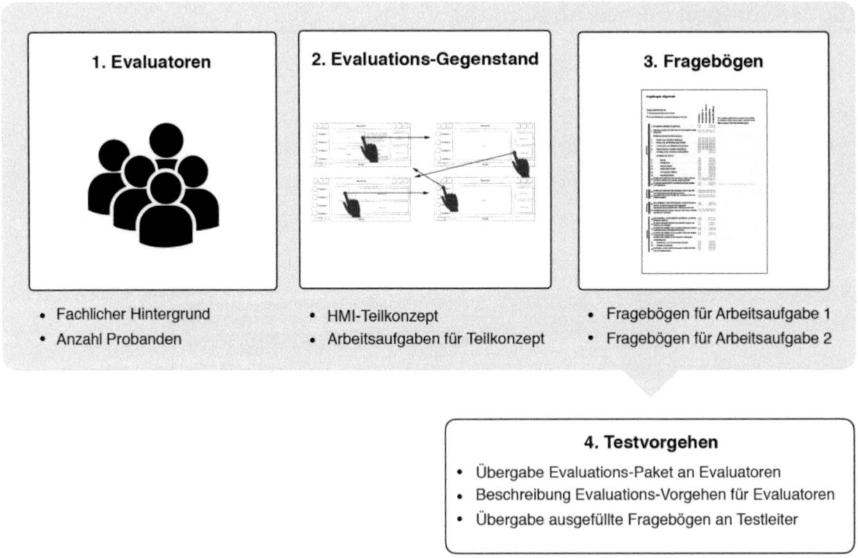

Abbildung 6.2.: Planungstätigkeiten Testdesign

1. Evaluatoren Die Evaluation findet mittels einer expertenzentrierten Methode statt. Spezifikateure mit unterschiedlichen fachlichen Hintergründen (siehe Abschnitt 2.3.2 auf Seite 23) prüfen den Evaluations-Gegenstand der HMI-Kollegen und hinterfragen Konzeptentscheidungen und Arbeitsschritte des Funktionsflusslayouts. In Abschnitt 4.2.2 auf Seite 65 wird aufgezeigt, dass zehn Experten ca. 88 Prozent der HMI-Probleme aufdecken. Nielsen erwähnt jedoch auch, dass bei komplexen Usability-Fragestellungen mit einer höheren Anzahl an Evaluatoren getestet werden kann.

Ziel der vorliegenden empirischen Studie ist es zudem, das Evaluations-Vorgehen (z.B. Evaluations-Phasen, Fragebögen etc.) mittels einer Nachbefragung zu bewerten (siehe Hypothese H2 und H3). Um Verzerrungen in der Auswertung zu vermeiden, sowie eine größere Datenbasis erzeugen zu können, **wird der Test mittels 14 Evaluatoren durchgeführt**.

2. Evaluations-Gegenstand Aufgrund des inhaltlichen und funktionalen Umfangs eines Produkts wird in der Praxis das HMI-Gesamtkonzept aufgeteilt und in mehreren Schritten evaluiert. Die Evaluationsdauer wäre bei einer Gesamtbetrachtung zu hoch, was die Aufmerksamkeitsspanne der Evaluatoren und damit die Beurteilungsqualität negativ beeinflussen würde.

Für die vorliegende Arbeit werden aus dem HMI-Gesamtkonzept **Teilkonzepte des Produkts *Radio*** extrahiert. Gemäß den Erkenntnissen aus Abschnitt 2.3.3 auf Seite 26 erfolgt die Darstellung relevanter Konzeptelemente wie folgt:

- Seiten des Funktionslayouts sind verlinkt, so dass Abläufe ersichtlich werden.
- Spezifische Inhalte und Funktionen werden innerhalb konkreter Bereiche dargestellt.
- Klickbare Elemente werden farblich sowie durch Unterstreichungen gekennzeichnet.
- Benennungen und Beschreibungen des Konzepts werden seitlich am Funktionslayout dargestellt.

Das zu evaluierende Funktionsflusslayout besteht aus sechs miteinander verlinkten Funktionslayouts. Diese werden digital repräsentiert und den Probanden als klickbarer HTML-Prototypen zur Verfügung gestellt. Abbildung 6.3 auf Seite 140 veranschaulichen beispielhaft eines der Funktionslayouts und deren Struktur sowie darin enthaltene Elemente.

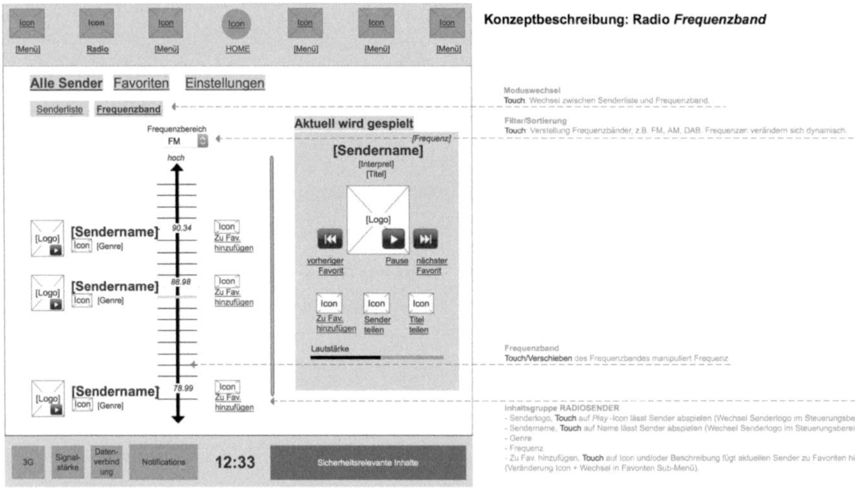

Abbildung 6.3.: Funktionslayout - Beispielscreen: Radio Frequenzband

Mittels der Inhalte und Funktionen der Teilkonzepte werden folgende **zwei Arbeitsaufgaben des Produkts Radio** (siehe Anhang D.2) evaluiert:

- Arbeitsaufgabe 1: Radiosender abspielen und als Favorit abspeichern.
- Arbeitsaufgabe 2: Senderlogo manuell ändern.

Anhand der Arbeitsaufgaben können relevante Element(-gruppen) identifiziert werden, welche die Basis für die spezifischen Fragebögen bilden (siehe Abschnitt 5.1.5 auf Seite 116). Des Weiteren fungieren die zwei Arbeitsaufgaben als Evaluationsaufgaben für die Probanden. Diese versuchen die zwei Aufgaben mittels des Konzepts erfolgreich zu lösen und bewerten es im Anschluss mittels der Fragebögen.

3. Fragebögen Jede der zwei Arbeitsaufgaben besteht aus unterschiedlichen Teilaufgaben, welche mittels spezifischer Element(-gruppen) erfüllbar sind (siehe Anhang D.2). Die Usability der unterschiedlichen Element(-gruppen) des Funktionslayouts wird durch spezifische Fragebögen hinterfragt. Zudem existiert **je Arbeitsaufgabe ein allgemeiner Fragebogen**, welcher Items enthält die kein spezifisches Element bzw. keinen spezifischen Ablauf betreffen. Folgende **Fragebögen sind für die zwei zu evaluierenden Arbeitsaufgaben von Relevanz** (siehe Anhang F):

- Arbeitsaufgabe 1: Radiosender abspielen und als Favorit abspeichern.
  - Teilaufgabe: Wechsel in den Bereich Radio - *Fragebogen: Menüpunkt*
  - Teilaufgabe: Suche Wunschradiosender - *Fragebogen: Inhaltsgruppe*
  - Teilaufgabe: Suche Wunschradiosender - *Fragebogen: mehrere Inhaltsgruppen*
  - Teilaufgabe: Abspielen Radiosender - *Fragebogen: Steuerungselemente*
  - Teilaufgabe: Speicherung als Favorit - *Fragebogen: Favorit*
  - *Fragebogen: Allgemein*
- Arbeitsaufgabe 2: Senderlogo manuell ändern.
  - Teilaufgabe: Wechsel in Bereich Radio und Favorit - *Fragebogen: Menüpunkt*
  - Teilaufgabe: Aktivierung Bearbeitungsmodus - *Fragebogen: Moduswechsel*
  - Teilaufgabe: Selektierung altes Senderlogo - *Fragebogen: Bild ändern*
  - Teilaufgabe: Suche neues Senderlogo - *Fragebogen: Quellen/Dateimanager*
  - Teilaufgabe: Speicherung neues Senderlogo - *Fragebogen: Speicherung*
  - *Fragebogen: Allgemein*

Für das HMI-Konzept der **Arbeitsaufgabe 1** sind **alle Evaluationskategorien** von Interesse: Darstellung, Benennung, Platzierung, Interaktion. Dies wird auf der Titelseite des Fragebogens für die Arbeitsaufgabe 1 vermerkt. Im Gegensatz dazu sind für **Arbeitsaufgabe 2** ausschließlich die **Evaluationskategorien Darstellung und Platzierung** relevant. Dies wird ebenfalls auf der Titelseite des Fragebogens für die Arbeitsaufgabe 2 vermerkt. Da es sich um ein Funktionsflusslayout handelt sind **alle Fragen mit der schwarzen Kennzeichnung** von den Evalutoren zu beantworten.

Neben den Fragebögen, welche die Usability des HMI-Konzepts hinterfragen wird ein weiterer **Nachbefragungs-Fragebogen** entwickelt, welcher das Evaluations-Vorgehen sowie die Erfüllung der Anforderungen der Spezifikateure abfragt (siehe Anhang A.2).

4. Testvorgehen Das Funktionsflusslayout wird als interaktiver Prototyp zusammen mit den relevanten Fragebögen sowie den Arbeitsaufgaben per E-Mail an die Evaluatoren versendet. Ein kurzer Einleitungstext innerhalb der E-Mail beschreibt das Ziel sowie die Rahmenbedingungen (z.B. Zeitraum der Durchführung) der Evaluation. Die Evaluation des interaktiven Prototyps findet auf dem PC des Evaluators statt. Wie bereits in Abschnitt 4.3.3 auf Seite 76 beschrieben, erfolgt die Beurteilung des Funktionsflusslayouts durch die Evaluatoren mittels zweier Phasen:

Evaluations-Phase 1 Der Evaluator verschafft sich in Phase 1 ein **grundlegendes Verständnis über Abläufe und Interaktionsschritte spezifischer Inhalte und Funktionen** über mehrere Screens hinweg. Eine Beurteilung findet im nächsten Schritt, in der Evaluations-Phase 2 statt.

Evaluations-Phase 2 Der **Evaluator beurteilt, ob Abläufe und Interaktionsschritte für spezifische Inhalte und Funktionen, über mehrere Screens hinweg, passend und verständlich sind**. Die Beurteilung findet mittels zweier vorgegebener Arbeitsaufgaben und deren Teilaufgaben (siehe Punkt 2. Evaluations-Gegenstand und Punkt 3. Fragebögen) statt. Nachdem der Evaluator die erste Aufgabe ausgeführt hat, beantwortet er die relevanten Fragebögen, bevor er die zweite Arbeitsaufgabe ausführt. Im Anschluss daran beantwortet er die für die zweite Aufgabe relevanten Fragebögen. Die Dauer der Bewertung kann der Evaluator frei wählen.

Hat der Evaluator die beiden Arbeitsaufgaben erfolgreich ausgeführt, sowie alle relevanten Fragebögen beantwortet, übergibt er diese dem Testleiter zur Auswertung.

Nachdem das Testdesign definiert ist, werden im folgenden Abschnitt Hypothesen aufgestellt, welche mittels der Evaluation des Funktionsflusslayouts auf Erfüllung überprüft werden.

6.1.2. Hypothesen

Ziel der vorliegenden Arbeit ist es, ein Vorgehensmodell zu entwickeln, welches die Qualität von Konzepten für KUKI-Systeme innerhalb der HMI-Konzeptphase beurteilt. So ist dieses geprägt durch die Anforderungen der Evaluatoren, den Nutzungskontext sowie den Evaluations-Gegenstand selbst. Um das Vorgehen sowie die Inhalte der Fragebögen in der Praxis empirisch auf Anwendbarkeit zu überprüfen, werden Hypothesen aufgestellt, welche in Abschnitt 6.2 auf Seite 145 auf Erfüllung analysiert werden.

Hypothese		Fokus
H1	Die Evaluation des Konzepts mittels entwickelter Fragebögen deckt Usability-Probleme auf.	V
H2	Die Anforderungen der Spezifikateure, welche diese an eine expertenbasierte Evaluation von HMI-Konzepten stellen, werden erfüllt.	V
H3	Die Inhalte und Struktur des Fragebogens werden von den Spezifikateuren positiv beurteilt.	F
H4	Der Auswertungsaufwand für eine Arbeitsaufgabe, welche 6 Fragebögen enthält, übersteigt 90 Minuten nicht.	F

Tabelle 6.1.: Hypothesen für die emprische Überprüfung des Vorgehens (Fokus V) sowie der Fragebögen (Fokus F)

Im Folgenden wird beschrieben, wie die Hypothesen auf Erfüllung überprüft werden:

Überprüfung der Hypothese H1 Innerhalb des zu testenden Funktionsflusslayouts werden **bewusst HMI-Probleme eingebaut**, welche von den Evaluatoren gefunden und beurteilt werden müssen. Bleiben diese unbemerkt, decken die Fragebögen keine Usability-Probleme auf. Folgende HMI-Probleme werden eingebaut:

1. Moduswechsel-Schaltfläche wird ohne Icon dargestellt.
2. Bearbeitungs-Schaltfläche wird ohne Icon dargestellt.
3. Inhalte innerhalb des Quellen-/Dateimanagers werden ohne Icons dargestellt.
4. Fehlende Erläuterungen innerhalb des Quellen-/Dateimanagers.
5. Kein klassischer Button für die Speichern-Schaltfläche von Senderlogos.
6. Nur ein Quellen-/Dateimanager im Konzept vorhanden.
7. Keine Erläuterung, was bei Texteingabe eingegeben werden muss.
8. Unterschiedliche Benennung ähnlicher Inhaltsgruppen.
9. Uneindeutige Darstellung, ob (Maß-)Einheiten verstellt werden können.
10. Inhaltsgruppen werden teils mit überflüssigen Konzeptelementen versehen.
11. Steuerungselemente für Radiosender werden nicht im gut erreichbaren Screenbereich dargestellt.
12. Einheiten des Radioplayers (z.B. Minuten, Sekunden) können nicht nach den Wünschen der Nutzer konfiguriert werden.

Überprüfung der Hypothese H2 Aufgrund des Zeitmangels sowie der Sorge bezüglich Doppelbelastungen ist es wichtig, dass die Evaluatoren das **Vorgehen sowie** ihre **Anforderungen an eine expertenbasierte Evaluation** von HMI-Konzepten positiv bewerten. Ist dies nicht der Fall, sind die Evaluatoren wenig motiviert und es findet keine Evaluation statt, so dass die Funktions(-fluss-)Layouts nicht auf Usability-Probleme hin überprüft werden. Ob das Vorgehen für die Evaluatoren passend ist sowie die Anforderungen an diese erfüllt werden, wird mittels einer Nachbefragung erhoben (siehe Anhang A.2). Dazu füllen die Evaluatoren im Anschluss an die Evaluation des Funktions(-fluss-)Layouts einen Fragebogen mit Akzeptanzfragen aus. Diese leiten sich aus den in Abschnitt 2.3.2 auf Seite 23 erhobenen Anforderungen der Spezifikateure ab:

- Schnelle Durchführbarkeit der Evaluation (9/10)
- Integration in den täglichen Arbeitsprozess (8/10)
- Skalierbarkeit der Fragen (8/10)
- Gewährleistung Anonymität (6/10)
- Aufdecken HMI-Probleme (7/10)
- Aufdecken anderer Sichtweisen (4/10)
- Generierung besserer Konzepte (3/10)
- Hervorbringung neuer Resultate (3/10)

Überprüfung der Hypothese H3 Wie bereits in Abschnitt 5.2.3 auf Seite 124 erläutert, können mittels eines Fragebogens Eindrücke und Meinungen der Evaluatoren erhoben werden. Die Qualität der Erhebungen wird erhöht, je nachvollziehbarer die **Antwortformate sowie die Fragebogenstruktur** für den Evaluator sind. Ob der Beantwortungstyp, die Skalenbreite und -benennung, die Strukturierung der Fragen sowie die grafische Darstellung des Fragebogens für die Evaluatoren passend sind, wird mittels einer Nachbefragung erhoben (siehe Anhang A.2). Dazu füllen die Evaluatoren im Anschluss an die Evaluation des Funktions(-fluss-)Layouts einen Fragebogen mit Akzeptanzfragen aus.

Überprüfung der Hypothese H4 Eine der Anforderungen der Spezifikateure ist, dass das Evaluations-Vorgehen, welches die Auswertung beinhaltet, schnell durchführbar ist. Auf diese Weise kann ein rascher Erkenntnisgewinn, welcher eine schnelle Konzeptoptimierung ermöglicht, sichergestellt werden. In einer mündlichen Nachbefragung im Anschluss an den Test **geben 11 der 14 Probanden an, dass der zeitliche Rahmen für die Auswertung 1,5 Stunden nicht übersteigen sollte**. Die Hypothese H4 wird als erfüllt angesehen, sobald eine Arbeitsaufgabe in unter 90 Minuten ausgewertet werden kann (bei 10 Evaluatoren). Zudem darf der Auswertungsprozess keine technischen bzw. fachlichen Anforderungen an die Auswerter stellen. Diese besitzen, wie in Abschnitt 2.3.2 auf Seite 23 erwähnt, unterschiedliche Ausbildungshintergründe und sind nicht alle mit der Programmierung bzw. dem methodischen Wissen vertraut.

Um aus den beantworteten Fragebögen konkrete Handlungsschritte ableiten zu können, wird ein Tabellenkalkulationsprogramm verwendet. Dieses wird bereits in der täglichen Arbeit eingesetzt, so dass die Funktionsweise bekannt und kein Lernaufwand nötig ist.

6.2. Ergebnisse der empirischen Studie

Im Folgenden werden die Ergebnisse der Durchführung anhand der aufgestellten Hypothesen ausgewertet und bewertet. Es werden ausschließlich die für die Hypothesen relevanten Items detailliert betrachtet. Die vollständige Auswertung aller Fragebögen ist in Anhang G.1 zu finden.

6.2.1. Hypothese H1: Die Evaluation des Konzepts mittels entwickelter Fragebögen deckt Usability-Probleme auf.

Die Auswertung der Fragebögen sowie deren Items zeigt, dass alle bewusst eingebauten HMI-Probleme von den Evaluatoren wahrgenommen werden. Items, welche objektiv zu beantworten sind (z.B. *Icons werden verwendet, um die Auffindbarkeit von Quellen/Dateien zu erleichtern.*), besitzen eine höhere Korrelation als solche, bei der die subjektive Meinung die Bewertung prägt (z.B. *Ausschließlich relevante Konzept-Elemente werden für mehrere Inhaltsgruppen verwendet.*).

Abbildung 6.4 auf Seite 146 visualisiert alle relevanten Items, welche die bewusst eingebauten HMI-Probleme betreffen, sowie deren Bewertungen. Die unterschiedlichen Items sind aus mehreren Fragebögen zusammengetragen.

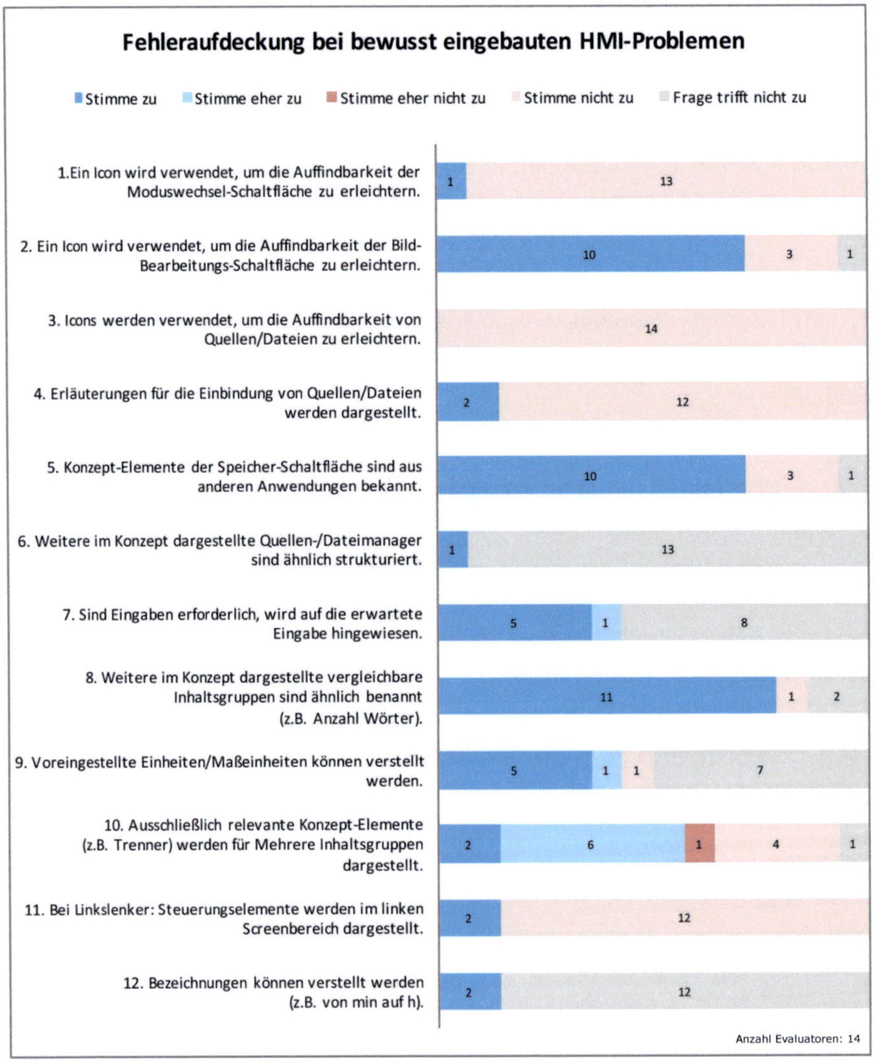

Abbildung 6.4.: Auswertung - Identifikationsrate bewusst eingebauter HMI-Probleme

Zudem gibt der allgemeine Fragebogen (siehe Abbildung 6.5) je Arbeitsaufgabe Aufschluss darüber, ob und warum das HMI-Konzept von den Evaluatoren als problematisch bewertet wird.

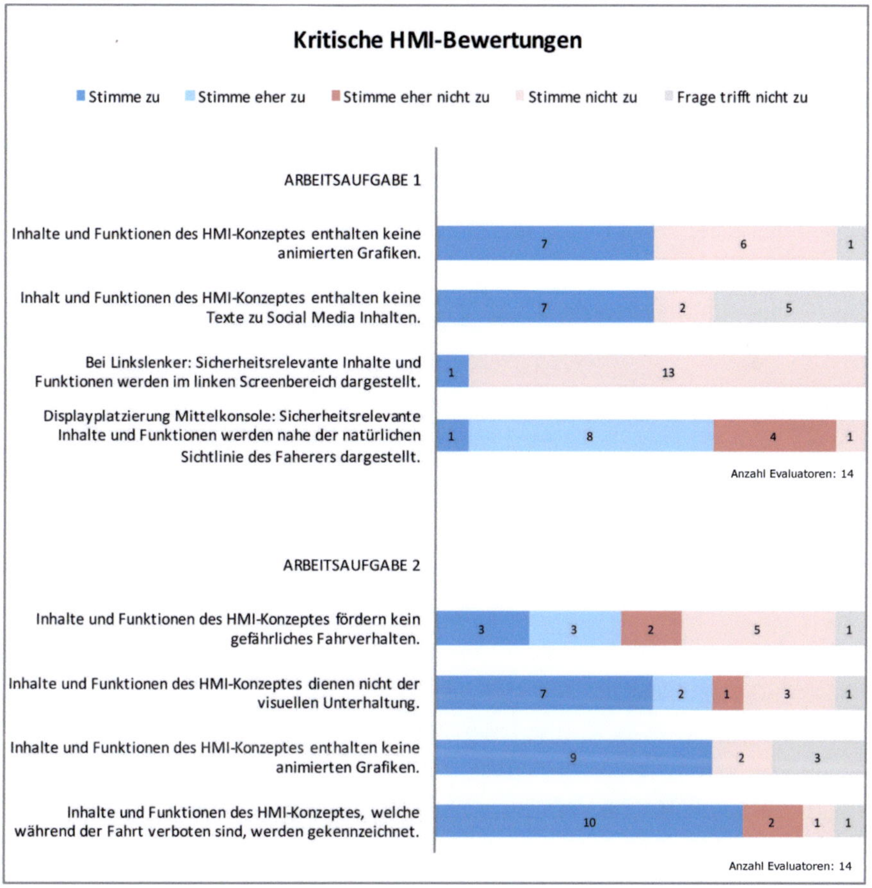

Abbildung 6.5.: Auswertung - Kritische HMI-Bewertungen

Im Anschluss an die Evaluation erfolgt die Nachbefragung. Die Evaluatoren sollen beurteilen, ob mittels des Evaluations-Vorgehens sowie der entwickelten Fragebögen HMI-Probleme und andere Sichtweisen aufgedeckt werden, so dass zukünftige Konzepte verbessert werden. Abbildung 6.6 auf Seite 148 visualisiert die relevanten Fragen sowie die abgegebenen Antworten.

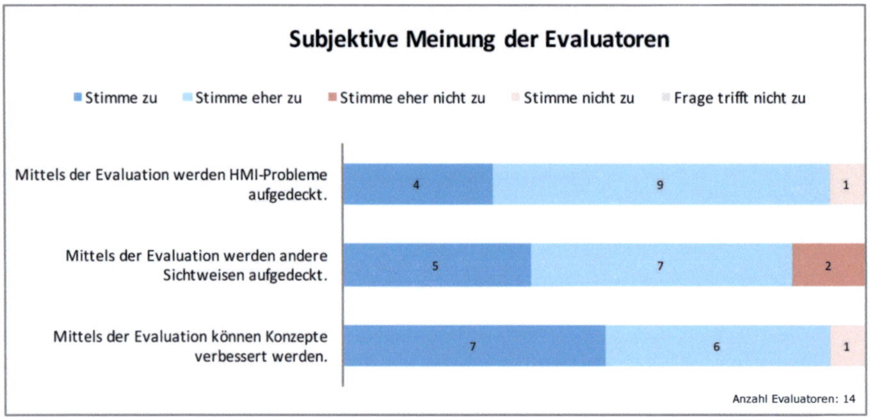

Abbildung 6.6.: Auswertung - Subjektive Meinung der Evaluatoren

Fazit Hypothese H1

Wie die Auswertung zeigt, sind die Evaluatoren überzeugt, dass mittels des Vorgehens sowie der Fragebögen andere Sichtweisen hervorgebracht werden. HMI-Probleme werden identifiziert, so dass die Qualität von Funktions(-fluss-)Layouts verbessert wird. Folgende Erkenntnis deckt sich mit den Auswertungsergebnissen der spezifischen Fragebögen. So werden alle bewusst in das Funktionsflusslayout eingebauten HMI-Probleme von den Evaluatoren identifiziert. Die positive Bewertung der Evaluatoren erhöht zudem die Nutzerakzeptanz, so dass davon ausgegangen werden kann, dass Spezifikateure auch in Zukunft HMI-Konzepte mittels des Vorgehens sowie der Fragebögen beurteilen werden.
Die Hypothese H01 ist erfüllt.

6.2.2. Hypothese H2: Die Anforderungen der Spezifikateure, welche diese an eine expertenbasierte Evaluation von HMI-Konzepten stellen, werden erfüllt.

Im Folgenden werden die erhobenen Anforderungen der Spezifikateure (siehe Abschnitt 2.3.2 auf Seite 23) mit den Auswertungs-Ergebnissen verglichen und auf Erfüllung überprüft. Abbildung 6.7 auf Seite 149 visualisiert relevante Fragen sowie die abgegebenen Antworten.

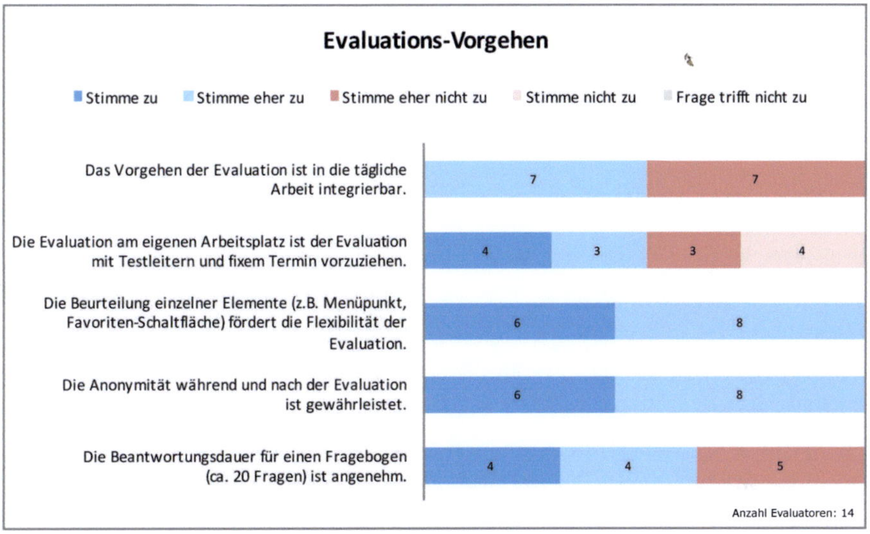

Abbildung 6.7.: Auswertung - Anforderungen der Spezifikateure an das Evaluations-Vorgehen

Anforderung 1: Schnelle Durchführbarkeit der Evaluation (9/10) Aufgrund der hohen Arbeitsbelastung bzw. des Zeitdrucks sowie der Angst vor einer Doppelbelastung aus Spezifikation erstellen und Konzepte evaluieren ist es elementar, dass das Evaluations-Vorgehen schnell ausführbar ist. Dies wird erreicht durch die Strukturierung der Items nach Kategorien sowie die Markierung, ob ein Item für ein Funktions- bzw. Funktionsflusslayout relevant ist. Des Weiteren wird die Bewertung einer Arbeitsaufgabe von den Evaluatoren als angenehm wahrgenommen. Weitere zu evaluierende Arbeitsaufgaben innerhalb eines Evaluations-Vorgehens werden als zu zeitintensiv beurteilt.

Optimierung: Je Evaluations-Vorgehen wird **eine Arbeitsaufgabe beurteilt**, um die Motivation der Evaluatoren zu fördern, so dass die Qualität der Evaluationsergebnisse erhöht wird. Sind weitere Ergebnisse zwingend notwendig, können maximal zwei Arbeitsaufgaben in einem Evaluations-Vorgehen bewertet werden. Dies sollte jedoch die Ausnahme darstellen, da sich die Qualität der Evaluation verschlechtert.

Anforderung 2: Integration in den täglichen Arbeitsprozess (8/10) Wie bereits erwähnt, bestehen Bedenken der Spezifikateure bezüglich einer Doppelbelastung aus Erstellen der Spezifikation und Evaluation der Funktions(-fluss-)Layouts. Zudem existiert eine Vielzahl an terminlichen Verpflichtungen wie beispielsweise Besprechungen mit Kollegen oder Abgabetermine von Spezifikationen. Aufgrund der genannten Einflüsse sind die Spezifikateure häufig unmotiviert, einen zusätzlichen Termin für das Evaluieren von Funktions(-fluss-)Layouts in den täglichen Arbeitsprozess mit einzuplanen.

Das Evaluations-Vorgehen, welches detailliert in Abschnitt 4.3.3 auf Seite 76 erläutert ist, wird von acht der vierzehn Evaluatoren mit *Stimme zu* bzw. *Stimme eher zu* positiv bewertet. Sechs der 14 Evalutoren beurteilen das Vorgehen mit *Stimme eher nicht zu*. Die Bewertungen sind auf folgende Faktoren zurückzuführen:

- Priorisierung der Evaluation schwierig für die Evaluatoren: So wird der Zeitpunkt der Evaluation nicht von Dritten vorgegeben sondern muss von den Evaluatoren selbst geplant werden. Es besteht eine Vielzahl weiterer terminlicher Verpflichtungen, welche die Evaluatoren wahrnehmen müssen und ggf. höher priorisieren, so dass eine Evaluation nicht stattfindet und/oder aufgeschoben wird.
- Ablenkungspotentiale am eigenen PC: Die Bewertung findet am Arbeitsplatz des Evaluators statt. Dieser birgt unterschiedliche Ablenkungen wie Kollegen, welche um Rat suchen oder E-Mails, welche neben der Evaluation von den Spezifikateuren beantwortet werden. Die erwähnten Ablenkungspotentiale sind für eine konzentrierte Evaluation destruktiv.

Optimierung: Die Notwendigkeit der Evaluation wird vom Vorgesetzten verdeutlicht und für alle Spezifikateure verpflichtend. Auf diese Weise wird die **Evaluation als gleichwertig zu anderen Verpflichtungen** wie z.B. Abgabeterminen von Spezifikationen wahrgenommen und durchgeführt. **Usability-Schulungen** helfen zudem, die Relevanz einer Evaluation zu verdeutlichen sowie ein einheitliches Usability-Fachwissen aufzubauen. Des Weiteren muss für die Dauer der Evaluation für alle Evaluatoren ein **ruhiger Raum für die Testdurchführung** vorhanden sein. Nur so können Ablenkungspotentiale ausgeschlossen werden, so dass sich die Ergebniss-Qualität verbessert.

Anforderung 3: Skalierbarkeit der Fragen (8/10) Ob die Anforderung an die Skalierbarkeit der Fragen für die Spezifikateure erfüllt ist, wird in Hypothese 3 auf Seite 152 analysiert.

Anforderung 4: Gewährleistung Anonymität (6/10) Im täglichen Arbeitsprozess finden Konzeptdiskussionen häufig in größerer Runde, bestehend aus Managern, Vorgesetzten sowie erfahrenen Spezifikateuren, statt. Besonders unerfahrene, meist jüngere Spezifikateure haben häufig Hemmungen, ihre Sichtweisen vor den erfahreneren Kollegen und Vorgesetzten auszudrücken. Sie befürchten bei anderer Meinung negative Konsequenzen. Besonders die Sichtweise der jüngeren und unerfahrenen Spezifikateure ist jedoch wichtig, da diese einen noch neutralen Blick auf die Funktions(-fluss-)Layouts haben. Es werden Aspekte erwähnt, welche die bereits seit längerem am Projekt arbeitenden Kollegen nicht mehr wahrnehmen.

Aufgrund der Einzel- und nicht Gruppenbewertung der Konzepte, sowie des Verzichts auf einen Testleiter, wird die Anonymität von allen Befragten mit *Stimme zu* bzw. *Stimme eher zu* beurteilt.

Anforderung 5, 6, 7, 8: Aufdecken HMI-Probleme (7/10), Aufdecken anderer Sichtweisen (4/10), Generierung besserer HMI-Konzepte (3/10) und Hervorbringung neuer Resultate (3/10) Die Bestätigung der Hypothese H1 auf Seite 145 hat bewiesen, dass mittels der Fragebögen HMI-Probleme aufgedeckt werden. Des Weiteren hinterfragen die Bewertungskriterien das Funktionsflusslayout kritisch, so dass mittels der Evaluation andere Sichtweisen der Evaluatoren aufgedeckt werden. Dies wird von zwölf der vierzehn befragten Evaluatoren mit *Stimme zu* bzw. *Stimme eher zu* bewertet. Dreizehn der vierzehn Befragten sind der Meinung, dass durch die Einführung einer regelmäßigen Evaluation von Funktionsflusslayouts Konzepte dauerhaft verbessert werden.

Zusammenfassend lässt sich sagen, dass mittels der Evaluation HMI-Probleme aufgedeckt sowie weitere Sichtweisen hervorgebracht werden. Ohne einen strukturierten Evaluationsprozess aus Evaluations-Vorgehen und spezifischen Beurteilungskriterien wären die Anforderungen der Spezifikateure nicht erfüllbar, so dass keine neuen Resultate hervorgebracht würden.

Fazit Hypothese H2

Hypothese H2 hinterfragt die Anforderungen der Spezifikateure, welche diese an eine expertenbasierte Evaluation von Funktionslayouts stellen. Bis auf zwei der acht Anforderungen werden alle erfüllt. Tabelle 6.2 veranschaulicht relevante **Anpassungen bezüglich des Evaluations-Vorgehens**.

	Anforderungen der Spezifikateure	Anforderungen werden erfüllt	Optimierung des Evaluations-Vorgehens
1	Schnelle Durchführbarkeit der Evaluation	-	Reduzierung des Testumfangs auf eine bis max. zwei Arbeitsaufgaben je Evaluations-Vorgehen, um die Motivation der Evaluatoren positiv zu beeinflussen.
2	Integration in den täglichen Arbeitsprozess	-	Notwendigkeit der Konzept-Evaluation wird vom Vorgesetzten verdeutlicht und für alle Spezifikateure verpflichtend.
			Bereitstellung eines isolierten Raums für den Zeitraum der Testdurchführung,um die Ablenkungsgefahr zu minimieren.
3	Skalierbarkeit der Fragen	siehe H3	
4	Gewährleistung Anonymität	✓	
5	Aufdecken HMI-Probleme	✓	
6	Aufdecken anderer Sichtweisen	✓	
7	Generierung besserer Konzepte	✓	
8	Hervorbringung neuer Resultate	✓	

Tabelle 6.2.: Hypothese H2 - Anpassungen bei Testumfang und -durchführung

6.2.3. Hypothese H3: Inhalte und Struktur des Fragebogens werden von der Zielgruppe positiv beurteilt.

Die Auswertungsergebnisse der Nachbefragung verdeutlichen, dass die gewählte fünfstufige Ordinal-Skala mit fehlendem Skalennullpunkt von 12 der 14 Evaluatoren als angenehm beurteilt wird. Zudem ist die Skalenbenennung für alle Evaluatoren verständlich. Möchte der Evaluator seine Antwort weiter verfeinern, kann er diese mittels eines Freitextfelds, welches für jedes Item vorhanden ist, ergänzen. Für 12 der 14 Evaluatoren bietet das Freitextfeld ausreichend Platz für eigene Kommentare.

Die Strukturierung der Items ist für alle Evaluatoren voll (6/14) bzw. eher nachvollziehbar (8/14). Zudem wird die grafische Gestaltung des Fragebogens von 11 der 14 Evaluatoren als ansprechend beurteilt, was die Nutzerakzeptanz und Motivation einer erneuten Beurteilung erhöht. Abbildung 6.8 visualisiert die Ergebnisse der Nachbefragung.

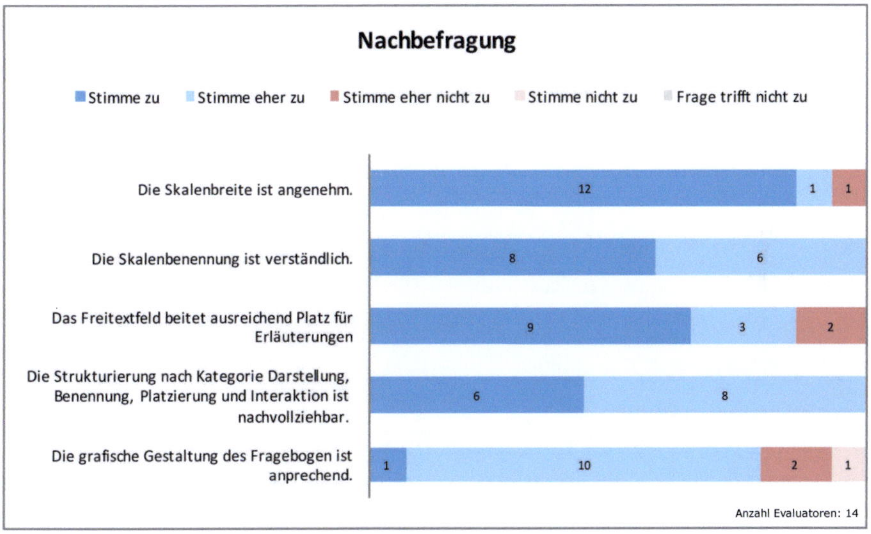

Abbildung 6.8.: Auswertung - Inhalt und Struktur der Fragebögen

Fazit Hypothese H3

Wie die Auswertung der Ergebnisse verdeutlicht, werden Inhalt und Struktur der Fragebögen von den Evaluatoren positiv beurteilt.
Die Hypothese H3 ist erfüllt.

6.2.4. Hypothese H4: Der Auswertungsaufwand für eine Arbeitsaufgabe, welche sechs Fragebögen enthält, übersteigt 90 Minuten nicht.

Zwei Anforderungen werden an die Auswertung der Fragebögen gestellt:

1. Die Auswertung darf **keine technischen bzw. fachlichen Anforderungen an die Spezifikateure stellen**. Diese besitzen unterschiedliche Ausbildungshintergründe und methodisches Wissen (siehe Abschnitt 2.3.2 auf Seite 23). Sowohl Erfassung wie auch die Interpretation der Erkenntnisse muss für jeden Spezifikateur möglich sein.
2. Für die Evaluatoren ist eine **Dauer von 90 Minuten für die Auswertung akzeptabel** (siehe Abchnitt 6.1.2 auf Seite 142). Diese Dauer darf für die Erfassung und Auswertung der Fragebögen (bei zehn Evaluatoren) nicht überschritten werden.

Um die erste Anforderung zu erfüllen wird für die Datenauswertung ein Tabellenkalkulationsprogramm verwendet, welches den Spezifikateuren bekannt ist. Innerhalb des Programms wird eine Auswertungsvorlage erstellt, so dass die Fragebögen und deren Bewertungen von den Testleitern schnell erfasst und ohne technisches bzw. fachliches Verständnis ausgewertet werden können. Im Folgenden wird das Konzept der Auswertungsvorlage detailliert erläutert.

Konzept und Struktur Auswertungsvorlage Innerhalb des Tabellenkalkulationsprogramms existiert für jeden Fragebogen ein Auswertungsblatt, welches wie in Abbildung 6.9 auf Seite 155 struktuiert ist. Im Folgenden werden die Bestandteile des Auswertungsblatts beschrieben und es wird aufgezeigt, wie die automatische Datenauswertung sowie grafische Visualisierung der Ergebnisse erfolgt:

1. Block Fragen: In der ersten Spalte des Auswertungsblattes sind alle Items (Fragen), welche ein spezifischer Fragebogen (z.B. Filter) enthält, verortet.
2. Block Proband: Innerhalb der Fragebögen werden Items mittels einer textuellen fünfstufigen Ordinal-Skala abgefragt (siehe Abschnitt 5.2.3 auf Seite 124). Für die automatische Auswertung eignet sich eine textuelle Beschreibung jedoch nicht, da mittels dieser keine mathematischen Formeln berechnet werden können. Die textuelle Ordinal-Skala wird folgenden Zahlen gleichgestellt:

   4 = *Stimme zu*

   3 = *Stimme eher zu*

   2 = *Stimme eher nicht zu*

   1 = *Stimme nicht zu*

   0 = *Frage trifft nicht zu.*

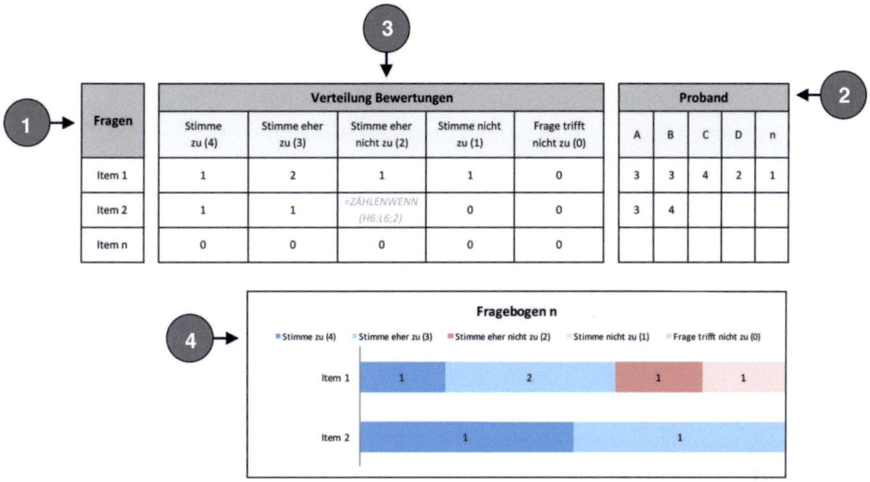

Abbildung 6.9.: Auswertungsvorlage in Microsoft Excel

3. Block Verteilung Bewertungen: Folgender Block visualisiert, wie oft ein Item mit einer bestimmten Antwort von den Evaluatoren abgegeben wird. Die Berechnung erfolgt automatisch und muss vom Auswerter nicht manuell vorgenommen werden. So ist hinter jedem Feld eine Formel hinterlegt, welche die Anzahl der Bewertungen je Item errechnet. Die Datengrundlage entnimmt die Formel aus dem Block Proband.

$$= ZAEHLENWENN(Bereich; Suchkriterien)$$

4. Visuelle Darstellung Ergebnisse: Für einen raschen Erkenntnisgewinn sind Diagramme von Vorteil. Laut Thomas Schierl unterliegen diese einer hohen Kommunikationsgeschwindigkeit und können nahezu automatisch, ohne größere gedankliche Anstrengung, wahrgenommen und verarbeitet werden [Sch01, S. 286]. Wie bereits im Block Verteilung der Bewertungen werden die Antworten automatisch übernommen und mittels eines Diagramms visuell dargestellt. Die Datengrundlage der Visualisierug entnimmt das Diagramm aus dem Block Verteilung Bewertungen.

Dauer Auswertung Die Spezifikateure stehen in der täglichen Arbeit unter einem hohen Zeitdruck. Eine Doppelbelastung aus Erstellen der Spezifikation und

Evaluierung wird von vielen der Spezifikateure als problematisch betrachtet. In der mündlichen Nachbefragung geben 11 der 14 Spezifikateure an, dass der zeitliche Rahmen für die Auswertung 90 Minuten nicht übersteigen sollte. Mittels der zwei zu evaluierenden Arbeitsaufgaben und deren Fragebögen wird überprüft, ob dieser Zeitrahmen eingehalten wird.

Die Erfassung der Bewertungen erfolgt je Arbeitsaufgabe und Fragebogen. So werden im ersten Schritt alle Fragebögen *Menüpunkt* der 14 Evaluatoren eingetragen, bevor im nächsten Schritt alle Fragebögen *Inhaltsgruppe* der 14 Evaluatoren erfasst werden. Nachdem alle Bewertungen der Fragebögen der Arbeitsaufgabe 1 aufgenommen sind, erfolgt ein identisches Vorgehen für die Arbeitsaufgabe 2. Vorteil dieses Ablaufs ist, dass nicht nach jeder Eingabe das Auswertungsblatt gewechselt werden muss. Der Auswerter erfasst die Fragebögen aller Probanden einer Element(gruppe) (z.B. Menüpunkt) bevor er sich der nächsten Element(-gruppe) (z.B. Filter) widmet. Dies bedeutet eine Zeitersparnis, was eine Anforderung der Spezifikateure aus Hypothese H4 ist. Abbildung 6.10 visualisiert, dass **Arbeitsaufgabe 1 in 80 Minuten** und **Arbeitsaufgabe 2 in 79 Minuten** ausgewertet werden kann. Wird anstelle von 14 mit 10 Experten evaluiert, womit 88 Prozent der HMI Probleme aufgedeckt werden können, kann der zeitliche Auswertungsaufwand noch einmal reduziert werden.

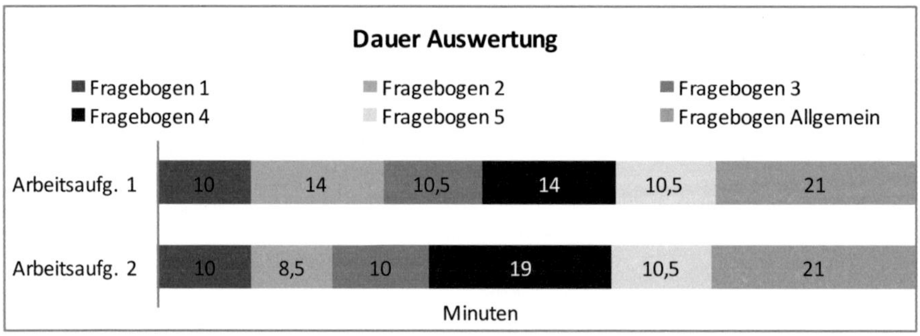

Abbildung 6.10.: Auswertungsdauer je Arbeitsaufgabe

Fazit Hypothese H4

Aufgrund der Verwendung eines für die Spezifikateure bekannten Software-Programms sind für den Auswertungsprozess **keine fachlichen bzw. technischen Kentnis-**

se notwendig. Auch setzt die entwickelte Auswertungsvorlage zur Erfassung der Fragebogen-Bewertungen kein methodisches Wissen voraus. Der Auswerter hat ausschließlich die Aufgabe, die abgegebenen Bewertungen innerhalb der Auswertungsvorlage zu erfassen, und ihm wird daraufhin eine textuelle sowie grafische Auswertung je Fragebogen ausgegeben. Die Ergebnisse können sofort in das laufende Projekt einfließen.

Des Weiteren wird ersichtlich, dass **Arbeitsaufgabe 1 und 2 in unter 90 Minuten ausgewertet** werden. Erfolgt die Konzeptevaluation mit 10 anstelle 14 Probanden, wie es Nielsen empfiehlt, um 88 Prozent der HMI-Probleme aufzudecken (siehe Abschnitt 4.2.2 auf Seite 65), kann die Dauer der Auswertung noch einmal reduziert werden. Ein rascher Erkenntnisgewinn sowie ein geringer Auswertungsaufwand, wie er von den Spezifikateuren gefordert wird, sind demnach gegeben.
Die Hypothese H4 ist erfüllt.

6.3. Extraktion eines Leitfadens

Abgeleitet aus den theoretischen Studien sowie den Erkenntnissen der empirischen Studie aus Abschnitt 6.2 auf Seite 145 wird im Folgenden ein Leitfaden zum Vorgehen der Evaluation von Automotive-HMI-Spezifikationen extrahiert. Ziel des Leitfadens ist es, den **Spezifikateuren eine Hilfestellung bei der Vorbereitung, Durchführung und Auswertung der Evaluation von Funktions(-fluss-)-Layouts** zu geben.

Im ersten Teil werden die Komponenten Zielgruppe, Evaluations-Gegenstand, Zeitpunkt, Ort und Werkzeuge definiert, welche eine Evaluation maßgeblich prägen und vom Testleiter im Vorfeld bestimmt werden müssen. Im zweiten Teil des Abschnitts wird das Vorgehen der Evaluation, welches aus der Phase Vorbereitung, Durchführung und Auswertung besteht, detailliert beschrieben.

6.3.1. Relevante Komponenten

Relevante Komponenten einer Evaluation (siehe Abschnitt 4.1 auf Seite 64) müssen im **Vorfeld verbindlich definiert** werden um das Gütekriterium der Durchführungsobjektivität (siehe Abschnitt 5.3.1 auf Seite 129) gewährleisten zu können. Abbildung 6.11 auf Seite 158 veranschaulicht relevante Evaluations-Komponenten.

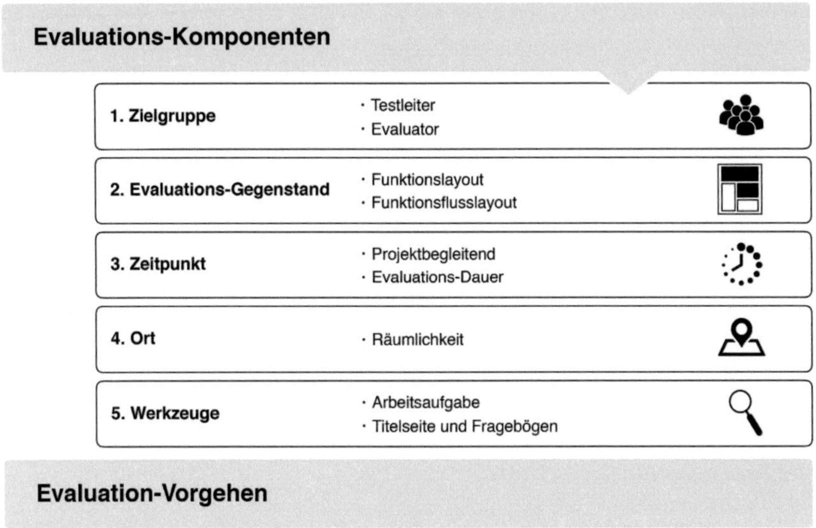

Abbildung 6.11.: Leitfaden - Evaluations-Komponenten

1. Zielgruppe Testleiter sowie Evaluatoren sind Spezifikateure der HMI-Entwicklung, welche über unterschiedliches Fach-/Methodenwissen verfügen (siehe Abschnitt 2.3.2 auf Seite 23). Für die Evaluation bzw. Testleitung müssen sie kein methodisches Wissen aufweisen oder bereits Evaluationen durchgeführt haben. Die Formulierungen der Beurteilungs-Items sowie die Evaluations-Planung, -Durchführung und -Auswertung berücksichtigen diese Besonderheiten. Es ist darauf zu achten, dass nicht der Spezifikateur, welcher das Konzept erstellt hat, aufgrund fehlender Objektivität dieses evaluiert.

Um 88 Prozent der HMI-Probleme aufzudecken, sollte mit 10 Evaluatoren getestet werden. Eine Erhöhung der Anzahl an Evaluatoren ist nicht nötig, da die Aufdeckungsrate nur minimal zunimmt. Zudem stehen die Kosten nicht in Relation zum Nutzen. Nielsen erwähnt jedoch auch, dass bei komplexen Usability-Fragestellungen mit einer höheren Anzahl an Evaluatoren getestet werden kann (siehe Abschnitt 4.2.2 auf Seite 65).

2. Evaluations-Gegenstand Während der HMI-Konzeptphase existiert die Möglichkeit, mittels zweier unterschiedlicher Entwurfstechniken Konzept-Evaluationen durchzuführen (siehe Abschnitt 2.3.3 auf Seite 26):

- Funktionslayout II: Innerhalb des Funktionslayouts werden Elemente, welche Produkt-Inhalte/-Funktionen repräsentieren, schematisch visualisiert.
- Funktionsflusslayout: Zusätzlich zur schematischen Visualisierung spezifischer Elemente des Funktionslayouts werden mehrere Screens miteinander verknüpft, so dass die folgende Entwurfstechnik Abläufe einzelner Elemente fokussiert.

Aufgrund der Fokussierung auf das grundlegende Layout, sowie globale Bereiche, ist das Funktionslayout I (keine Darstellung spezfischer Elemente) für die Konzept-Evaluation ungeeignet (siehe Abschnitt 5.1.6 auf Seite 118).

Ob es sich bei der Evaluation um ein Funktions- oder Funktionsflusslayout handelt, muss der Testleiter den Evaluatoren mitteilen. Je nach Entwurfstechnik sind unterschiedliche Items im Fragebogen zu beantworten. Diese sind farblich gekennzeichnet (siehe Abschnitt 5.2.3 auf Seite 127).

3. Zeitpunkt Die formative Evaluation findet während der Konzeptphase projektbegleitend statt, so dass regelmäßig Erkenntnisse in das laufende Projekt einfließen können. Dies hat aber den Nachteil, dass die Evaluatoren die Bewertung der Konzepte zusätzlich zur täglichen Arbeit bewältigen müssen (siehe Abschnitt 2.3.2 auf Seite 23). Um die Beeinträchtigung möglichst gering zu halten, definiert der Testleiter einen Zeitraum, in dem der Evaluator die Evaluation frei einplanen kann. Erkenntnisse aus der Praxis haben gezeigt, dass zwei Wochen nicht unterschritten werden sollten.

4. Ort Die Ergebnisse der empirischen Studie zeigen, dass eine Evaluation am eigenen Arbeitsplatz aufgrund von Ablenkungen wenig geeignet ist (siehe Abschnitt 6.2.2 auf Seite 148). Um Störungen von außen zu vermeiden, findet die Evaluation in einer von den Kollegen isolierten Räumlichkeit statt. Die Räumlichkeit der Beurteilung wird den Evaluatoren zeitnah vom Testleiter mitgeteilt, so dass sich diese einen passenden Zeitraum für die Evaluation reservieren können.

5. Werkzeuge Um den Evaluatoren eine strukturierte Evaluation zu ermöglichen, ist es wichtig, dass diese das Funktions(-fluss-)Layout anhand von Aufgaben bewerten. Mittels dieser verfolgen alle Evaluatoren das gleiche Ziel, so dass die Ergebnisse der unterschiedlichen Evaluatoren vergleichbar sind (Gütekriterium Auswertungsobjektivität). Der Testleiter hat die Aufgabe, anhand des Funktions(-fluss-)Layouts das Produkt (siehe Abschnitt 3.2.1 auf Seite 51) zu bestimmen und relevante Arbeitsaufgaben (siehe Abschnitt 5.1.5 auf Seite 114) zu extrahieren. Mittels dieser kann er Teilaufgaben bestimmen (siehe Anhang D.2). Sie werden benötigt, um relevante Element(-gruppen) zu definieren, welche in spezifischen Fragebögen abgefragt und den Evaluatoren zur Verfügung gestellt werden.

Um gefundene HMI-Probleme schriftlich zu protokollieren, so dass diese später vom Testleiter ausgewertet werden können, wird ein Paket an Arbeitsaufgaben und Fragebögen zusammengestellt. Das Paket besteht aus folgenden Bestandteilen:

- Arbeitsaufgabe(n): In ihr/ihnen wird definiert, welche Aufgabe der Evaluator mittels des Funktions(-fluss-)Layouts lösen muss.
- Titelseite: Die Titelseite (siehe Anhang F) beinhaltet Informationen zum Testvorgehen, einen Vermerk in Bezug auf zu evaluierende Kategorieblöcke (Darstellung, Benennung, Platzierung, Interaktion) sowie den Evaluations-Gegenstand (Funktionslayout oder Funktionsflusslayout).
- Allgemeiner Fragebogen: Er wird je Arbeitsaufgabe vom Evaluator ausgefüllt und beinhaltet Items zu Inhalten/Funktionen, welche nicht mittels eines Fragebogens für eine spezifische Element(-gruppe) beurteilt werden können (siehe Anhang F).
- Element(-gruppen) Fragebogen: Jede Arbeitsaufgabe enthält mehrere spezifische Fragebögen für die Evaluation konkreter Inhalte und Funktionen innerhalb von Funktions(-fluss-)Layouts (siehe Anhang F).

Nachdem die Bestandteile einer Evaluation definiert sind, wird im Folgenden das Evaluations-Vorgehen mit all seinen Phasen aus Vorbereitung, Durchführung und Auswertung detailliert beschrieben.

6.3.2. Vorgehen

Je nach Evaluations-Phase sind Inhalte und Aufgaben für den Testleiter oder Evaluator von Relevanz. Abbildung 6.12 auf Seite 161 skizziert das Evaluations-Vorgehen sowie die einzelnen Abläufe, welche detailliert in den Phasen Vorbereitung, Durchführung und Auswertung erläutert werden.

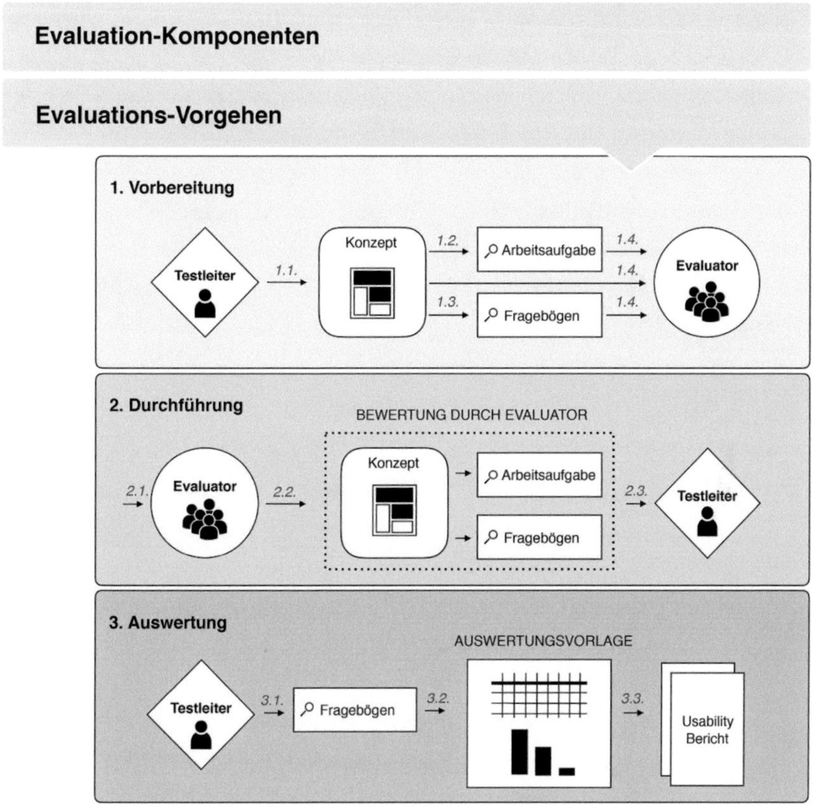

Abbildung 6.12.: Leitfaden - Evaluations-Vorgehen

1. Vorbereitung - Relevant für Testleiter

Im Folgenden werden die einzelnen Abläufe der Vorbereitungsphase erläutert, welche in Abbildung 6.12 schematisch dargestellt sind.

1.1. Der **Testleiter definiert die zu evaluierenden Konzeptumfänge** und extrahiert diese vom HMI-Gesamtkonzept. So werden dem Evaluator ausschließlich für die Evaluation relevante HMI-Konzepte übergeben.

1.2. In Abhängigkeit von den Konzeptinhalten (z.B. Produkt *Radio*) **definiert der Testleiter die zu evaluierende(n) Arbeitsaufgabe(n)**. Alle relevanten Arbeitsaufgaben je Produkt sind in Anhang D.2 vorzufinden. Um die

Motivation der Probanden während der Evaluation zu fördern, wird eine Arbeitsaufgabe je Testdurchgang abgefragt. In besonderen Fällen kann mit zwei Arbeitsaufgaben getestet werden, die Motivation der Evaluatoren lässt hierbei jedoch nach und die Ergebnisse sind kritisch vom Testleiter zu hinterfragen (siehe Abschnitt 6.2.2 auf Seite 148). Jede zu testende Arbeitsaufgabe beinhaltet **mehrere Teilaufgaben**, mit denen die Arbeitsaufgabe lösbar ist. Die Interaktion innerhalb des Funktions(-fluss-)Layouts findet mit einer spezifischen **Element(-gruppe)** statt (z.B. *Menüpunkt*), welche mittels spezifischer Fragebögen bewertet wird.

1.3. Der Testleiter identifiziert anhand der zu bearbeitenden Arbeitsaufgabe und deren Teilaufgaben **relevante Fragebögen**. Für jede Arbeitsaufgabe stellt er ein Fragebogen-Paket, bestehend aus folgenden Inhalten, zusammen:

- Titelseite: Innerhalb der Titelseite werden das Testvorgehen sowie die Handhabung des Fragebogens erläutert. Der Testleiter hat zu bestimmen welche Evaluations-Blöcke (Darstellung, Benennung, Platzierung, Interaktion) evaluiert werden und ob es sich um ein Funktions- oder Funktionsflusslayout handelt. Die Titelseite ist der Einstieg in die Befragung (siehe Anhang F).
- Spezifische Fragebögen: Für jede Teilaufgabe der Arbeitsaufgabe werden relevante Usability-Fragebögen (siehe Anhang F) selektiert. Diese evaluieren relevante Element(-gruppen) der Funktions(-fluss-)Layouts.
- Allgemeiner Fragebogen: Jede Arbeitsaufgabe beinhaltet einen allgemeinen Fragebogen (siehe Anhang F), welcher keine spezifischen Elemente und Abläufe fokussiert.

1.4. Der **Testleiter übergibt** die Arbeitsaufgabe(n), das Fragebogen-Paket, das Funk-tions(-fluss-)Layout sowie die Information über den zeitlichen Rahmen der Evaluation z.B. per E-Mail an die Evaluatoren.

2. Duchführung - Relevant für Evaluator

Im Folgenden werden die einzelnen Abläufe der Durchführungsphase erläutert, welche in Abbildung 6.12 auf Seite 161 schematisch dargestellt sind.

2.1. Der Evaluator empfängt vom Testleiter z.B. per E-Mail die Arbeitsaufgabe(n), das Paket an Fragebögen, das Funktions(-fluss-)Layout sowie die Information über den zeitlichen Rahmen der Evaluation. Die **Arbeitsaufgabe(n)** sowie die relevanten **Fragebögen druckt** er sich für den Test aus. Im Anschluss daran reserviert er sich einen passenden Zeitraum in der für die Evaluation vorgesehen **Räumlichkeit**.

2.2. Zum Zeitpunkt der Evaluation zieht sich der Evaluator mit seinem Laptop, den Arbeitsaufgabe(n) sowie den relevanten Fragebögen in die reservierte Räumlichkeit zurück. Er **evaluiert das Funktions(-fluss-)Layout** auf seinem Laptop mittels folgender Phasen (siehe Abschnitt 4.3.3 auf Seite 76):

- Phase 1: Der Evaluator **verschafft sich ein grundlegendes Verständnis über Funktionen, Inhalte und Abläufe** des Funktions(-fluss-)Layouts. Eine zeitliche Dauer wird nicht vorgegeben.
- Phase 2: Der Evaluator bearbeitet die Arbeitsaufgabe unter Zuhilfenahme des Funktions(-fluss-)Layouts. Im Anschluss daran **beantwortet er den allgemeinen Fragebogen** sowie die weiteren relevanten **spezifischen Fragebögen**. Im Falle einer zweiten Arbeitsaufgabe erfolgt ein identisches Vorgehen. Eine zeitliche Dauer wird nicht vorgegeben.

2.3. Nachdem der Evaluator alle Fragebögen beantwortet hat, übergibt er dem **Testleiter die Fragebögen zur Auswertung**. Die Übergabe erfolgt innerhalb des vom Testleiter definierten Zeitraums.

3. Auswertung - Relevant für Testleiter

Im Folgenden werden die einzelnen Abläufe der Auswertungsphase erläutert, welche in Abbildung 6.12 auf Seite 161 schematisch dargestellt sind.

3.1. Für den Auswertungsprozess verwendet der Testleiter das Tabellenkalkulationsprogramm MS Excel. Er erfasst **je Auswertungsvorlage alle Fragebögen einer spezifischen Element(gruppe)** (siehe Abbildung 6.13 auf Seite 164). Nachdem er für alle Evaluatoren die Ergebnisse des ersten spezifischen Fragebogens eingegeben hat, trägt er die Bewertungen des zweiten spezifischen Fragebogens für alle Evaluatoren in eine neue Auswertungsvorlage ein. Dieser Vorgang wiederholt sich, bis alle Fragebögen (spezifisch und allgemein) vom Testleiter erfasst sind.

3.2. Je Auswertungsvorlage, welche einen spezifischen Fragebogen repräsentiert, erfolgt eine **sofortige analytische wie auch grafische Auswertung** der

Daten. Fragen, welche von den Evaluatoren höchst unterschiedlich bewertet werden, sind in einer **Fokusgruppe** [MHH12, 92f.] zu disktutieren. Der Testleiter moderiert die Diskussion und hinterfragt uneindeutige Bemerkungen der Evaluatoren (siehe Abschnitt 5.3.1 auf Seite 129).

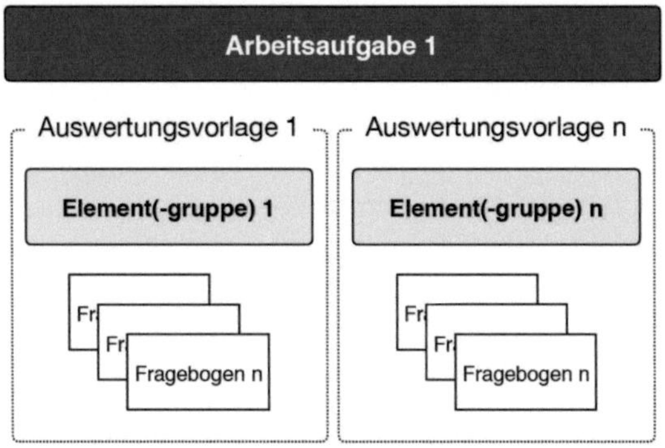

Abbildung 6.13.: Erfassung Fragebögen je Auswertungsvorlage

3.3. Die Auswertung kann als **Usability-Bericht** (ggf. mit Nutzerzitaten) aufbereitet werden und/oder die **Erkenntnisse fließen direkt in das laufende Projekt** ein. Dies ist abhängig von der zur Verfügung stehenden Zeit und der Präsentation der Ergebnisse (z.B. Vorstellung vor Management).

6.4. Fazit

Im Folgenden werden die zu Beginn des Kapitels gestellten Fragen erläutert.

Wie erfolgt das Testdesign der empirischen Studie?

Vor jeder Evaluation müssen grundlegende Komponenten verbindlich definiert werden, so dass für alle Probanden gleiche Testbedingungen vorliegen. Dies ist für die Vergleichbarkeit der Ergebnisse relevant. Im ersten Schritt werden die Probanden selektiert. Eine Anzahl von zehn Experten als Bewerter ist ausreichend, um ca. 88 Prozent der HMI-Probleme aufzudecken. Im nächsten Schritt wird der Evaluations-Gegenstand bestimmt. Da nicht das ganze Konzept evaluiert wird, werden Teilkonzepte daraus extrahiert. Relevante Fragebögen sind gemäß dem Konzept zu identifizieren und den Probanden (inkl. Konzept) zu übergeben. Im letzten Schritt wird das

Testvorgehen den Probanden detailliert aufgezeigt, so dass alle Evaluatoren unter gleichen Testbedingungen den Evaluations-Gegenstand begutachten können.

Welche Hypothesen müssen erfüllt werden?
Aus den Anforderungen der Evaluatoren, dem Nutzungskontext sowie dem Evaluations-Gegenstand selbst sind folgende Hypothesen für die vorliegende Arbeit von Relevanz:

- *H1:* Die Evaluation des Konzepts mittels entwickelter Fragebögen deckt Usability-Probleme auf.
- *H2:* Die Anforderungen der Spezifikateure, welche diese an eine expertenbasierte Evaluation von HMI-Konzepten stellen, werden erfüllt.
- *H3:* Inhalte und Struktur des Fragebogens werden von den Spezifikateuren positiv beurteilt.
- *H4:* Der Auswertungsaufwand für eine Arbeitsaufgabe, welche 6 Fragebögen enthält, übersteigt 90 Minuten nicht.

Wann gilt eine Hypothese als erfüllt?
Jede der Hypothesen stellt unterschiedliche Annahmen auf, welche im Einzelnen wie folgt auf Erfüllung überprüft werden:

- *H1:* Innerhalb des Evaluations-Gegenstands werden bewusst Fehler eingebaut, welche von den Evaluatoren identifiziert werden müssen. Werden diese aufgedeckt, gilt die Hypothese H1 als erfüllt.
- *H2:* Die Spezifikateure stellen konkrete Anforderungen an den Evaluationsprozess. Diese werden in einer Nachbefragung abgefragt und auf Erfüllung überprüft. Werden die Fragen positiv beantwortet, gilt die Hypothese H2 als erfüllt.
- *H3:* Je nachvollziehbarer die Inhalte und Strukturen eines Fragebogens sind, desto höher ist die Qualität der Erhebung. Ob dies für die entwickelten Fragebögen zutrifft, wird mittels Akzeptanzfragen innerhalb einer Nachbefragung sichergestellt. Werden diese positiv beantwortet, gilt die Hypothese H3 als erfüllt.
- *H4:* Der zeitliche Auswertungsaufwand wird aufgezeichnet, so dass gemessen werden kann wie lange die Auswertung für 6 Fragebögen dauert. Liegt dieser unter 90 Minuten (bei 10 Evaluatoren), gilt die Hypothese H4 als erfüllt.

Werden die aufgestellten Hypothesen alle erfüllt?
Hypothese H1, H3 und H4 werden erfüllt. Die Hypothese H2, welche die Anforderungen der Spezifikateure an eine expertenbasierte Evaluation hinterfragt, wird zu 75 Prozent erfüllt. So sollte, um die Motivation der Evaluatoren positiv zu beeinflussen, eine Anpassung auf eine zu testende Arbeitsaufgabe erfolgen. Nur bei absoluter Dringlichkeit kann maximal mit zwei Arbeitsaufgaben getestet werden. Des Weiteren sollte die Notwendigkeit der Evaluation vom Vorgesetzten priorisiert werden, so dass jeder Spezifikateur sich die Zeit für die Evaluation nimmt. Um Ablenkungen zu vermindern und damit die Qualität der Evaluation zu steigern, ist es notwendig, dass der Test in einer isolierten Räumlichkeit stattfindet.

Welche Inhalte muss der Vorgehens-Leitfaden enthalten?
Ziel des Leitfadens ist es, den Spezifikateuren eine Hilfestellung bei der Test-Vorbereitung, -Durchführung sowie -Auswertung von HMI-Konzepten zu geben. Im ersten Teil werden relevante Komponenten der Evaluation näher erläutert: Zielgruppe, Evaluations-Gegenstand, Zeitpunkt, Ort und Werkzeuge. Im zweiten Teil des Leitfadens wird das Vorgehen der Evaluation, welches aus Vorbereitung, Durchführung und Auswertung besteht, detailliert beschrieben. Es wird dargestellt, welche Aufgaben der Testleiter sowie der Evaluator übernehmen müssen und wie die Evaluations-Komponenten ein- und umgesetzt werden.

Im nächsten Abschnitt wird die Forschungsarbeit mit einem zusammenfassenden Fazit abgeschlossen sowie aufgezeigt, welche nächsten Schritte unternommen werden müssen, um die holistische Qualität von KUKI-Systemen zu erhöhen.

7. Fazit und Ausblick

Aufgrund steigender Vernetzung der Systeme im Fahrzeug und aus dem Fahrzeug heraus ist der Fahrer gezwungen, eine vorher nie dagewesene Informationsmenge zu beherrschen und zugleich das Fahrzeug sicher zu führen. Meist betreffen diese ablenkenden Tätigkeiten die Tertiäraufgaben, welche nicht mit der eigentlichen Fahraufgabe in Verbindung stehen. Ziel der vorliegenden Arbeit ist es, ein generelles Vorgehensmodell mit passenden Werkzeugen zu entwickeln, welches HMI-Probleme von Tertiäraufgaben im Fahrzeug frühzeitig während des Entwicklungsprozesses identifiziert. Hierbei werden Erkenntnisse und methodische Inhalte bereits bestehender Usability-Engineering-Vorgehen wie sie z.B. in der DIN EN ISO 9241 (Usability-Norm) oder HMI-relevanter Automotive-Richtlinien (z.B. NHTSA- und AAM-Guidelines) enthalten sind, berücksichtigt.

Der frühstmögliche Zeitpunkt für eine Evaluation ist in der Konzeptphase mittels eines Funktionslayouts II (siehe Abschnitt 2.3.3 auf Seite 26), welches aufgrund der hohen Geheimhaltung ausschließlich von den Spezifikateuren evaluiert wird. Die Befragung der Spezifikateure zeigt, dass diese besondere Anforderungen an die Evaluation haben (siehe Abschnitt 2.3.2 auf Seite 23). So sind bspw. eine schnelle Durchführbarkeit wie auch die Integration in den Arbeitsprozess relevant. All diese Anforderungen werden bei der Entwicklung des Vorgehensmodells berücksichtigt (siehe Abschnitt 6.1.2 auf Seite 144).

Digitale Produkte, welche in der Konzeptphase mittels Funktions(-fluss-)Layouts abgebildet werden, unterliegen den Einflüssen des Fahrer-Fahrzeug-Umfelds. Dieses wird systematisch klassifiziert, Wechselwirkungen zwischen den einzelnen Modellkomponenten werden analysiert und relevante Anforderungen an Funktions(-fluss-)-Layouts identifiziert (siehe Abschnitt 3 auf Seite 41). Bei der Recherche zum Stand der Forschung hat sich gezeigt, dass keine der existierenden expertenbasierten Evaluationsmethoden (siehe Abschnitt 4.3 auf Seite 67) für den Evaluations-Gegenstand

Funktions(-fluss-)Layout und dessen Anforderungen geeignet ist. Auch eignen sich die im deutschsprachigen Raum bekannten Usability-Fragebögen *IsoMetrics* und *IsoNorm 9241/10* nicht als Beurteilungsinstrument (siehe Abschnitt 4.4 auf Seite 80). National wie international existieren Richtlinien, welche für die Gestaltung der Fahrzeug-HMI relevant sind (siehe Abschnitt 4.5 auf Seite 84). Viele Richtlinien sind allerdings nicht eindeutig formuliert und fokussieren unterschiedliche HMI-Entwicklungsphasen. Die Richtlinien bauen jedoch auf den Grundsätzen der Dialoggestaltung auf, welche Teil der DIN EN ISO 9241 (Usability-Norm) sind. Die enthaltenen Prinzipien sind aber so global definiert, dass sie nicht für eine Ableitung von Beurteilungskriterien herangezogen werden können (siehe Abschnitt 4.6.1 auf Seite 91). Aus den Anforderungen des Fahrer-Fahrzeug-Umfelds, den relevanten Automotive-Richtlinien sowie den Kriterien der Grundsätze der Dialoggestaltung werden mit Hilfe passender Arbeitsaufgaben (siehe Abschnitt 5.1.5 auf Seite 114) Beurteilungskriterien für ein Funktions(-fluss-)Layout abgeleitet und in Fragebögen verortet (siehe Abschnitt 5.2.3 auf Seite 124).

Abschnitt 6 hat das Ziel, das Vorgehen der Evaluation sowie die Inhalte der Fragebögen und deren Struktur in der Praxis auf Anwendbarkeit empirisch zu untersuchen. Es werden Hypothesen aufgestellt und auf Erfüllung überprüft. Als Ergebnis der empirischen Studie kann festgehalten werden, dass drei der vier Thesen erfüllt werden. Die Hypothese H2 *Die Anforderungen der Spezifikateure, welche diese an eine expertenbasierte Evaluation von HMI-Konzepten stellen, werden erfüllt* wird zu 75 Prozent erfüllt und gemäß den Erkenntnissen werden relevante Anpassungen am Vorgehensmodell vorgenommen. Auch wird aufbauend auf den Ergebnissen ein Leitfaden zum Vorgehen für die Evaluation von Automotive-HMI-Funktions-(fluss-)Layouts extrahiert (siehe Abschnitt 6.3 auf Seite 157). Dieser hat das Ziel, Spezifikateuren eine Anleitung für die Vorbereitung, Durchführung und Auswertung der Evaluation bereit zu stellen, so dass eine Evaluation auch in Zukunft von unerfahreneren Spezifikateuren in der Praxis stattfinden kann.

In einem nächsten Schritt sollten die papierbasierten Fragebögen in eine digitale Lösung überführt werden. So wäre es möglich, bereits während der Erfassung durch den Evaluator einen Beurteilungs-Trend darzustellen. Auch entfiele die Erfassung der Beurteilungen durch den Testleiter, was den Evaluationsaufwand reduzieren würde.

Die in dieser Arbeit abgeleiteten Beurteilungskriterien sind für Funktions(-fluss-)-Layouts innerhalb der HMI-Konzeptphase relevant und können nicht auf Evaluations-Gegenstände innerhalb der HMI-Design-/Implementierungsphase übertragen werden. Um auch innerhalb dieser Phasen Evaluationen durchführen zu können, müssten weitere Kriterien speziell für die Phase Design/Implementierung abgeleitet werden. Das Ableitungskonzept, wie es in dieser Arbeit vorgestellt wird, kann für die Ableitung von design- und implementierungsrelevanten Beurteilungskriterien verwendet werden.

Literatur

[AB12] Bettina Abendroth und Ralph Bruder. »Die Leistungsfähigkeit des Menschen für die Fahrzeugführung«. In: *Handbuch Fahrerassistenzsysteme.* Hrsg. von Hermann Winner, Stephan Hakuli und Gabriele Wolf. Vieweg+Teubner Verlag, 2012, S. 4–14.

[AGa] Audi AG. *Audi - Vorsprung durch Technik.* URL: `www.audi.de`.

[AGb] BMW AG. *BMW - Freude am Fahren.* URL: `www.bmw.de`.

[Aam] *Statement of Principles, Criteria and Verification Procedures on Driver Interactions with Advanced In-Vehicle Information and Communication Systems.* V2. Allicance of Automobile Manufactures. 803 7th Street, N.W., Suite 300, Washington, DC 20001, 2006.

[Alb] Frank Albert. *Normen und Standardisierung: Wo und wie entstehen Normen?* URL: `www.wuerzburg.ihk.de/innovation-und-umwelt/innovation-technologie/normen-und-standardisierung.html`.

[BB11] Axel Buchner und Martin Brandt. »Gedächtniskonzeption und Wissensrepräsentation«. In: *Allgemeine Psycholgogie.* Spektrum Akadamischer Verlag, 2011, S. 428–463.

[BD06] J. Bortz und N. Döring. *Forschungsmethoden Evaluation: Für Human- und Sozialwissenschaftler.* Springer-Lehrbuch. Physica-Verlag, 2006.

[BG80] R. Bernotat und K.-P. Gärtner. »Anthropotechnische Gesichtspunkte bei der Gestaltung der Kommunikation Zwischen Mensch und Hochautomatisierten Systemen«. In: *Meß- und Automatisierungstechnik.* Hrsg. von Dietrich Ernst und Manfred Thoma. Bd. 5. Fachberichte Messen Steuern Regeln. Springer Berlin Heidelberg, 1980, S. 843–863.

[BHK02] Michael Burmester, Marc Hassenzahl und Franz Koller. »Usability ist nicht alles–Wege zu attraktiven Produkten (Beyond Usability–Appeal of interactive Products)«. In: *i-com* (2002).

[BL14] A. Beauducel und A. Leue. *Psychologische Diagnostik*. Bachelorstudium Psychologie. Hogrefe Verlag, 2014.

[BP95] Albrecht Beutelspacher und Bernhard Petri. *Der goldene Schnitt*. 2. Springer Spektrum, 1995.

[BZW06] Heiner Bubb, R. M. Zöller und Hagen Wolf. »Ergonomischer Lösungsansatz für die gleichzeitige Rückmeldung mehrer Fahrerassistenzsysteme an den Fahrer«. In: *2. Tagung Aktive Sicherheit durch Fahrerassistenz*. 2006.

[Bei] *Definition Beispiel*. URL: www.origin_de.deacademic.com/1706/Beispiel.

[Ber70] Rainer Bernotat. *Anthropotechnik in der Fahrzeugführung*. 1970.

[Bia94] Randolph G. Bias. »Usability Inspection Methods«. In: Hrsg. von Jakob Nielsen und Robert L. Mack. New York, NY, USA: John Wiley Sons, Inc., 1994. Kap. The Pluralistic Usability Walkthrough: Coordinated Empathies, S. 63–76.

[Bro07] D.M. Brown. *Communicating Design: Developing Web Site Documentation for Design and Planning*. Peachpit Press, 2007.

[Bro14] D. Brown. *Konzeption und Dokumentation erfolgreicher Webprojekte: Design und Planung von Websites strukturiert erstellen, dokumentieren und präsentieren*. mitp Business. Verlagsgruppe Hüthig Jehle Rehm, 2014.

[Bub01] Heiner Bubb. »Haptik im Kraftfahrzeug«. In: *Kraftfahrzeugführung*. Hrsg. von Thomas Jürgensohn und Klaus-Peter Timpe. Springer Berlin Heidelberg, 2001, S. 155–175.

[Bun16] Statistisches Bundesamt. »Unfallentwicklung auf deutschen Straßen 15«. In: Statistisches Bundesamt. Wiesbaden, 2016.

[Bux10] B. Buxton. *Sketching User Experiences: Getting the Design Right and the Right Design: Getting the Design Right and the Right Design*. Interactive Technologies. Elsevier Science, 2010.

[CB08] Stefan Cronholm und Vince Bruno. »Do You Need General Principles or Concrete Heuristics?: A Model for Categorizing Usability Criteria«. In: *Proceedings of the 20th Australasian Conference on Computer-Human Interaction: Designing for Habitus and Habitat.* OZCHI '08. Cairns, Australia: ACM, 2008, S. 105–111.

[CG06] Stefan Cronholm und Göran Goldkuhl. »Involving Novice Users in Document-Driven System Requirements Analysis«. In: *Journal of Information, Information Technology, and Organizations* 1 (2006).

[CRC07] A. Cooper, R. Reimann und D. Cronin. *About Face 3: The Essentials of Interaction Design.* 3. Aufl. Indianapolis, IN, USA: Wiley Publishing, 2007.

[Chl12] Paul Chlebek. »Konzept- Designmedien«. In: *Praxis der User Interface-Ent-wicklung.* Vieweg + Teubner Verlag, 2012, S. 85–139.

[Cor] Microsoft Corporation. *Microsoft Visio.* URL: www.office.microsoft.com/de-de/visio/visio-startseite-FX010048786.aspx.

[DRK13] Smaranda Dancu, Mareike Rahm und Sonja Knab. *Mobile Effects 2013 - Smartphone vs. Tablet.* Techn. Ber. Tomorrow Focus Media, 2013.

[DU14] Sarah Diefenbach und Daniel Ulrich. *Branchenreport UX/Usability 2014.* Techn. Ber. Berufsverband der deutschen Usability und User Experience Professionals, 2014.

[Din] *Definition DIN.* URL: www.din.de.

[Don09] Edmund Donges. »Fahrerverhaltensmodelle«. In: *Handbuch Fahrerassistenzsysteme.* Hrsg. von Hermann Winner, Stephan Hakuli und Gabriele Wolf. Vieweg+Teubner, 2009, S. 15–23.

[Don12] Edmund Donges. »Fahrerverhaltensmodelle«. In: *Handbuch Fahrerassistenzsysteme.* Hrsg. von Hermann Winner, Stephan Hakuli und Gabriele Wolf. Vieweg+Teubner Verlag, 2012, S. 15–23.

[Egy09] Tineke M. Egyedi. »Competing De Jure Standards, Good for Innovation?« In: Ecole Internationale des Sciences du Traitement de l' Information. Cergy Pontoise, France: European Academy for Standardization (EURAS) Conference, 2009.

[Ell08] Brigitte Eller. *Usability Engineering zur Förderung der Nachhaltigkeit in der Anwendungssystementwicklung.* Publications of Darmstadt Technical University, Institute for Business Studies (BWL). Darmstadt Technical University, Department of Business Administration, Economics und Law, Institute for Business Studies (BWL), 2008.

[Erw] *Definition Erwartungskonformität.* URL: `www.handbuch-usability.de`.

[Eso] *European statment of principles on the design of human machine interaction.* V2. European Commision de European Statement of Principles. 2006.

[FH02] Erik Frøkjær und Kasper Hornbæk. »Metaphors of Human Thinking in HCI: Habit, Stream of Thought, Awareness, Utterance, and Knowing«. In: *HF2002* (2002).

[FH08] Erik Frøkjær und Kasper Hornbæk. »Metaphors of Human Thinking for Usability Inspection and Design«. In: *ACM Trans. Comput.-Hum. Interact.* 14.4 (2008), 20:1–20:33.

[Fig09] Kathrin Figl. »ISONORM 9241/10 und Isometrics: Usability-Fragebögen im Vergleich«. In: *Mensch Computer 2009: Grenzenlos frei!?* Hrsg. von Hartmut Wandke, Saskia Kain und Doreen Struve. München: Oldenbourg Verlag, 2009, S. 143–152.

[Fli09] Brian Fling. *Mobile Design and Development: Practical Concepts and Techniques for Creating Mobile Sites and Web Apps - Animal Guide.* 1st. O'Reilly Media, Inc., 2009.

[Fli10] Uwe Flick. *Qualitative Forschung: Ein Handbuch.* Rowohlts Enzyklopädie. Rowohlt-Taschenbuch-Verlag, 2010. ISBN: 9783499556289.

[Fue] *Voraussetzungen für die Fahrerlaubnis und Geltungsdauer.* URL: `https://www.bmvi.de/goto?id=237452`.

[Gei90] Georg Geiser. *Mensch-Maschine-Kommunikation.* München: Oldenbourg, 1990, S. 9–10.

[Gol11] E. Bruce Goldstein. »Einführung in die Wahrnehmung«. In: *Wahrnehmungspsychologie.* Spektrum Akadamischer Verlag, 2011, S. 1–20.

[Goo09] Kim Goodwin. *Designing for the digital age : how to create human-centered products and services.* Indianapolis (Ind.): Wiley, 2009.

[Goo] Antuan Goodwin. *Hands off with the Volkswagen Golf R Touch at CES 2015*. URL: www.cnet.com/news/hands-on-with-the-volkswagen-golf-r-touch-at-ces-2015/.

[Gri75] H. Paul Grice. »Logic and Conversation«. In: *Speech Acts*. Hrsg. von Peter Cole und Jerry L. Morgan. Bd. 3. Syntax and Semantics. New York: Academic Press, 1975, S. 41–58.

[Gro] Omni Group. *Omnigraffle*. URL: www.omnigroup.com/omnigraffle.

[HF04] Kasper Hornbaek und Erik Frokjaer. »Usability Inspection by Metaphors of Human Thinking Compared to Heuristic Evaluation«. In: *International Journal of Human-Computer Interaction* 17.3 (2004), S. 357–374.

[Hac69] J. R. Hackman. »Toward understanding the role of tasks in behavioral research«. In: *Acta Psychologica* 31 (1969), S. 97–128.

[Hem14] Julia Hempel. »Entwicklung eines Verfahrens zur Erkennung von Fahrerablenkung basierend auf Bedienhandlungen«. Magisterarb. Otto-von-Guericke-Universität Magdeburg, 2014.

[Hes] Thomas Hess. *Digitales Leben*. Techn. Ber. LIFE - Digitales Leben c/o Deutsche Telekom AG.

[Heu] *Definition Heuristiken*. URL: www.iste.uni-stuttgart.de/se-old/links/links-se/entwurfsregeln-fuer-den-objektorientierten-entwurf/heuristics.html.

[Hew+96] T. Hewett u. a. *Curricula for Human-Computer Interaction. ACM Special Interest Group on Computer-Human Interaction.* 1996.

[Htw] *ISOMetrics*. Chur, Schweiz: Hochschule für Technik und Wirtschaft. URL: www.cheval-lab.ch/was-ist-usability/usabilitymethoden/frageboegen/isometrics/.

[ISW94] Magid Igbaria, Stepfehn J. Schiffman und Thomas J. Wieckowski. »The respective roles of perceived usefulness and perceived fun in the acceptance of microcomputer technology«. In: *Behaviour amp; Information Technology* 13.6 (1994), S. 349–361.

[Inca] Apple Inc. *Apple CarPlay*. URL: www.apple.com/de/ios/carplay/.

[Incb] Google Inc. *Google Automotive.* URL: `www.android.com/auto/`.

[Isoa] *DIN EN ISO 10075: Ergonomische Grundlagen bezüglich psychischer Arbeitsbelastung.* Deutsches Institut für Normung.

[Isob] *DIN EN ISO 15005:2003-10: Straßenfahrzeuge - Ergonomische Aspekte von Fahrer-informations- und -assistenzsystemen - Grundsätze und Prüfverfahren des Dialogmanagements.* Deutsches Institut für Normung.

[Isoc] *DIN EN ISO 6385: Grundsätze der Ergonomie für die Gestaltung von Arbeitssystemen.* Deutsches Institut für Normung.

[Isod] *DIN EN ISO 69905: Projektwirtschaft - Projektabwicklung, Begriffe.* Deutsches Institut für Normung.

[Isoe] *DIN EN ISO 9241-11: Ergonomische Anforderungen für Bürotätigkeiten mit Bildschirmgeräten Teil 11: Anforderungen an die Gebrauchstauglichkeit - Leitsätze.* Deutsches Institut für Normung.

[Isof] *DIN EN ISO 9241-110: Ergonomie der Mensch-System-Interaktion - Teil 110: Grundsätze der Dialoggestaltung.* Deutsches Institut für Normung.

[Isog] *DIN EN ISO 9241-12: Ergonomische Anforderungen für Bürotätigkeiten mit Bildschirmgeräten Teil 12: Informationsdarstellung.* Deutsches Institut für Normung.

[Isoh] *DIN EN ISO 9241-210: Ergonomie der Mensch-System-Interaktion - Teil 210: Prozesse zur Gestaltung gebrauchstauglicher interaktiver Systeme.* Deutsches Institut für Normung.

[JS03] Julie A. Jacko und Andrew Sears. *The Human-Computer Interaction Handbook: Fundamentals, Evolving Technologies and Emerging Applications, Third Editiion.* Human Factors and Ergonomics. Taylor Francis, 2003, 992ff.

[Jam] *Guidelines for In-vehicle Display Systems.* V3. Japan Automobile Manufactures Association. Unit 1001B, Level 10, China World Tower 2, No.1 Jian Guo Men Wai Avenue, Beijing, 100004 CHINA, 2004.

[Joh+77] G. Johannsen u. a. *Der Mensch im Regelkreis: Lineare Modelle.* Methoden der Regelungstechnik. München: Oldenbourg Verlag, 1977.

[Kop05] Matthias Kopf. »Was nützt es dem Fahrer, wenn Fahrerinformations- und - assistenzsysteme etwas über ihn wissen?« In: *Fahrerassistenzsysteme mit maschineller Wahrnehmung*. Hrsg. von Markus Maurer und Christoph Stiller. Springer Berlin Heidelberg, 2005, S. 117–139.

[Kra10] Claudia Kratzsch. »Entwicklung eines Modells zur fahrerzentrierten Beschreibung der Integralen Fahrzeugsicherheit.« Diss. TU Ilmenau, 2010.

[Kri] *Def. Kriterium*. URL: www.duden.de/rechtschreibung/Kriterium.

[Kro01] Helmut Kromrey. »Evaluation - ein vielschichtiges Konzept«. In: *Sozialwissenschaften und Berufspraxis* 24.2 (2001), S. 105–130.

[Kru02] Steve Krug. *Don't make me think! Das intuitive Web*. mitp-Verlag, Berlin, 2002.

[Kub12] Jörg Kubitzki. *Ablenkung: unterschätze Gefahr*. Techn. Ber. AZT Automotive GmbH – Allianz Zentrum für Technik, 2012. URL: https://www.dvr.de/download/ps_2012-05-11_kubitzki.pdf.

[LW97] Clayton Lewis und Cathleen Wharton. »Cognitive walkthroughs«. In: *Handbook of human-computer interaction* 2 (1997), S. 717–732.

[LYR09] John D Lee, Kristie L Young und Michael A Regan. »Driver distraction: Theory, Effects and Mitigation«. In: CRC Press, 2009. Kap. Defining Driver Distraction, S. 31–40.

[Lem11] Karsten Lemmer. »Mensch-Maschine-Interaktion«. In: *Handbuch Kraftfahrzeugtechnik*. Vieweg+Teubner Verlag | Springer Fachmedien Wiesbaden GmbH, 2011, S. 740–747.

[Lem13] P. Lemper. *Definition Kriteriumsvalidität*. Technische Universität Dresden, 2013. URL: www.elearning.tu-dresden.de/versuchsplanung/e35/e234/e249.

[Lot10] Silke Lotterbach. »Formatives Usability Testing«. In: *Usability Professionals* (2010), S. 168–174.

[MB03] Joachim Machate und Michael Burmester. *User Interface Tuning: Benutzungsschnittstellen menschlich gestalten*. Frankfurt am Main: Software Support, 2003.

[MHC99] Nicola Millard, Linda Hole und Simon Crowle. »Smiling Through: Motivation At The User Interface«. In: *Proceedings of HCI International (the 8th International Conference on Human-Computer Interaction) on Human-Computer Interaction: Ergonomics and User Interfaces-Volume I - Volume I.* Hillsdale, NJ, USA: L. Erlbaum Associates Inc., 1999, S. 824–828.

[MHH12] B. Martin, B. Hanington und B.M. Hanington. *Universal Methods of Design: 100 Ways to Research Complex Problems, Develop Innovative Ideas, and Design Effective Solutions.* Rockport Publishers, 2012.

[MV] Department of Motor Vehicles. *Obain a REAL ID Driver License.* URL: `www.dmv.dc.gov/service/obtain-real-id-driver-license`.

[May99] Deborah J. Mayhew. *The Usability Engineering Lifecycle: A Practitioner's Handbook for User Interface Design.* San Francisco, CA, USA: Morgan Kaufmann Publishers Inc., 1999.

[Mor81] Thomas P. Moran. »The Command Language Grammar: A Representation for the User Interface of Interactive Computer Systems«. In: *International Journal of Man-Machine Studies* (1981), S. 3–50.

[Mot] Tesla Motors. *Tesla.* URL: `www.teslamotors.com`.

[Mül14] Konstantin Müller. »Arbeitsaufgaben«. mdl. Mitt. 2015. 2014.

[NZ06] Negah Nabbi und Patrick Zimmer. *Design Language - Designsprachen und ihre Bedeutung für heutige MenschMaschine Schnittstellen.* 2006. URL: `www.hci.rwth-aachen.de/tiki-download_file.php?fileId=945`.

[Nht] *Visual-Manual NHTSA Driver Distraction Guidelines for In-Vehicle Electronic Devices.* V2. National Highway Traffic Safety Administration. 1200 New Jersey Avenue, SE, Washington, DC 20590, 2013.

[Nie] S. Niehaus. *The Niehaus Wireframe Technique - Methods to conversion-optimize new projects.* URL: `www.closedloop.com/the-niehaus-wireframe-technique-methods-to-conversion-optimize-new-projects`.

[Nie94a] Jakob Nielsen. »Enhancing the Explanatory Power of Usability Heuristics«. In: *Proceedings of the SIGCHI Conference on Human Factors in Computing Systems*. CHI '94. Boston, Massachusetts, USA: ACM, 1994, S. 152–158.

[Nie94b] Jakob Nielsen. *Usability Engineering*. Interactive technologies. AP Professional, 1994.

[Nie94c] Jakob Nielsen. *Usability Inspection Methods*. Wiley John + Sons, 1994.

[Orga] ADAC Organisation. *ADAC*. URL: www.adac.de.

[Orgb] NHTSA Organisation. *NHTSA Organisation*. URL: www.nhtsa.gov.

[Pir+13] K. Piro u. a. *Ablenkung am Steuer: Die unterschätzte Gefahr*. Techn. Ber. Allianz SE, 2013.

[Poh08] K. Pohl. *Requirements Engineering: Grundlagen, Prinzipien, Techniken*. 2. Aufl. dpunkt.Verlag GmbH, 2008.

[Por09] Rolf Porst. *Fragebogen - Ein Arbeitsbuch*. 2. Auflage. Wiesbaden: Verlag für Sozialwissenschaften, 2009.

[Pri] *Definition Prinzipien*. URL: www.iste.uni-stuttgart.de/se-old/links/links-se/entwurfsregeln-fuer-den-objektorientierten-entwurf/principles.html.

[Pro] *Definition Produkt*. URL: www.wirtschaftslexikon24.com/d/produkt/produkt.htm.

[Prü] Jochen Prümper. *IsoNorm 9241/10 - Beurteilug von Software auf Grundlage der Internationalen Ergonomie-Norm ISO 9241/10*. URL: www.ergo-online.de/site.aspx?url=html/service/download_area/titel.htm.

[Prü97] Jochen Prümper. »Der Benutzungsfragebogen ISONORM 9241/10: Ergebnisse zur Reliabilität und Validität«. In: *Software-Ergonomie '97*. Hrsg. von Rüdiger Liskowsky, BorisM. Velichkovsky und Wolfgang Wünschmann. Bd. 49. Berichte des German Chapter of the ACM. Vieweg + Teubner Verlag, 1997, S. 253–262.

[RM98] Louis B. Rosenfeld und Peter Morville. *Information architecture for the world wide web - designing large-scale web sites*. O'Reilly, 1998.

[RP] Axure RP. *Axure RP.* URL: `www.axure.com`.

[Ram04] Beatrice Rammstedt. *Zur Bestimmung der Güte von Multi-Item-Skalen : eine Einführung.* Bd. 12. Mannheim: Zentrum für Umfragen, Methoden und Analysen -ZUMA-, 2004, S. 25.

[Ras04] Robert Rassl. »Ablenkungswirkung tertiärer Aufgaben im PKW. Systemergonomische Anaylse und Prognose.« Diss. TU München, 2004.

[Ras83] Jens Rasmussen. »Skills, rules, and knowledge: signals, signs, and symbols, and other distinctions in human performance models«. In: *IEEE Transactions on Systems, Man and Cybernetics* 13.3 (1983), S. 257–266.

[Rei00] Günter Reichert. »Menschliche Zuverlässigkeit beim Führen von Kraftfahrzeugen.« Diss. TU München, 2000.

[Rii02] S. Riihiaho. »The Pluralistic Usability Walk-Through Method«. In: *Ergonomics in Design: The Quarterly of Human Factors Application* 10.3 (2002), S. 23–27.

[Rom85] K. Rompe. *Verkehrssicherheit und Wirksystem Fahrer - Fahrzeug - Umwelt: Kolloquium d. Inst. für Verkehrssicherheit im TÜV Rheinland e.V., Direktionsbereich Kraftfahrzeugverkehr ; Veranst. d. TÜV-Akad. Rheinland am 29. November 1984 in Köln-Poll.* Kolloquium des Instituts für Verkehrssicherheit im TÜV Rheinland e.V. Verlag TÜV Rheinland, 1985.

[Ros04] J. Rost. *Lehrbuch Testtheorie - Testkonstruktion.* Aus dem Programm Huber: Psychologie-Lehrbuch. Huber, 2004.

[Roy87] W. W. Royce. »Managing the Development of Large Software Systems: Concepts and Techniques«. In: *Proceedings of the 9th International Conference on Software Engineering.* ICSE '87. Monterey, California, USA: IEEE Computer Society Press, 1987, S. 328–338.

[Rus+97] P. Russell u. a. »Design Guidelines...an unacceptable constraint on creativity or good design practice?« In: IDATER 1997 Conference. Loughborough University, 1997.

[SB06] Florian Sarodnick und Henning Brau. *Methoden der Usability Evaluation: Wissenschaftliche Grundlagen und praktische Anwendung.* 1. Aufl. Huber, Bern, 2006.

[SHE11] R. Schnell, P.B. Hill und E. Esser. *Methoden der empirischen Sozialforschung.* Oldenbourg Wissenschaftsverlag, 2011.

[SP04] Ben Shneiderman und Catherine Plaisant. *Designing the User Interface: Strategies for Effective Human-Computer Interaction (4th Edition).* Pearson Addison Wesley, 2004.

[SR91] Brian Shackel und Simon Richardson. »Human Factors for Informatics Usability«. In: Hrsg. von Brian Shackel und S. J. Richardson. New York, NY, USA: Cambridge University Press, 1991. Kap. Human Factors for Informatics Usability&Mdash;Background and Overview, S. 1–19.

[ST12] Thilo Streichert und Matthias Traub. *Elektrik/Elektronik-Architekturen im Kraftfahrzeug.* Springer Vieweg, 2012, S. 1–10.

[Sch01] T. Schierl. *Text und Bild in der Werbung: Bedingungen, Wirkungen und Anwendungen bei Anzeigen und Plakaten.* Herbert von Halem Verlag, 2001.

[Sch09] Jörg Henning Schneider. »Modellierung und Erkennung von Fahrsituationen und Fahrmanövern für sicherheitsrelevante Fahrerassistenzsysteme.« Diss. TU Chemnitz, 2009.

[Sch13] Bernhard Karl Georg Schröer. »Lösungskomponente Mensch. Nutzerseitige Handlungsmöglichkeiten als Bausteine für die kreative Entwicklung von Interaktionslösungen«. Diss. TU München, 2013.

[Sch62] G. Schmidtchen. *Der Anwendungsbereich betriebssoziologischer Umfragen.* Bern, 1962.

[Sea97] Andrew Sears. »Heuristic Walkthroughs: Finding the Problems Without the Noise.« In: *Int. J. Hum. Comput. Interaction* 9.3 (1997), S. 213–234.

[Sie] K. Sierra. *Featuritis vs. the Happy User Peak.* URL: `www.headrush.typepad.com/creating_passionate_users/2005/06/featuritis_vs_t.html`.

[Stu] Balsamiq Studios. *balsamiq Mockups.* URL: `www.balsamiq.com`.

[Sys] *Definition System.* URL: `www.wirtschaftslexikon.gabler.de/Archiv/3210/system-v12.html`.

[Tim01] Klaus-Peter Timpe. »Fahrzeugführung: Anmerkungen zum Thema«. In: *Kraftfahrzeugführung*. Hrsg. von Thomas Jürgensohn und Klaus-Peter Timpe. Springer Berlin Heidelberg, 2001, S. 9–27.

[WGH96] *IsoMetricsL: Ein Verfahren zur formativen Evaluation von Software nach ISO 9241/10*. 27. Universität Osnabrück. 1996.

[Wha+94] Cathleen Wharton u. a. »Usability Inspection Methods«. In: Hrsg. von Jakob Nielsen und Robert L. Mack. New York, NY, USA: John Wiley Sons, Inc., 1994. Kap. The Cognitive Walkthrough Method: A Practitioner's Guide, S. 105–140.

[Wie12] Johann Wiesböck. »Touch-Bedienung ermöglicht mehr Flexibilität und Sicherheit«. In: *Elektronik Praxis* (2012).

[Wil] H. Willumeit. *IsoMetrics L - Fragebogen zur Evaluation von graphischen Benutzungsschnittstellen*. URL: www.isometrics.uni-osnabrueck.de/boegen/www/Isometrl.ps.

Abbildungsverzeichnis

Tabellenverzeichnis

Glossar

B

Baureihe

Fahrzeug eines Fahrzeugherstellers, welches in vielfacher Ausführung in gleichartiger Weise gefertigt wird.

Benutzungsschnittstelle

Nutzerschnittstelle, mit der ein Mensch mit der Maschnine (Computer) in Verbindung tritt.

C

Corporate Design

Unternehmens-Erscheinungsbild, welches durch die Gestaltung der Kommunikationsmittel, der Geschäftspapiere oder des Internetauftritts definiert wird.

D

DDS

Dreh-Drück Steller - Steuerungselement für Inhalte des KUKI-Systems.

Design

Äußerliche Form- und Farbgestaltung von Funktionen und Inhalten.

F

Fahrerarbeitsplatz

Bereich, in dem der Fahrer während der Fahrzeugführung sitzt.

G

Grafik-Engine

Teil eines Computerprogramms, welches für die Darstellung der Computergrafik zuständig ist.

H

HMI

Human-Machine-Interaction - Benutzungsschnittstelle zwischen Mensch und Maschine (Computer).

K

kognitiv

Informationsverarbeitung des Menschen.

Komponente

Einzelteil eines technischen Komplexes.

Konstrukt

Gedankliches Konzept, welches aus Überlegungen und Erfahrungen abgeleitet wird.

L

Layout

Gliedert die Oberfläche in Bereiche innerhalb eines Gestaltungsrasters.

P

Phase

Zeit- oder Tätigkeitsabschnitt.

R

Richtlinie

Normen, Guidelines und Styleguides in denen Regeln definiert sind.

S

Sinnesorgan

Organ, welches Informationen in Form von Reizen aus dem Umfeld in elektrische Impluse umwandelt.

SOP

Start of Production - Beginn der Serienproduktion.

Spezifikateur

Person, welche HMI-Konzepte entwickelt.

Sprachdialogsystem

System, mit denen Nutzer über ein Benutzungsschnittstelle sprachliche Dialoge mit dem digitalen System führen können.

T

Tablet

Tragbarer flacher Computer mit Touch-Bildschirm.

V

Virtuelle Elemente

Inhalte und Funktionen (z.B. Verstellung Lautstärke), welche im digitalen System (z.B. Touch-Screen im Fahrzeug) dargestellt werden.

Vorgehensmodell

Organisiert einen Prozess in verschiedene, strukturierte Abschnitte, welchen Techniken und Methoden zugeordnet sind.

Anhang

A. Befragung Evaluatoren

A.1. Vorbefragung

PORSCHE

vom Versuchsleiter auszufüllen

Datum: ______________

Versuch: ______________

Vp-Nr.: ______________

Kenntnisse und Erwartungen

Der folgende Fragebogen dient der Erhebung einiger persönlicher Daten sowie der Ermittlung Ihrer Fachkenntnisse. Uns interessiert vor allem, über wie viel Erfahrung Sie mit und welche Erwartungshaltung Sie an eine expertenbasierte Evaluation stellen. Folgende Angaben sind wichtig, um bei der Entwicklung eines Vorgehensmodells für eine expertenbasierte Evaluation von Tertiäraufgaben Ihre Anforderungen mit zu berücksichtigen.

Vielen Dank!

	Weiblich	Männlich
Geschlecht	❑	❑

Alter ________ Jahre

Ausbildungshintergrund ______________________________

Tätigkeitsbereich ______________________________

Seid wie vielen Jahren arbeiten Sie in diesem Bereich ________ Jahre

---

	nein	eher nein	eher ja	ja
Über neue technische Innovationen informiere ich mich	❑	❑	❑	❑
Ich kaufe mir neue technische Innovationen der Konsumgüterelektronik	❑	❑	❑	❑

PORSCHE

	nein	eher nein	eher ja	ja
Ich habe Erfahrung mit Evaluationen	☐	☐	☐	☐

	nutzer-zentriert	experten-zentriert
Es handelt sich um folgendes Verfahren	☐	☐

	Test-leiter	Teilnehmer (Proband)
Folgende Rolle hatte ich eingenommen	☐	☐

Ich habe Erfahrung mit	nein	eher nein	eher ja	ja
- Richtlinien	☐	☐	☐	☐
- Automotive Richtlinien	☐	☐	☐	☐

Mit folgenden Richtlinien habe ich Erfahrung ____________________

	nein	eher nein	eher ja	ja
Genannte Richtlinien und deren Inhalte kenne ich gut	☐	☐	☐	☐

---

	nein	eher nein	eher ja	ja
Eine regelmäßige Konzeptevaluation erachte ich als sinnvoll	☐	☐	☐	☐

Nennen Sie Anforderungen, die Sie an eine expertenbasierte Evaluation von HMI Konzepten stellen ____________________

Vielen Dank für Ihre Teilnahme

A.2. Nachbefragung

PORSCHE

vom Evaluator auszufüllen
Datum: ______________
Vp-Nr.: ______________

Nachbefragung

Der folgende Fragebogen dient der Erhebung Ihrer Erfahrungen, Meinungen und Wünsche an das vorgestellte Evaluationsverfahren.

Evaluationsvorgehen

	Stimme zu	Stimme eher zu	Stimme eher nicht zu	Stimme nicht zu
Das Vorgehen der Evaluation ist in die tägliche Arbeit integrierbar	❑	❑	❑	❑
Die Evaluation am eigenen Arbeitsplatz ist der Evaluation mit Testleiter und fixem Termin vorzuziehen	❑	❑	❑	❑
Die Beurteilung einzelner Element(gruppen) fördert die Flexibilität der Evaluation	❑	❑	❑	❑
Die Anonymität während und nach der Evaluation ist gewährleistet	❑	❑	❑	❑
Die Beantwortungsdauer für einen Fragebogen (ca. 20 Fragen) ist angenehm	❑	❑	❑	❑

Fragebogen

	Stimme zu	Stimme eher zu	Stimme eher nicht zu	Stimme nicht zu
Die Skalenbreite ist angenehm	❑	❑	❑	❑
Die Skalenbenennung ist verständlich	❑	❑	❑	❑
Das Freitextfeld bietet ausreichend Platz für Erläuterungen	❑	❑	❑	❑

PORSCHE

Die Strukturierung nach Kategorie *Darstellung, Benennung, Platzierung* und *Interkation* ist nachvollziehbar	❑	❑	❑	❑
Die grafische Gestaltung des Fragebogen ist ansprechend	❑	❑	❑	❑

Mittels der Evaluation...

	Stimme zu	Stimme eher zu	Stimme eher nicht zu	Stimme nicht zu
- werden HMI Probleme aufgedeckt	❑	❑	❑	❑
- werden andere Sichtweisen aufgedeckt	❑	❑	❑	❑
- können Konzepte verbessert werden	❑	❑	❑	❑

Weitere Anmerkungen ______________________________

____

____

____

____

____

Vielen Dank für Ihre Teilnahme

B. Usability-Fragebogen

B.1. IsoMetrics

Itemes Fragebogen IsoMetrics

Nummer	Item	Betrachtung Produkt	HMI-Phase
A	**Aufgabenangemessenheit**		
A.1	Die Software zwingt mich, überflüssige Arbeitsschritte durchzuführen.	Generell	Implementierung
A.3	Mit der Software kann ich zusammenhängende Arbeitsabläufe vollständig bearbeiten.	Generell	Implementierung
A.4	Die Software bietet mir alle Möglichkeiten, die ich für die Bearbeitung meiner Aufgaben benötige.	Generell	Konzept
A.6	Die Software ermöglicht es mir, Daten so einzugeben, wie es von der Aufgabenstellung gefordert wird.	Generell	Implementierung
A.7	Die für die Aufgabenbearbeitung notwendigen Informationen befinden sich immer am richtigen Platz auf dem Bildschirm.	Generell	Konzept
A.8	Es müssen zuviele Eingabeschritte für die Bearbeitung mancher Aufgaben durchgeführt werden.	Generell	Konzept
A.9	Die vom Programm erzeugten Ausgaben passen zu meinen Aufgabenstellungen, d.h. sie erhalten keine überflüssigen, zu knappen oder unverständlichen formulierten Informationen.	Generell	Implementierung
A.10	Die Software ist auf die von mir zu bearbeitenden Aufgaben zugeschnitten.	Generell	Implementierung
A.11	Auf dem Bildschirm finde ich alle Informationen, die ich gerade benötige.	Generell	Implementierung
A.12	Die in der Software verwendeten Begriffe und Bezeichnungen entsprechen denen meiner Arbeitstätigkeit.	Generell	Konzept, Design
A.14	Die Software bietet mir eine Wiederhol-Funktion für wiederkehrende Arbeitsschritte.	Generell	Implementierung
A.15	Auch nicht routinemäßig auftretende Arbeitsaufgaben lassen sich mit der Software einfach bearbeiten.	Generell	Implementierung
A.16	Für meine Arbeit wichtige Befehle werden von der Software so dargeboten, daß sie sich leicht auffinden lassen.	Generell	Konzept, Design
A.17	Die mit der Software erzeugten Ergebnisse lassen sich meinen Anforderungen entsprechend darstellen bzw. ausgeben.	Generell	Implementierung
A.18	Die Darstellung der Informationen auf dem Bildschirm unterstützt mich bei der Bearbeitung meiner Aufgaben.	Generell	Konzept, Design
S	**Selbstbeschreibungsfähigkeit**		
S.2	Bei Bedarf können für die Benutzung des Systems Erläuterungen abgerufen werden.	Generell	Konzept, Implementierung
S.3	Die Meldungen der Software sind für mich sofort verständlich.	Generell	Implementierung
S.5	Wenn ich Informationen zu einem bestimmten Eingabefeld benötige, lassen sich diese einfach abrufen.	Generell	Implementierung
S.6	Wenn Befehle in bestimmten Situationen nicht zur Verfügung stehen (gesperrt sind), ist dies leicht erkennbar.	Generell	Design, Implementierung
S.7	Auf Wunsch bietet mir die Software neben allgemeinen Erklärungen auch Beispiele an.	Generell	Konzept, Implementierung
S.8	Ich kann die Rückmeldungen, die ich von der Software erhalte, eindeutig dem auslösenden Vorgang zuordnen.	Generell	Implementierung
S.9	Die Software stellt mir auf Wunsch Informationen über die aktuellen Bedien- und Nutzungsmöglichkeiten zur Verfügung.	Generell	Konzept, Implementierung
S.10	Die Software liefert für mich in ausreichendem Maße Informationen darüber, welche Eingaben gerade zulässig sind.	Generell	Implementierung
S.11	Es ist für mich unmittelbar ersichtlich, was die Befehle des Systems bewirken.	Generell	Konzept, Implementierung
S.12	Die von der Software verwendeten Begriffe sind für mich sofort verständlich.	Generell	Konzept
S.13	Die Software bietet mir stets visuelle Hinweise auf die aktuelle Eingabestelle (z.B. durch Markierung, Farbe, Cursorblinken, Mauscursor etc.).	Generell	Design, Implementierung
S.14	Es ist für mich eindeutig unterscheidbar, ob die Software Rückmeldungen, Sicherheitsabfragen, Warnungen oder Fehlermeldungen ausgibt.	Generell	Design, Implementierung

T	Steuerbarkeit		
T.2	Die Software bietet mir gute Bedienungsmöglichkeiten, um mich in Dokumenten (Texten, Datenbanken, Kalkulationsblättern etc.) zu bewegen.	Generell	Implementierung
T.3	Mit der Software ist für mich ein einfaches Bewegen zwischen den unterschiedlichen Menüebenen möglich.	Generell	Konzept, Implementierung
T.4	Die Software bietet mir die Möglichkeit, von jeder beliebigen Menüebene direkt zum Hauptmenü zurückzuspringen.	Generell	Konzept
T.5	Es besteht jederzeit die Möglichkeit, bei einer Befehlseingabe abzubrechen.	Generell	Implementierung
T.6	Es ist immer einfach, ein gerade benötigtes Bearbeitungsprogramm auszuführen.	Generell	Implementierung
T.7	Es ist für mich einfach, zwischen unterschiedlichen Bearbeitungsbildschirmen zu wechseln.	Generell	Implementierung
T.8	Die Software erlaubt mir eine Unterbrechung des Bearbeitungsschrittes, obwohl sie eine Eingabe erwartet.	Generell	Implementierung
T.10	Die Bedienmöglichkeiten der Software unterstützen eine optimale Nutzung des Systems.	Generell	Implenentierung
T.12	Das System läßt sich nur in einer starr vorgegebenen Weise bedienen.	Generell	Implementierung
T.13	Die Auswahl von Menübefehlen kann wahlweise durch die Eingabe von Abkürzungen (Buchstaben oder Transaktionscodes) vorgenommen werden.	Generell	Impelentierung
T.14	Die Software erlaubt es, einen laufenden Vorgang abzubrechen.	Generell	Implementierung
E	**Erwartungskonformität**		
E.1	Die Bildschirmdarbietungen (Bedienelemente, Eingabemasken, Fenster etc.) in einer Bearbeitungssequenz sind für mich vorhersagbar.	Generell	Implementierung
E.2	Die Bearbeitungszeiten der Software sind für mich gut abschätzbar.	Generell	Implementierung
E.3	Begriffe und graphische Darstellungen werden in allen mir bekannten Softwareteilen einheitlich benutzt.	Generell	Konzept, Design, Implementierung
E.4	Gleiche Funktionen lassen sich in allen Teilen der Software einheitlich ausführen.	Generell	Konzept, Design, Implementierung
E.5	Die Ausführung einer Funktionen führt immer zu dem erwarteten Ergebnis.	Generell	Implementierung
E.6	Die Möglichkeiten zur Bewegung innerhalb und zwischen allen Teilen der Software empfinde ich als einheitlich.	Generell	Konzept, Implementierung
E.7	Die Meldungen der Software erscheinen immer an der gleichen Stelle.	Gernerell	Konzept, Implementierung
E.8	Die Software erschwert meine Aufgabenbearbeitung durch eine uneinheitliche Gestaltung.	Generell	Konzept, Design, Implementierung
F	**Fehlertoleranz**		
F.1	Bei der Arbeit mit der Software kann es passieren, daß auch kleine Fehler schwerwiegende Folgen nachsichziehen.	Generell	Implementierung
F.2	Eingegebene Informationen (Daten, Texte, Graphiken) gehen selbst bei einer Fehlbedienung nicht verloren.	Generell	Implementierung
F.3	Fehler bei der Eingabe von Daten (z.B. in Bildschirmmasken oder Formulare) können leicht rückgängig gemacht werden.	Generell	Implementierung
F.4	Befehle, die Daten unwiderruflich löschen, sind mit einer Sicherheitsabfrage gekoppelt.	Generell	Implementierung
F.5	Ich empfinde den Korrekturaufwand bei Fehlern als gering.	Generell	Implementierung
F.6	Eingaben, die ich mache, werden auf ihre Richtigkeit hin überprüft, bevor die Daten weiter verarbeitet werden.	Generell	Implementierung
F.7	Bei meiner Arbeit mit der Software treten Systemfehler (z.B. "Absturz") auf.	Generell	Implementierung
F.8	Mache ich bei der Bearbeitung einer Aufgabe einmal einen Fehler, kann ich die fehlerhafte Operation leicht zurücknehmen.	Generell	Implementierung
F.9	Eine Eingabe von mir hat noch nie zu einem Systemfehler (z.B. "Absturz") geführt.	Generell	Implementierung

F.10	Die Software ist so gestaltet, daß das versehentliche Auslösen von Aktionen verhindert wird (z.B. durch Sicherheitsabstände zwischen kritischen Tasten, durch geeignete Bennung, durch Hervorhebungen etc.).	Generell	Design, Implementierung
F.12	In einer Fehlersituation gibt die Software konkrete Hinweise, wie der Fehler behoben werden kann.	Generell	Implementierung
F.13	Die Fehlermeldungen sind gut verständlich und hilfreich.	Generell	Konzept, Design, Implementierung
F.14	Bei fehlerhaften Eingaben gibt die Software in einigen Fällen zu spät Rückmeldungen.	Generell	Implementierung
F.15	Vor der Ausführung möglicherweise problematischer Aktionen gibt die Software eine Warnung aus.	Generell	Implementierung
F.16	Die Software bietet mir die Möglichkeit, trotz der Veränderung von Daten, die Orginaldaten weiterhin verfügbar zu halten.	Generell	Konzept, Implementierung
I	**Indidvidualisierbarkeit**		
I.1	Die Software bietet mir die Möglichkeit der Anpassung (z.B. bei Menüs, Bildschirmdarstellungen) an meine individuellen Bedürfnisse und Anforderungen.	Generell	Konzept, Implementierung
I.4	Die Software bietet einfache Möglichkeiten, sie an meinen individuellen Kenntnisstand anzupassen.	Generell	Implementierung
I.6	Ich habe die Möglichkeit, die Menge der auf dem Bildschirm dargestellten Informationen (Daten, Graphiken, Texte, etc.) meinen Erfordernissen anzupassen.	Generell	Konzept, Implementierung
I.7	Die Software bietet die Möglichkeit, Kommandos, Funktionen, etc. individuell zu benennen.	Generell	Konzept, Implementierung
I.8	Spezielle Eigenschaften (z.B. Geschwindigkeit) der Eingabegeräte (Maus, Tastatur, etc.) sind individuell einstellbar.	Generell	Konzept, Implementierung
I.11	Ich kann die Reaktionszeiten der Software an meine individuelle Arbeitsgeschwindigkeit anpassen.	Generell	Konzept, Implementierung
L	**Lernföderlichkeit**		
L.1	Es hat lange gedauert bis ich die Bedienung der Software erlernt habe.	Generell	Implementierung
L.2	Auch bei seltenem Gebrauch ist es kein Problem sich wieder in die Software hineinzufinden.	Generell	Implementierung
L.3	Bei Bedarf bekomme ich Hilfestellungen, die das Erlernen der Software erleichtern.	Generell	Implementierung
L.4	Bisher war es für mich nicht schwer die Bedienung des Software zu erlernen.	Generell	Implementierung
L.5	Ich konnte die Software von Anfang an alleine bedienen, ohne daß ich Kollegen fragen mußte.	Generell	Implementierung
L.6	Die Software ist so gestaltet, daß bisher unbekannte Funktionen durch ausprobieren erlernt werden können.	Generell	Implementierung
L.7	Um die Software bedienen zu können, muß ich mir viele Details merken.	Generell	Implementierung
L.8	Die Bedienmöglichkeiten (z.B. Programmbefehle, Kommandos,etc.) kann ich mir gut merken.	Generell	Implementierung

B.2. IsoNorm

Items Fragebogen IsoNorm 9241/11

Nummer	Item	Betrachtung Produkt	HMI-Phase
A	**Unterstützt die Software die Erledigung Ihrer Arbeitsaufgabe, ohne Sie als Benutzer unnötig zu belasten?**		
1	Die Software ist (un-)kompliziert zu bedienen.	Generell	Implementierung
2	Die Software bietet (nicht) alle Funktionen, um die anfallenden Aufgaben effizient zu bewältigen	Generell	Konzept, Implementierung
3	Die Software bietet schlechte/gute Möglichkeiten, sich häufig wiederholende Bearbeitungsvorgänge zu automatisieren.	Generell	Implementierung
4	Die Software erfordert (keine) überflüssige Eingaben.	Generell	Implementierung
5	Die Software ist schlecht/gut auf die Anforderungen der Arbeit zugeschnitten.	Generell	Konzept, Implementierung
S	**Gibt Ihnen die Software genügend Erläuterungen und ist sie in ausreichendem Masse verständlich?**		
1	Die Software bietet einen schlechten/guten Überblick über ihr Funktionsangebot.	Generell	Konzept
2	Die Software verwendet schlecht/gut verständliche Begriffe, Bezeichnungen, Abkürzungen oder Symbole in Masken und Menüs.	Generell	Konzept, Design
3	Die Software liefert in (un-)zureichendem Maße Informationen darüber, welche Eingaben zulässig oder nötig sind.	Generell	Konzept, Implementierung
4	Die Software bietet auf Verlangen (keine) situationsspezifische(n) Erklärungen, die konkret weiterhelfen.	Generell	Konzept, Implementierung
5	Die Software bietet von sich aus (keine) situationsspezifischen Erklärungen, die konkret weiterhelfen.	Generell	Implementierung
T	**Können Sie als Benutzer die Art und Weise, wie Sie mit der Software arbeiten, beeinflussen?**		
1	Die Software bietet (keine) Möglichkeit, die Arbeit an jedem Punkt zu unterbrechen und dort später ohne Verluste wieder weiterzumachen.	Generell	Implementierung
2	Die Software erzwingt eine/keine unnötig starre Einhaltung von Bearbeitungsschritten.	Generell	Implementierung
3	Die Software ermöglicht einen/keinen leichten Wechsel zwischen einzelnen Menüs oder Masken.	Generell	Konzept, Implementierung
4	Die Software ist so gestaltet, daß der Benutzer (nicht) beeinflussen kann, wie und welche Informationen am Bildschirm dargeboten werden.	Generell	Implementierung
5	Die Software erzwingt unnötige/keine Unterbrechungen der Arbeit.	Generell	Implementierung
E	**Kommt die Software durch eine einheitliche und verständliche Gestaltung Ihren Erwartungen und Gewohnheiten entgegen?**		
1	Die Software erschwert/erleichtert die Orientierung, durch eine uneinheitliche Gestaltung.	Generell	Konzept, Design
2	Die Software läßt einen(nicht) im Unklaren darüber, ob eine Eingabe erfolgreich war oder nicht.	Generell	Implementierung
3	Die Software informiert in unzureichendem/ ausreichendem Maße über das, was sie gerade macht.	Generell	Implementierung
4	Die Software reagiert mit schwer/gut vorhersehbaren Bearbeitungszeiten.	Generell	Implementierung
5	Die Software läßt sich (nicht) durchgehend nach einem einheitlichen Prinzip bedienen.	Generell	Implementierung
F	**Bietet Ihnen die Software die Möglichkeit, trotz fehlerhafter Eingabe das beabsichtigte Arbeitsergebnis ohne oder mit geringem Korrekturaufwand zu erreichen?**		
1	Die Software ist so gestaltet, daß kleine Fehler (keine) schwerwiegende Folgen haben können.	Generell	Implementierung
2	Die Software informiert zu spät/sofort über fehlerhafte Eingaben.	Generell	Implementierung
3	Die Software liefert schlecht/gut verständliche Fehlermeldungen.	Generell	Implementierung
4	Die Software erfordert bei Fehlern im großen und ganzen einen hohen/geringen Korrekturaufwand.	Generell	Implementierung
5	Die Software gibt (keine) konkreten Hinweise zur Fehlerbehebung.	Generell	Implementierung

I	**Können Sie als Benutzer die Software ohne große Anpassungen auf Ihre individuellen Bedürfnisse und Anforderungen anpassen?**		
1	Die Software läßt sich von dem Benutzer schwer/leicht erweitern, wenn für ihn neue Aufgaben entstehen.	Generell	Implementierung
2	Die Software läßt sich von dem Benutzer schlecht/gut an seine persönliche, individuelle Art der Arbeitserledigung anpassen.	Generell	Konzept, Implementierung
3	Die Software eignet sich für Anfänger und Experten (nicht) gleichermaßen, weil der Benutzer sie nur schwer an seinen Kenntnisstand anpassen kann.	Generell	Implementierung
4	Die Software läßt sich - im Rahmen ihres Leistungsumfangs - von dem Benutzer schlecht/gut für unterschiedliche Aufgaben passend einrichten.	Generell	Implementierung
5	Die Software ist so gestaltet, daß der Benutzer die Bildschirmdarstellung schlecht/gut an seine individuellen Bedürfnisse anpassen kann.	Generell	Konzept, Implementierung
L	**Ist die Software so gestaltet, dass Sie sich ohne großen Aufwand in sie einarbeiten konnten und bietet sie auch dann Unterstützung, wenn Sie neue Funktionen lernen möchten?**		
1	Die Software erfordert viel/wenig Zeit zum Erlernen.	Generell	Konzept, Implementierung
2	Die Software ermutigt (nicht) dazu, auch neue Funktionen auszuprobieren.	Generell	Implementierung
3	Die Software erfordert (nicht), daß man sich viele Details merken muß.	Generell	Konzept, Implementierung
4	Die Software ist so gestaltet, daß sich einmal Gelerntes schlecht/gut einprägt.	Generell	Implementierung
5	Die Software ist schlecht/gut ohne fremde Hilfe oder Handbuch erlernbar.	Generell	Implementierung

C. Automotive-Richtlinien - NHTSA, AAM, ESoP, JAMA, DIN ISO 15005

Vollständige Richtlinie abfragbar ab HMI-Phase: K (Konzept), D (Design), I (Implementierung)

Richtlinie beinhaltet Prinzip: A (Aufgabenangemessenheit), S (Selbstbeschreibungsfähigkeit), E (Erwartungskonformität), St (Steuerbarkeit), F (Fehlertoleranz), L (Lernförderlichkeit), I (Individualisierbarkeit)

Guidelines				Norm
NHTSA-Guidelines (Version April 2013)	JAMA-Guidelines (Version August 2004)	ESoP-Guidelines (Version Dezember 2006)	AAM-Guidelines (Version Juni 2006)	DIN EN ISO 15005 (Version Juli 2002)
Kategorie: **Aufmerksamkeitsfokus Primäraufgabe**				
	(1.1) Preferably, a display system is so designed that its adverse effect on safe driving will be kept to a minimum. **Phase: I** **Prinzip: Alle**	(4.3.1.1)Das System ist so zu gestalten, dass es den Fahrer unterstützt und nicht zu einem potenziell gefährdenden Verhalten des Fahrers oder anderer Verkehrsteilnehmer Anlass gibt. **Phase: I** **Prinzip: Alle**		(5.2.2.1)TICS-Dialoge gelten als kompatibel mit der Fahrzeugführung, wenn der Gebrauch von TICS die Fähigkeit des Fahrers, ein Fahrzeug zu führen, optimiert oder zumindest nicht nachteilig beeinflusst. **Phase: I** **Prinzip: Alle**
				(5.2.1) Ein TICS-Dialog ist für den Gebrauch während der Fahrt dann geeignet, wenn er die vorrangige Wichtigkeit der Fahraufgabe berücksichtigt, die Notwendigkeit einbezieht, dass ein Fahrer auf Reize des Verkehrsumfeldes ebenso wie - wenn anwendbar - auf zusätzliche, von TICS ausgehenden Reize reagieren muss. **Phase: I**
				(5.2.4.1) Ein TICS-Dialog erfüllt die Anforderungen bezüglich des Timings und der Priorität, wenn die kontinuierliche Aufmerksamkeit des Fahrers für Verkehrssituationen unterstützt oder nicht negativ beeinflusst wird. **Phase: I** **Prinzip: Alle**
		(4.3.1.2) Die Aufteilung der Aufmerksamkeit des Fahrers während der Interaktion mit Anzeigen und Bedienteilen des Systems bleibt mit dem in der jeweiligen Verkehrssituation gegebenen Aufmerksamkeitsbedarf vereinbar. **Phase: I** **Prinzip: Alle**		(5.2.3.2.2)Die Gestaltung von TICS-Dialogen soll den physischen und mentalen Aufwand des Fahrers optimieren und den Fahrer so wenig wie möglich ablenken, es sei denn, die Aufmerksamkeit des Fahrers ist ausdrücklich gefordert. **Phase: I** **Prinzip: Alle**
				(5.3.1) Ein Dialog ist für eine TICS-Aufgabe geeignet, wenn er den Fahrer bei der sicheren, effizienten und effektiven Erfüllung der TICS-Aufgabe unterstützt. **Phase: I** **Prinzip: Alle**
				(5.4.1) Ein TICS-Dialog ist für den Fahrer geeignet, wenn er die Erwartungen, Merkmale und Grenzen des Fahrers mit in Betracht zieht. **Phase: I** **Prinzip: Alle**

Kategorie: **Einheitliche Schnittstellengestaltung**				
				(5.3.2.1) TICS-Dialoge gelten als konsistent, wenn die Interaktion mit TICS und das TICS-Verhalten nach festen Regeln und einer inneren Logik ablaufen. **Phase: K** **Prinzip: E**
		(4.3.1.5)Schnittstellen und Schnittstellen mit Systemen, die zur gleichzeitigen Nutzung durch den Fahrer während der Fahrt vorgesehen sind, müssen einheitlich und kompatibel gestaltet sein. **Phase: I** **Prinzip: E**		(5.3.2.2.1)Die Informationsdarstellung und die Dialoge eines TICSGerätes müssen hinsichtlich der Merkmale Sinnesmodalität, Ort der Darstellung, Ausrichtung und Dialogmanagement konsistent sein. **Phase: K** **Prinzip: E**
				(5.3.2.3) Die TICS-Darstellung soll dem Inhalt und den Merkmalen der Information angemessen und in sich konsistent sein. **Phase: K** **Prinzip: E**
Kategorie: **Keine Einschränkung Sichtfeld**				
(V.A.1.) No part of the physical device, when mounted in the manner intended by the manufacturer, should obstruct a driver's view of the roadway. **Phase: I** **Prinzip: A**	(1.2) Preferably, a display system is installed in such an in- vehicle position that the driving operation and the visibility of forward field will not be obstructed. **Phase: I** **Prinzip: A**	(4.3.2.2) Keiner der Bestandteile des Systems sollte die Sicht des Fahrers auf das Verkehrsgeschehen behindern. **Phase: I** **Prinzip: A**	(1.2) No part of the system should obstruct the driver´s field of view as defined by applicable regulations. **Phase: I** **Prinzip: A**	
	(3.1.2) A display system shall not obstruct any part of the driver's visual field that is necessary for driving. **Phase: I** **Prinzip: A**			
	(5.2)The operation of a display system shall not result in a marked obstruction of forward field visibility. **Phase: I** **Prinzip: A**			
Kategorie: **Keine Einschränkung anderer Bedienteile**				
(V.A.2.) No part of the physical device, when mounted in the manner intended by the manufacturer, should obstruct a driver's view of any vehicle controls or displays required for driving. **Phase: I** **Prinzip: A**	(3.1.1)A display system shall not interfere with the operation of the steering device nor limit the visibility of the various meters from the driver. **Phase: I** **Prinzip: A**	(4.3.5.2)Das Systemverhalten sollte keine Anzeigen bzw. Bedienteile stören, die für das Führen des Fahrzeugs benötigt werden oder für die Sicherheit des Straßenverkehrs von Bedeutung sind. **Phase: I** **Prinzip: A**	(1.3) No part of the physical system should obstruct any vehicle controls or displays required for the driving task. **Phase: I** **Prinzip: A**	(5.2.2.2.3)Displays und Bedienelemente für TICS-Dialoge müssen so gestaltet und positioniert werden, dass sowohl die Fahraufgabe als auch die TICS-Funktion ungehindert vollzogen werden können. **Phase: I** **Prinzip: A**
		(4.3.2.3)Das System sollte Anzeigen sowie den Zugang zu Bedienteilen nicht behindern, die für das Führen des Fahrzeugs - die primäre Aufgabe des Fahrers - benötigt werden. **Phase: I** **Prinzip: A**		(5.2.4.3.3) Sind in einem Fahrzeug verschiedene TICS-Geräte installiert, soll die integrierte Ausführung die relative Priorität ihrer Funktionen berücksichtigen. **Phase: I** **Prinzip: A**
		(4.3.4.5)Die Bedienteile des Systems sollten so gestaltet werden, dass sie ohne Beeinträchtigung der für das Führen des Fahrzeugs erforderlichen primären Bedienteile verwendet werden können. **Phase: I** **Prinzip: A**		(5.2.2.2.1) Wann immer TICS auf primäre Bedienteile des Fahrzeuges und/oder sekundäre Bedienelemente einwirkt, darf sich dies nicht nachteilig auf die Reaktionen des Fahrzeuges auf die Bedienaktion des Fahrer auswirken. **Phase: I** **Prinzip: A**

Kategorie: **Erreichbarkeit/Bedienung Schnittstellen**				
(B.) The mounting location for a device should be in a location that is easy to see and/or reach (as appropriate) while driving. **Phase: I** **Prinzip: A**	(1.4) Preferably, a display system can be operated by the driver without adversely affecting his or her driving work. **Phase: I** **Prinzip: A**			(5.3.3.3.1) Bedienelemente sollen so gestaltet und positioniert sein, dass unbeabsichtigte Betätigungen vermieden werden. **Phase: D** **Prinzip: S**
	(3.1.3) The operating section of a display system shall not be located at a position that causes the driver to be substantially displaced from driving posture when operating the display system. **Phase: I** **Prinzip: A**			
Kategorie: **Einbau/Ausrichtung Display im Fahrzeug**				
(C.) Maximum Display Downward Angle. Ausführliche Beschreibung entnehmen Sie bitte der Guideline. **Phase: I** **Prinzip: A**	(3.1.4) In case of retrofit display systems, vehicle manufacturers shall take measure to ensure that such display systems be installed at proper positions inside their vehicles. **Phase: I** **Prinzip: A**	(4.3.2.1)Die Systeme sollten unter Berücksichtigung der maßgeblichen Rechtsvorschriften, Normen und Einbauanleitungen der Hersteller platziert und sicher montiert werden. **Phase: I** **Prinzip: A**	(1.1) The system should be located and fitted in accordance with relevant regulations, standards, and the vehicle and component manufactures' instructions for installing the systems in vehicle. **Phase: I** **Prinzip: A**	
Kategorie: **Blendung/Spiegelung innerhalb des Displays**				
	(4.1.3) The luminous intensity, contrast, colors and other display conditions of a display system shall be such that the driver is not dazzled by the display at night. **Phase: D, I** **Prinzip: A**	(4.3.2.5) Optische Anzeigen sollten so entwickelt und eingebaut werden, dass sie nicht blenden und reflektieren. **Phase: D, I** **Prinzip: A**	(1.5) Visual displays should be designed and installed to reduce or minimize glare and reflections. **Phase: D, I** **Prinzip: A**	
Kategorie: **Ausrichtung Display an Sichtlinie des Fahrers**				
(D) Visual displays that present information relevant to the driving task and/or visually intensive information should be laterally positioned as close as practicable to a driver's forward line of sight. **Phase: I** **Prinzip: A**	(3.2) The display monitor of a display system shall be located at a position that can provide a sufficient visibility of the forward field even when the driver is looking at its screen. Furthermore, the display monitor of a display system shall be so located that its reflection on the windshield does not obstruct the visibility of the forward field. **Phase: I** **Prinzip: A**	(4.3.2.4) Optische Anzeigen sollten so nahe wie machbar oder praktikabel an der normalen Sichtlinie des Fahrers positioniert werden. **Phase: I** **Prinzip: A**	(1.4) Visual displays that carry information relevant to the driving task and visually-intensive information should be positioned as close as practicable to the driver's forward line of sight. **Phase: I** **Prinzip: A**	
Kategorie: **Darstellung von Text**				
(E) Visually presented text should meet the legibility recommendations contained in ISO International Standard 15008:2003, "Road vehicles—Ergonomic aspects of transport information and control systems—Specifications and compliance procedures for in-vehicle visual presentation." **Phase: D** **Prinzip: E**				
Kategorie: **Verbot von Inhalten/Funktionen für den Fahrer während der Fahrt**				
(F) The following electronic device tasks are recommended for per se lock out and should always be inaccessible for performance by the driver while driving:				

(1.) Device functions and tasks not intended to be used by a driver while driving. **Phase: I** **Prinzip: A**	(1.3) Preferably, the types of information to be provided by a display system are such that the driver's attention will not be distracted from driving; for example, , entertainment types of information need to be avoided. **Phase: I** **Prinzip: A**	(4.3.1.3) Das System lenkt nicht ab und dient nicht zur visuellen Unterhaltung des Fahrers **Phase: I** **Prinzip: A**	(4.2 a) System functions not intended to be used by the driver while driving should be made inaccessible for the purpose of driver interaction while the vehicle is in motion. **Phase: I** **Prinzip: A**	
	(4.1.1) A display system shall not present the kind of information that impairs the safety and smooth flow of road traffic. **Phase: I** **Prinzip: A**	(4.3.1.4)Das System zeigt dem Fahrer keine Informationen an, die ein möglicherweise gefährliches Verhalten für den Fahrer oder andere Verkehrsteilnehmer zur Folge haben könnten. **Phase: I** **Prinzip: A**		
	(4.2.2) The content of visual information to be displayed while the vehicle is in motion shall relate exclusively to driving, but shall not necessitate the driver gazing at it continuously. **Phase: I** **Prinzip: A**			
(2.) Manual Text Entry. Manual text entry by the driver for the purpose of text-based messaging, other communication, or internet browsing **Phase: K** **Prinzip: A**				
Bewegtbilder				
The following electronic device tasks are recommended for per se lock out and should always be a) inaccessible for performance by the driver while driving and b) inaccessible for performance by a passenger if the related display is within view of the driver properly restrained by a seat belt:		(4.3.5.1)Während sich das Fahrzeug in Bewegung befindet, sollten für das Führen des Fahrzeugs nicht erhebliche Informationen, die den Fahrer erheblich ablenken könnten, automatisch ausgeschaltet oder so ausgegeben werden, dass der Fahrer sie nicht sieht. **Phase: I** **Prinzip: A**		
3. Displaying Video. Displaying (or permitting the display of) video including, but not limited to, video-based entertainment and video-based communications including video phoning and videoconferencing. **Phase: I** **Prinzip: A**				
a. The display of video images when presented in accordance with the requirements of any				
b. The display of a video image of the area directly behind a vehicle for the purpose of aiding a driver performing a maneuver in which the vehicle's transmission is in reverse gear (including parking, trailer hitching), until any of the following conditions occurs:				
i. The vehicle reaches a maximum forward speed of 10 mph;				
ii After the vehicle has shifted out of reverse, it has traveled a maximum of 10 meters; or				

iii. After the vehicle has shifted out of reverse, a maximum of 10 seconds has				
c. Map displays. The visual presentation of dynamic map and/or location information in a two-dimensional format, with or without perspective, for the purpose of providing navigational information or driving directions when requested by the driver (assuming the presentation of this information conforms to all other recommendations of these Guidelines). However, the display of informational detail not critical to navigation, such as photorealistic images, satellite images, or three-dimensional			(4.1) Visual information not related to driving that is likely to distract the driver significantly (e.g., video and continuously moving images and automatically-scrolling text) should be disabled while the vehicle is in motion or should be only presented in such a way that the driver cannot see it while the vehicle is in motion. **Phase: I** **Prinzip: A**	
Statische Bilder				
4. Displaying Images. Displaying (or permitting the display of) non-video graphical or photographic images. **Phase: D** **Prinzip: A**				
a. Displaying driving-related images including maps (assuming the presentation of this information conforms to all other recommendations of these Guidelines). However, the display of map informational detail not critical to navigation, such as photorealistic images, satellite images, or three-dimensional				
b. Static graphical and photographic images displayed for the purpose of aiding a driver to efficiently make a selection in the context of a non-driving-related task (e.g., music) is acceptable if the image automatically extinguishes from the display upon completion of the task. If appropriate, these images may be presented along with short text descriptions that				
c. Internationally standardized symbols and icons, as well as Trademark TM and Registered® symbols, are not considered static graphical or photographic images. **Phase: D** **Prinzip: E**	(4.1.2) It is desirable that a display system be designed, where possible, to comply with an internationally agreed standard respecting readability, audibility, icons, symbols, letters, abbreviations, and other factors relating to the manner of information display. **Phase: D** **Prinzip: E**	(4.3.3.2)international und/oder national vereinbarte Normen zu Lesbarkeit und Hörbarkeit, Symbolen, Begriffen, Akronymen und/oder Abkürzungen sollten berücksichtigt werden. **Phase: D** **Prinzip: E**	(2.2) Where appropriate, internationally agreed upon standards or recognized industry practice relating to legibility, icons, symbols, words, acronyms, or abbreviations should be used. Where no standards exist, relevant design guidelines or empirical data should be used. **Phase: D** **Prinzip: E**	(5.4.2.2.2)Darstellungen, die einen Dialog unterstützen, sollen ausschließlich Symbole, Signale, Kontroll-Leuchten, graphische Elemente und Terminologien (Termini, Abkürzungen usw.)enthalten, die für den Fahrer verständlich sind. **Phase: D** **Prinzip: E**
				(5.4.3.2.1) Anzeigen und Bedienelemente sollen inhaltlich und stilistisch so gestaltet sein, dass sie vom Fahrer verstanden werden und angemessene Reaktionen auslösen. **Phase: D** **Prinzip: E**

				(5.4.3.2.2)Der Dialog sollte ein konsistentes, einfaches Vokabular und Syntax verwenden, die auf anerkannte Symbole, Abkürzungen und der Bevölkerung des Landes entsprechende Stereotypen zurückgreift und in einer Sprache abgefasst sein, die für die anvisierte Nutzergruppe leicht verständlich ist. **Phase: D** **Prinzip: E**
Kategorie: **Lauftext**				
5. Automatically Scrolling Text. The display of scrolling (either horizontally or vertically) text that is moving at a pace not controlled by the driver. **Phase: K** **Prinzip: A**				
Kategorie: **Spezifische Inhalte**				
6. Displaying Text to Be Read. The visual presentation of the following types of nondriving- related task textual information:				
• Books • Periodical publications (including newspapers, magazines, articles) • Web page content • Social media content • Text-based advertising and marketing • Text-based messages (see definition) and correspondence **Phase: K** **Prinzip: A**				
Kategorie: **Steuerung auditiver Inhalte**				
(H) Devices should not produce sound levels likely to mask warnings either from within or from outside the vehicle, or that cause distraction. The device sound level control should demonstrate its ability to adjust sound levels down to a fully muted level. **Phase: I** **Prinzip: A**	(4.3.1) A display systems shall be equipped with a means of controlling auditory information, but not including alarms, for the driver who may find auditory information distracting or irritating. **Phase: I** **Prinzip: A, St**	(4.3.4.6) Der Fahrer sollte die Lautstärke auditiver Informationen steuern können, wenn diese eine Ablenkung bedeuten können. **Phase: I** **Prinzip: A, St**	(2.4) The system should not produce uncontrollable sound levels liable to mask warnings from within the vehicle or outside or to cause distraction or irritation. **Phase: I** **Prinzip: A, St**	
	(4.3.2) A display system shall not be capable of generating an uncontrollable volume of sound that may cancel out alarms sounded from inside or outside of the vehicle. **Phase: I** **Prinzip: A**	(4.3.3.5)Vom System erzeugte Töne oder Geräusche, deren Lautstärke vom Fahrer nicht gesteuert werden kann, sollten akustische Warnsignale innerhalb oder außerhalb des Fahrzeugs nicht überlagern. **Phase: I** **Prinzip: A**		
Kategorie: **Ein-Hand-Bedienung**				
(I) Devices should allow a driver to maintain at least one hand on the vehicle's steering control. All tasks that require manual control inputs (and can be performed with the device while the vehicle is in motion) should be executable by a driver in a way that meets all of the following criteria:	(5.1)The operation of a display system shall not cause the driver to remove both hands simultaneously from the steering wheel. **Phase: I** **Prinzip: A**	(4.3.4.1) Der Fahrer sollte immer in der Lage sein, mindestens eine Hand am Lenkrad zu belassen, während er mit dem System in Interaktion tritt. **Phase: I** **Prinzip: A**	(3.1) The system should allow the driver to leave at least one hand on the steering control. **Phase: I** **Prinzip: A**	(5.2.2.2) Es darf für TICS-Dialoge nicht notwendig sein, während der Fahrt beide Hände vom Lenkrad zu nehmen. **Phase: I** **Prinzip: A**

1. When manual device controls are placed in locations other than on the steering control, no more than one hand should be required for manual input to the device at any given time during driving. **Phase: I** **Prinzip: A**				
2. When device controls are located on the steering wheel and both hands are on the steering wheel, no device tasks should require simultaneous manual inputs from both hands. **Phase: I** **Prinzip: A**				
3. A driver's reach to the device's controls should allow one hand to remain on the steering control at all times. **Phase: I** **Prinzip: A**				
4. Reach of the whole hand through steering wheel openings should not be required for operation of any device controls. **Phase: I** **Prinzip: A**				
Kategorie: **Darstellung Inhalt**				
	(4.2.1) The visual information to be displayed shall be sufficiently small in volume to enable the driver to comprehend it in a short time or shall be presented in portions for the driver to scan them in two or more steps. **Phase: I** **Prinzip: A, E**	(4.3.3.1)Die von einem System zu einem beliebigen Zeitpunkt optisch angezeigten Informationen sollten so gestaltet werden, dass der Fahrer die betreffenden Informationen mit wenigen Blicken erfassen kann, die so kurz genug sein müssen, um das Fahrverhalten nicht zu beeinträchtigen. **Phase: I** **Prinzip: A, E**	(2.1) Systems with visual displays should be designed such that the driver can complete the desired task with sequential glances that are brief enough not to adversley affect driving. **Phase: I** **Prinzip: A, E**	(5.2.4.1) Ein TICS-Dialog muss den Informationsfluss in kleinen und prägnanten Einheiten fassen, so dass diese leicht wahrgenommen werden können. **Phase: D** **Prinzip: A, E**
	(5.4) Preferably, the visual information to be displayed is sufficiently small in volume or is presented in portions so that the display system can be operated in separate steps. **Phase: K** **Prinzip: A, E**			(5.2.3.1) Ein TICS-Dialog gilt als einfach, wenn er die Informationsmenge und Interaktion auf das für die jeweilige TICS-Aufgabe nötige Minimum reduziert. **Phase: K** **Prinzip: A, E**
	(5.3) Information to be presented by a display system shall not cause the driver to gaze at the screen continuously. **Phase: I** **Prinzip: A, E**			
Kategorie: **Steuerung Informationsaufnahme**				
	(5.8) When the driver is to input data into a display system, the display system shall not demand immediate responses from the driver. **Phase: I** **Prinzip: St**	(4.3.4.4) Der Fahrer sollte das Tempo der Ein-/Ausgabefolgen mit dem System selbst bestimmen können. Insbesondere sollte das System den Fahrer nicht veranlassen, Eingaben unter Zeitdruck vorzunehmen. **Phase: I** **Prinzip: St**	(3.4) In general (but with specific exceptions) the driver should be able to control the pace of interaction with the system. The system should not require the driver to make time-critical responses when providing input to the system. **Phase: I** **Prinzip: St**	(5.2.4.2.2) Ein TICS darf keine kontinuierliche visuelle Aufmerksamkeit des Fahrers erfordern, wenn Eingaben in TICS erfolgen sollen. **Phase: I** **Prinzip: St**

		(4.3.4.2)Das System sollte keine lange andauernden und nicht zu unterbrechenden Ein-/Ausgabefolgen; ununterbrochene Ein-/Ausgabefolgen sind nur über kurze Zeitspannen möglich. **Phase: I** **Prinzip: St**		(5.4.2.3.1)Ein TICS soll die Zeit nicht begrenzen, die dem Fahrer für Eingaben in TICS zur Verfügung steht. **Phase: I** **Prinzip: St**
				(5.4.2.3.2)Ein TICS soll eine visuell dargestellte Information so lange wie nötig zur Verfügung stellen. **Phase: I** **Prinzip: St**
				(5.3.3.1) Ein TICS-Dialog ist steuerbar wenn der Fahrer sowohl Beginn und Abschluss des Dialogs steuern kann, als auch die Art und Weise und die Bedingungen, unter denen der Dialog abläuft. **Phase: I** **Prinzip: St**
				(5.3.3.2.3) Mit Ausnahme von rechtlich erforderlichen Meldungen oder Meldungen, die die momentane Verkehrssituation betreffen, muss der Fahrer in der Lage sein, den von TICS dargestellten Informationsfluss zu kontrollieren. **Phase: I** **Prinzip: A**
				(5.3.3.3.2) Mit Ausnahme von rechtlich erforderlichen Meldungen soll der Fahrer in der Lage sein auszuwählen, welche der von einem TICS zur Verfügung gestellten Informationen tatsächlich angezeigt werden. **Phase: I** **Prinzip: A**
Kategorie: **Wiederaufnahme Interaktion**				
(J) Devices should not require uninterruptible sequences of visual-manual interactions by a driver. A driver should be able to resume an operator-interrupted sequence of visualmanual interactions with a device at the point of interruption or or at another logical point in the sequence. **Phase: I** **Prinzip: St**	(5.5) Preferably, a display system is so designed that its display of information can be discontinued by the driver. **Phase: I** **Prinzip: St**	(4.3.4.3) Der Fahrer sollte eine unterbrochene Ein-/Ausgabefolge mit dem System an der Stelle fortsetzen können, an der die Ein-/Ausgabefolge zuvor unterbrochen wurde, oder an einer anderen logisch denkbaren Stelle wieder aufnehmen können. **Phase: I** **Prinzip: St**	(3.3) The system should not require uninterruptible sequences of manual/visual interactions. The driver should be able to resume an operator-interrupted sequence of manual/visual interactions with the system at the point of interruption or at another logical point in the sequence. **Phase: I** **Prinzip: St**	(5.3.3.2.1)Der Fahrer muss in der Lage sein, einen Dialog während einer Interaktion an jeder Stelle zu beenden und zu einem vordefinierten Status zurückzukehren, es sei denn der Dialog ist rechtlich erforderlich oder wird vom Hersteller als obligatorisch betrachtet. **Phase: I** **Prinzip: St**
				(5.3.3.2.2)Ein TICS muss so gestaltet sein, dass auf eine systembedingte Unterbrechung einer Eingabe des Fahrers in TICS, der Fahrer in der Lage ist, den Dialog an der Stelle der Unterbrechung oder an der Stelle der letzten komplett ausgeführten Bedienaktion wiederaufzunehmen. **Phase: I** **Prinzip: St**

Kategorie: **Löschung von Daten**				
1. Except as stated in Subsection V.J.5, below, no device-initiated loss of partial driver input (either data or command inputs) should occur automatically. **Phase: I** **Prinzip: St**				
2. Drivers should be able to initiate commands that erase driver inputs. **Phase: K** **Prinzip: St**				
Kategorie: **Hilfedarstellung bei Wiederaufnahme Interaktion**				
3. A visual display of previously-entered data or current device state should be provided to remind a driver of where the task was left off. **Phase: I** **Prinzip: S, E**	(5.6) Preferably, when its display of information is discontinued, a display system is capable of resuming the display from the point of discontinuation or a point enabling the understanding of the displayed information as a whole. **Phase: I** **Prinzip: S, E**			
4. If feasible, necessary, and appropriate, the device should offer to aid a driver in finding the point to resume the input sequence or in determining the next action to be taken. Possible aids include, but are not limited to: **Phase: I** **Prinzip: S, E**				
a. A visually displayed indication of where a driver left off,				
b. A visually displayed indication of input required to complete the task, or				
c. An indication to aid a driver in finding where to resume the task.				
Kategorie: **Time Out**				
5. Devices may revert automatically to a previous or default state without the necessity of further driver input after a device defined time-out period, provided: **Phase: I** **Prinzip: A, E, St**				
a. It is a low priority device state (one that does not affect safety-related functions or way finding), and				
b. The state being left can be reached again with low driver effort. In this context, low driver effort is defined as either a single driver input or not more than four presses of one button.				

Kategorie: **Dynamische Daten**				
6. This subsection is not applicable to device output of dynamically changing data. The device should control the display of information related to dynamic events that are not within the driver's direct control (e.g., distance to the next turn). **Phase: I** **Prinzip: A, St**				
Kategorie: **Eingabe von Daten**				
				(5.4.2.1) Ein Dialog gilt als selbsterklärend, wenn die wesentliche Bedeutung der Information unmissverständlich vermittelt wird und dem Fahrer ständig klar ist, was während eines Dialoges getan werden kann oder getan werden muss. **Phase: K** **Prinzip: S**
				Ein TICS-Dialog gilt als fehlertolerant, wenn trotz offensichtlicher Eingabefehler das angestrebte Ziel mit entweder keiner oder nur minimaler Fehlerkorrektur durch den Fahrer erreicht werden kann. (5.4.4.1) **Phase: I** **Prinzip: F**
				(5.4.4.2.2) Im Fall inkorrekter Eingaben, sollte TICS den Fahrer bei der Erreichung des beabsichtigten Ziels unterstützen. **Phase: I** **Prinzip: F**
				(5.4.2.2.1) Dem Fahrer soll deutlich gemacht werden, welche Eingabe notwendig ist, um das angestrebte Ziel zu erreichen. **Phase: K** **Prinzip: S**
				(5.4.4.2.3) Fehlende Eingaben des Fahrer dürfen keine undefinierten TICS-Zustände oder TICS Ausfälle verusachen. **Phase: I** **Prinzip: F**
				(5.4.4.2.1) Wenn TICS in der Lage ist, die Wahrscheinlichkeit von fehlerhaften Eingaben eines Nutzers unter den gegebenen Umständen zu bewerten, soll es vom Fahrer eine Bestätigung der Eingabe fordern, wenn eine offensichtliche Abweidung zwischen der Eingabe und den aktuellen Gegebenheiten vorliegt. **Phase: I** **Prinzip: E, F**

Kategorie: **Rückmeldungen**				
(K) 1. A device's response (e.g., feedback, confirmation) following driver input should be timely and clearly perceptible. **Phase: I** **Prinzip: E**	(5.9) Information, such as the reporting of system state and operation that is displayed in response to the data inputted by the driver shall be quickly and easily comprehensible. **Phase: I** **Prinzip: E**	(4.3.4.7)Die Reaktionen des Systems (Rückmeldungen, Bestätigungen usw.)nach Fahrereingaben sollten zeitnah und deutlich wahrnehmbar erfolgen. **Phase: I** **Prinzip: E**	(3.5) The system's response (e.g. feedback, confirmation) following driver input should be timely and clearly perceptible. **Phase: I** **Prinzip: E**	(5.2.4.2.3) Ein TICS muss auf manuelle Eingaben des Fahrers unmittelbar reagieren und/oder diese Eingabe bestätigen. **Phase: I** **Prinzip: E**
(K) 2. As a "best practice," the maximum device response time to a device input should not exceed 0.25 seconds. The measurement of this time should begin starting at the completion of the driver's control input. **Phase: I** **Prinzip: E**				(5.2.4.3.4) Ein TICS soll visuelle Informationen dem Fahrer rechtzeitig darbieten. **Phase: I** **Prinzip: E**
(K) 3. If a device's response time exceeds 2.00 seconds, a clearly perceptible indication should be given indicating that the device is responding. Again, the measurement of this time should begin starting at the completion of the driver's control input. **Phase: I** **Prinzip: E**				
(K) 4. The device's response is clearly perceptible if it is obvious to the driver that a change has occurred in the device and that this change is the consequence of the input. If this change in the device resulting from an input is not always the same but depends on one or more previous inputs, it would be advisable to offer help (i.e., provide help if requested by the driver). **Phase: I** **Prinzip: E**				
Kategorie: **Sperrung von Inhalten/Funktionen für den Fahrer während der Fahrt**				
(I) 1. Devices providing non-safety-related information should provide a means by which the device can be turned off or otherwise disabled. **Phase: I** **Prinzip: A**	(5.7) A display system's functions that are not presumed to be used by the driver during driving operation shall be inoperative by the driver while the vehicle is in motion. **Phase: I** **Prinzip: A**	(4.3.4.8) Systeme, die keine sicherheitserheblichen visuellen Informationen ausgeben, sollten in eine Betriebsart geschaltet werden können, in der der Fahrer nicht mit den betreffenden Informationen konfrontiert wird. **Phase: I** **Prinzip: A**		
(I) 2. Devices providing dynamic (i.e., moving) non-safety-related visual information should provide a means by which that information cannot be seen by the driver. A device visually presenting dynamic non-safety-related information should make the information not visible by the driver through at least one of the following mechanisms: **Phase: I** **Prinzip: A**		(4.3.5.3)Die Interaktion mit Systemfunktionen, die nicht zur Nutzung durch den Fahrer während der Fahrt vorgesehen sind, sollte unmöglich gemacht werden, solange sich das Fahrzeug in Bewegung befindet; wenn dies nicht möglich ist, sollte zumindest in unmissverständlicher Weise vor entsprechenden nicht erwünschten Interaktionen gewarnt werden. **Phase: I** **Prinzip: A**	(3.6) Systems providing non-safety-related dynamic (i.e. moving spatially) visual information should be capable of a means by which that information is not provided to the driver. **Phase: I** **Prinzip: A**	(5.2.2.2.4)TICS-Funktionen, die nicht für den Gebrauch durch den Fahrer während der Fahrt bestimmt sind (wie durch Richtlinien oder Herstellerhinweise festgelegt)müssen während der Fahrt für den Fahrer unzugänglich und/oder inoperabel sein. Andernfalls muss der Fahrer über die intendierten Anwendungsbereiche eines TICS durch geeignete Warnhinweise informiert werden. **Phase: I** **Prinzip: A**

			(5.4) The instructions should distinguish clearly between those aspects of the system that are intended for use by the driver while driving, and those aspects (e.g. specific functions, menus, etc) that are not intended to be used while driving. **Phase: K** **Prinzip: S**	
a. Dimming the displayed information,				
b. Turning off or blanking the displayed information,				
c. Changing the state of the display so that the dynamic, non-safety-related information cannot be seen by a driver while driving, or				
d. Positioning or moving the display so that the dynamic, non-safety-related information cannot be seen while driving.				
(M) Devices should clearly distinguish between those aspects of a device that are intended for use by a driver while driving, and those aspects (e.g., specific functions, menus, etc.) that are not intended to be used while driving. **Phase: I** **Prinzip: A**			(4.3 b) The system should clearly distinguish between those aspects of the system, which are intended for use by the driver while driving, and those aspects (e.g. specific functions, menus, etc) that are not intended to be used while driving. **Phase: I** **Prinzip: A**	
Kategorie: **Darstellung aktueller Fahrzeugstatus/wichtiger Informationen**				
(N) Information about current status and any detected malfunction within the device that is likely to have an adverse impact on safety should be presented to the driver. **Phase: I** **Prinzip: A**	(6.2) Safety information to be presented to the users of display systems shall be accurate, simple and clear. **Phase: K** **Prinzip: E**	(4.3.3) Für das Führen des Fahrzeugs maßgebliche Informationen sollten genau sein und rechtzeitig angezeigt werden. **Phase: I** **Prinzip: E**	(2.3) Available information relevant to the driving task should be timely and accurate under routine driving conditions. **Phase: I** **Prinzip: E**	
		(4.3.4) Informationen mit höherer Sicherheitsrelevanz sollte höhere Priorität beigemessen werden. **Phase: I** **Prinzip: A**		(5.2.4.2.4) Individuelle TICS-Dialoge müssen so gestaltet sein, dass der Fahrer die jeweilige Priorität der dargestellten Information erkennt. **Phase: D** **Prinzip: E**
		(4.3.5.4) Dem Fahrer sollen Informationen zum, aktuellen Status sowie zu sämtlichen Systemstörungen angezeigt werden, die sicherheitsrelevante Auswirkungen haben könnten. **Phase: I** **Prinzip: A**	(4.4) Information about current status, and any detected malfunction, within the system that is likely to have an adverse impact on safety should be presented to the driver. **Phase: I** **Prinzip: A**	(5.3.2.2.2) Statusveränderungen, die für den Fahrer bedeutsam sind, müssen ohne Aktion seitens des Fahrers angezeigt werden. Informationen über aktuelle TICS-Zustände werden entweder kontinuierlich oder bei Bedarf angezeigt. **Phase: I** **Prinzip: A**
			(5.2) Safety instructions should be correct and simple. **Phase: K** **Prinzip: E**	(5.2.3.2.1) TICS-Dialoge, die durch ein Regel- oder Warnsystem die Fahrzeugdynamik beeinflussen, sollen auf maximale Verständlichkeit und einfache Bedienung ausgelegt sein. **Phase: I** **Prinzip: E**

			(5.3) System instructions should be in a language or form designed to be understood by drivers in accordance with mandated or accepted regional practice. **Phase: K** **Prinzip: E**	
Kategorie: **Erwartungshaltung Fahrer**				
		(4.3.6.7)Darstellungen zur Nutzung des Systems (z.B. Beschreibungen, Fotos und Skizzen)sollten weder unrealistische Erwartungen bei potenziellen Nutzern begründen, noch zu einer Nutzung Anlass geben, von der eine Gefährdung ausgehen kann. **Phase: D** **Prinzip: A**	(5.6) Representations of system use (e.g. descriptions, photographs, and sketches) provided to the customer with the system should neither create unrealistic expectations on the part of potential users, nor encourage unsafe or illegal use. **Phase: D** **Prinzip: A**	(5.4.3.1) Ein Dialog ist konform mit den Erwartungen des Fahrers, wenn er Merkmale des Fahrers wie Bildungsniveau, Erfahrung und allgemein anerkannte Gewohnheiten berücksichtigt. **Phase: I** **Prinzip: E**
Kategorie: **Spracheingabe**				
			(3.2) Speech-based communication systems should include provision for hands-free speaking and listening. Starting, ending, or interrupting a dialog, however, may be done manually. A hands-free provision should not require preparation by the driver that violates any other principle while the vehicle is in motion. **Phase: I** **Prinzip: A, St**	
Kategorie: **Hilfe und Anleitungen**				
		(4.3.6.6)Aus Produktinformationen sollte eindeutig hervorgehen, ob die vom Hersteller vorgesehene Nutzung eines Produktes besondere Kompetenzen voraussetzt oder ob das Produkt für bestimmte Benutzer ungeeignet ist. **Phase: K** **Prinzip: S**	(5.5) Product information should make it clear if special skills are required to use the system or if the product is unsuitable for particular users. **Phase: K** **Prinzip: S**	
		(4.3.6.3) Systembezogene Anleitungen sollten in Sprachen vorliegen und in einer Form gestaltet sein, in denen bzw. in der sie von der vorgesehenen Fahrerzielgruppe verstanden werden. **Phase: K** **Prinzip: E**	(5.1) The system should have adequate instructions for the driver covering proper use and safety-relevant aspects of installation and maintenance. **Phase: K** **Prinzip: E**	
		(4.3.6.5) Produktinformationen sollten so gestaltet sein, dass sie die Systemfunktionen genau beschreiben. **Phase: D** **Prinzip: S, E**		
	(6.1) The importance of safe driving shall be appealed to the users of display systems through pamphlets and operation manuals and by fully educating the vehicle dealers and the sellers of retrofit display systems. **Phase: K** **Prinzip: S, E**	(4.3.6.4)Die Anleitungen sollten eindeutig Auskunft darüber geben, welche Systemfunktionen vom Fahrer während der Fahrt genutzt werden dürfen und bei welchen Systemfunktionen eine Nutzung durch den Fahrer während der Fahrt nicht vorgesehen ist. **Phase: K** **Prinzip: S, E**		

		(4.3.6.1) Das System sollte dem Fahrer angemessene Anleitungen zur Nutzung und zu maßgeblichen Aspekten des Einbaus und der Wartung des Systems bieten. ***Phase: K*** ***Prinzip: S, E***		
	(6.3) The operation manuals of display systems shall be so written and graphically designed as to be easily comprehensible by display system users. ***Phase: D*** ***Prinzip: S, E***	(4.3.6.2) Systembezogene Anleitungen sollten zutreffend und einfach sein. ***Phase: K*** ***Prinzip: S, E***		
Kategorie: **Empfehlung für die sichere Nutzung**				
		(5.2.1.1)Die Arbeitgeber sollten sicherstellen, dass alle bordeigenen Informations- und Kommunikationssysteme unter Berücksichtigung der Herstelleranleitungen genutzt werden.		
		(5.2.1.2)Die Verfahren und Anreizpläne der Arbeitgeber sollten keine missbräuchliche Nutzung verursachen oder fördern. Es sollte eindeutig zwischen Systemen und Funktionen unterschieden werden, die (vom Arbeitgeber)für die Nutzung während der Fahrt vorgesehen sind, und Systemen, bei denen eine Nutzung während der Fahrt nicht erwünscht ist.		
		(5.2.1.3) Bei allen bordeigenen Systemen, bei denen die Arbeitgeber fordern, dass die Arbeitnehmer diese Systeme während der Fahrt nutzen, sollte eine angemessene Schulung erfolgen. Die Arbeitgeber sollten sicherstellen, dass die Arbeitnehmer die Systeme nutzen können, ohne sich oder andere Verkehrsteilnehmer zu gefährden.		
		(5.2.1.4)Die Arbeitgeber sollten sicherstellen, dass in allen mit einem entsprechenden System ausgerüsteten Fahrzeugen ein Exemplar der Bedienungsanleitung des Herstellers verfügbar ist.		
		(5.2.1.5) Verkaufsfördernde Maßnahmen am Verkaufsort (z.B. Werbung) sollten nicht zu einer unsicheren Nutzung veranlassen.		
		(5.2.1.7) Mietwagenfirmen sollten sicherstellen, dass sämtliche Informations- und Kommunikationssysteme gemäß den Herstelleranweisungen gewartet werden.		
		(5.2.1.8)Mietwagenfirmen sollten sicherstellen, dass in allen entsprechend ausgerüsteten Fahrzeugen ein Exemplar der Benutzerinformationen des Herstellers verfügbar ist.		
		(5.2.1.9)Die Mitarbeiter der Mietwagenfirma sollten angemessene Kenntnisse über die bordeigenen Informationssystemen in den von ihnen zur Verfügung gestellten Fahrzeugen besitzen und Hinweise zur sicheren Nutzung der Systeme geben.		

		(5.2.2)Gemäß dem Wiener Übereinkommen (1968) müssen die Fahrer ihr Fahrzeug jederzeit uneinge-schränkt kontrollieren können; entsprechend sind die Fahrer in vollem Umfang für die Nutzung von Systemen während der Fahrt verantwortlich. Darüber hinaus können die folgenden Empfehlungen zur Förderung einer sicheren Nutzung bordeigener Informationsund Kommunikationssysteme formuliert werden:		
		Die Fahrer sollten sicherstellen, dass mobile und nachrüstbare Systeme gemäß den Herstelleranleitungen eingebaut werden.		
		Die Fahrer sollten sicherstellen, dass sämtliche bordeigenen Systeme gemäß den		
		Die Fahrer sind für jegliche Veränderungen an vorhandenen Systemen verantwortlich. Änderungen müssen gemäß den entsprechenden technischen Beschreibungen vorgenommen werden und sollten nicht im Widerspruch zu den Herstellerangaben stehen.		
		Die Fahrer sollten bordeigene Geräte aus-schließlich gemäß den Herstellerempfehlungen nutzen. Dazu ist unter Umständen eine Einge-wöhnungszeit oder eine Schulung erforderlich.		
		Die Fahrer sollten Informations- und Kommunikationssysteme während der Fahrt nur dann nutzen, wenn dies gefahrlos möglich ist.		
		Mobile Systeme sollten bei der Nutzung während der Fahrt nicht in der Hand gehalten oder unsicher im Fahrzeug befestigt sein.		
		Sämtliche Anleitungen in Verbindung mit bordeigenen Geräten sollten mit dem Fahrzeug aufbewahrt und an den nächsten Besitzer oder Nutzer des Fahrzeugs weitergegeben werden.		

D. Ableitung Element(-gruppen)

D.1. Arbeitsaufgaben

Identfizierung Arbeitsaufgaben

	Arbeitsaufgaben	Priorität
	FAHRZEUG	
1	Innenraumlicht *Coming Home* auf 10 Sekunden einstellen	2,7
2	FAS Lichteinstellungen ändern	2,3
3	Lautstärke PDC während des Ein-/Ausparkens ändern	2,9
4	Reifendruck kontrollieren	2,3
5	**Anzeige des Durchschnittsverbrauchs ab Start**	1,8
6	**Reiefendruck kalibrieren nachdem mindestens ein Reifendruck geändert wurde**	2
7	Programmierung der Standheizung	2,7
8	**Fahrmodus von normal auf eco stellen**	1
9	Wechsel zwischen Parklücke und -tasche	1,7
10	PDC vorn einschalten (vorwärts einparken)	2
11	Motorstart, Rückwärtsgang einlegen, Aufschalten der Rückfahrkamera	1,7
12	Systemsprache von Englisch auf Deutsch ändern	2,4
13	**Systemzeit einstellen**	1,7
	MEDIA	
14	**Den dritten Titel auf einer Audio-CD spielen**	1,6
15	Wiederholfunktion aktivieren für Titel /Ordner	3
16	**Audiowiedergabe über BT starten**	1,4
17	Die Mediaquelle im Browser ändern	2,4
18	Von einer CD auf eine andere wechseln	2,1
19	**Ein Audiofile aus mindestens 100 auswählen und spielen (Quelle SD-Karte)**	1,1
20	**Quelle von SD-Karte auf CD ändern**	1,7
21	Mix-Moe aktivieren	2,1
22	Sicheres entfernen einer SD-Karte	2,3
23	Einen Audiotrack auf verschiede Arten wechseln	1,4
24	Einen Audiotrack pausieren/abspielen	2,3
25	Einen Online-Info Dienst, z.B. Wetter aufrufen	2
	NAVIGATION	
26	Maßstab in Karte ändern	1,3
27	Karte auf Nordstellung ausrichten	2
28	Zielkarte anzeigen lassen	2,1
29	Routenübersicht anzeigen lassen	2
30	Von Tag- in Nacht-Modus wechseln	2,6
31	Ein Flächenziel setzten	2,6
32	Ein Flächenziel umbenennen	2,7
33	**Zielführung zu einem Ziel im Zielspeicher starten**	1,1
34	**Ziel "Würzburg, Otto-Stein-Str. 19 eingeben**	1,1
35	Nächste Tankstelle entlang der Route als neues Ziel eingeben	1,7
36	**Die aktive Zielführung stoppen**	1,4
37	Kompass anzeigen	2,7
38	Ziel über Karte auswählen und Zielführung starten	2,1
39	**Eingabe eines Zwischenziels in der Nähe der aktiven Routenführung**	1,3
40	Navigationsansage ausschalten	2

41	Routenkriterien ändern	1,9
42	Download von personal POIs von SD-Karte oder von Google-Dienst	1,5
43	Autozoom aktivieren und Zoomlevel manuell ändern	2,4
44	Update der Kartendaten	2,5
45	Kartendarstellung von 3D auf Google Maps ändern	-
46	Liste der Verkehrsmeldungen aufrufen	1,6
	TELEFON	
47	**Eintrag aus Telefonbuch auswählen und Anruf starten**	1
48	**Eine Telefonnummer als Favorit festlegen**	1,7
49	Mailbox anrufen	1,7
50	Telefonnummer eingeben und wählen	1,7
51	Eingehenden Anruf annehmen/abweisen	1,3
52	Über BT Telefon wiederverbinden	1,3
53	**Rückruf eines verpassten Anrufs**	1,4
54	**Ein BT-Telefon initial pairen**	1,3
55	Einen Telefon-Favoriten ändern	2,3
56	Das Telefon Profil ändern (Privat/Geschäftlich)	2,3
57	Ein Telefonbuch laden	2,3
	RADIO	
58	**Einen Radiosender abspielen und als Favoriten speichern**	1,3
59	Einen Radiosender aus Favoritenliste auswählen	1,4
60	**Klangeinstellungen ändern**	2,1
61	**FM-Frequenz manuell ändern**	2,3
62	SCAN (de-)aktivieren	2,8
63	**Senderlogo manuell ändern**	2,3
64	Wechsel zwischen Karte und Radio	1,3
65	Klangeinstellungen Balance Fader	2,3

Quelle: Ermittelt durch den VW Konzern (2011)

D.2. Element(-gruppen)

Arbeitsaufgaben je Produkt und zugehörige Teilaufgaben mit Element(gruppen)

Teilaufgaben Produkt Radio	Element(-gruppen)
1. Radiosender abspielen und als Favoriten abspeichern	
Wechsel in Bereich Radio	Menüpunkt
Suche Wunschradiosender	Mehrere Inhaltsgruppen, eine Inhaltsgruppe
Abspielen Radiosender	Steuerungselemente
Speicherung als Favorit	Favorit
2. Klangeinstellungen ändern	
Wechsel in Bereich Radio	Menüpunkt
Wechsel in Bereich Einstellungen	Menüpunkt
Wechsel in Berich Klang	Menüpunkt
Veränderung Klangeinstellungen	Einstellungen
Speicherung Klangeinstellungen	Speichern
3. FM Frequenz manuell ändern	
Wechsel in Bereich Radio	Menüpunkt
Aktivierung des Bearbeitungsmodus	Moduswechsel
Suche Wunschfrequenz	Frequenzband, Steuerungselemente
4. Senderlog manuell ändern	
Wechsel in Bereich Radio	Menüpunkt
Wechsel in Bereich Favoriten	Menüpunkt
Aktivierung Bearbeitungsmodus	Moduswechsel
Selektierung altes Senderlogo	Bild ändern
Suche neues Senderlogo	Quellen-/Dateimanger
Speicherung neues Senderlogo	Speichern

Teilaufgaben Produkt Media	Element(-gruppen)
1. Audiowiedergabe über BT starten	
Wechsel in Bereich Media	Menüpunkt
Wechsel in Bereich Einstellungen	Menüpunkt
Suche Quelle BT	Quellen-/Dateimanger
Suche Wunsch Media-Inhalt	Mehrere Inhaltsgruppen, eine Inhaltsgruppe
Abspielen eines Wunsch Media-Inhalt	Steuerungselemente
2. Quellenwechsel SD zu CD	
Wechsel in Bereich Media	Menüpunkt
Wechsel in Bereich Einstellungen	Menüpunkt
Suche Quelle CD	Quellen-/Dateimanger
3. Ein Audiofile aus mind. 100 auswählen und abspielen	
Wechsel in Bereich Media	Menüpunkt
Suche Künstlerüber Suchmöglichkeit	Such-/Eingabemaske
Suche Wunsch-Album eines Künstlers	Mehrere Inhaltsgruppen, eine Inhaltsgruppe
Abspielen eines Wunsch Media-Inhalt	Steuerungselemente
4. Den dritten Titel einer Audio CD abpsielen	
Wechsel in Bereich Media	Menüpunkt
Wechsel in Bereich Einstellungen	Menüpunkt
Suche Quelle CD	Quellen-/Dateimanger
Suche Wunsch-Album eines Künstlers	Mehrere Inhaltsgruppen, eine Inhaltsgruppe
Abspielen eines Wunsch Media-Inhalt	Steuerungselemente

Teilaufgaben Produkt Fahrzeug	Element(-gruppen)
1. Fahrmodus von normal auf eco stellen	
Wechsel in Bereich Fahrzeug	Menüpunkt
Wechsel in Bereich Fahrmodus	Menüpunkt
Suche Fahrmodus	Mehrere Inhaltsgruppen, eine Inhaltsgruppe
Fahrmodus aktivieren	Schaltfläche
2. Systemzeit einstellen	
Wechsel in Bereich Fahrzeug	Menüpunkt
Wechsel in Bereich Einstellungen	Menüpunkt
Filter *Interieur Einstellungen*	Filter
Suche Systemzeit	Mehrere Inhaltsgruppen, eine Inhaltsgruppe
Veränderung Systemzeit	Einstellungen
Speicherung Systemzeit	Speichern
3. Anzeige des Durchschnittsverbrauch ab Start	
Wechsel in Bereich Fahrzeug	Menüpunkt
Wechsel in Bereich Fahrdaten	Menüpunkt
Suche Information Durchschnittsverbrauch ab Start	Mehrere Inhaltsgruppen, eine Inhaltsgruppe
4. Reifendruck kalibrieren nachdem mindestens ein Reifendruck geändert wurde	
Wechsel in den Bereich Fahrzeug	Menüpunkt
Wechsel in Bereich Einstellungen	Menüpunkt
Filter *Exterieur Einstellungen*	Filter
Suche Reifendruck	Mehrere Inhaltsgruppen, eine Inhaltsgruppe
Veränderung Reifendruck-Einstellungen	Einstellungen
Speicherung Reifendruck-Einstellungen	Speichern

Teilaufgaben Produkt Telefon	Element(-gruppen)
1. Ein Telefon per Bluetooth pairen	
Wechsel in Bereich Telefon	Menüpunkt
Wechsel in Bereich Einstellungen	Menüpunkt
Suche Quelle BT	Quellen-/Dateimanger
Suche Wunsch Telefon	Mehrere Inhaltsgruppen, eine Inhaltsgruppe
2. Eintrag aus Telefonbuch auswählen und Anruf starten	
Wechsel in Bereich Telefon	Menüpunkt
Wechsel in Bereich Telefonbuch	Menüpunkt
Suche Wunsch Telefonbuch Eintrag	Mehrere Inhaltsgruppen, eine Inhaltsgruppe
Anruf starten	Schaltfläche
3. Telefonnummer als Favorit festlegen	
Wechsel in Bereich Telefon	Menüpunkt
Wechsel in Bereich Telefonbuch	Menüpunkt
Suche Wunsch Telefonbuch Eintrag	Mehrere Inhaltsgruppen, eine Inhaltsgruppe
Speicherung als Favorit-Telefonbucheintrag	Favorit
4. Rückruf eines verpassten Anrufs	
Wechsel in Bereich Telefon	Menüpunkt
Wechsel in Bereich Anruflisten	Menüpunkt
Filter *verpasste Anrufe*	Filter
Suche Wunsch verpassten Anruf	Mehrere Inhaltsgruppen, eine Inhaltsgruppe
Anruf starten	Schaltfläche

Teilaufgaben Produkt Navigation	Element(-gruppen)
1. Ziel "Würzburg, Otto-Stein-Straße 19" eingeben	
Wechsel in Bereich Navigation	Menüpunkt
Wechsel in Bereich Zieleingabe	Menüpunkt
Eingabe Adresse	Such-/Eingabemaske
Auswahl Wunschroute (z.B. schnellste, kürzestes)	Mehrere Inhaltsgruppen, eine Inhaltsgruppe
Wunschroute aktivieren	Schaltfläche
2. Zielführung zu einem Ziel im Zielspeicher starten	
Wechsel in Bereich Navigation	Menüpunkt
Wechsel in Bereich Letzte Ziele	Menüpunkt
Filter nach Bundesland	Filter
Auswahl Wunsch Ziel	Mehrere Inhaltsgruppen, eine Inhaltsgruppe
Auswahl Wunschroute (z.B. schnellste, kürzestes)	Mehrere Inhaltsgruppen, eine Inhaltsgruppe
Wunschroute aktivieren	Schaltfläche
3. Die aktive Zielführung stoppen	
Wechsel in Bereich Navigation	Menüpunkt
Wechsel in Bereich aktive Routenführung	Menüpunkt
Routenführung stoppen	Schaltfläche
4. Eingabe eines Zwischenziels in der Nähe der aktiven Routenführung	
Wechsel in Bereich Navigation	Menüpunkt
Wechsel in Bereich aktive Routenführung	Menüpunkt
Aufruf Zwischenziel hinzufügen	Schaltfläche
Eingabe Adresse	Such-/Eingabemaske
Wunschroute aktivieren	Mehrere Inhaltsgruppen, eine Inhaltsgruppe
Wunschroute als Zwischenziel aktivieren	Schaltfläche

E. Ableitung Beurteilungskriterien

Aufgabenangemessenheit 1/4

Aufgabenangemessenheit - Kriterien der Grundsätze der Dialoggestaltung, welche währen der HMI Konzeptphase evaluierbar sind.	A1: Der Dialog sollte dem Benutzer solche Informationen anzeigen, die im Zusammenhang mit der erfolgreichen Erledigung der Arbeitsaufgabe stehen.	A2: Der Dialog sollte dem Benutzer keine Informationen anzeigen, die nicht für die erfolgreiche Erledigung relevanter Arbeitsaufgaben benötigt werden.	A3: Die Form der Eingabe und Ausgabe sollte der Arbeitsaufgabe angepasst sein.
HMI Konzeptanforderungen der Automotive-Richtlinien.	Kategorie-Nummer: 7.1/13.1/14.1/14.2	Kategorie-Nummer: 4.1/4.2/4.4/4.5/5.1	Kategorie-Nummer: 4.3/4.6/6.1
HMI Konzept-Anforderungen des FFU.	Vermeidung irrelevanter Inhalte.	-	Berücksichtigung der Bedienmodalität Touch.

HMI Konzeptanforderungen, welche den Element(-gruppen) nicht direkt zugewiesen werden können.	13.1 Sicherheitsrelevante Informationen werden dem Fahrer dargestellt. 14.1 Beschreibungen wecken keine unrealistische Erwartung. 14.2 Beschreibungen fördern keine illegale Nutzung.	4.1 Inhalte und Funktionen, welche der visuellen Unterhaltung dienen, werden nicht dargestellt. 4.2 Inhalte und Funktionen, welche ein gefährliches Fahrverhalten provozieren, werden nicht dargestellt. 4. 4 Dem Fahrer werden keine animierten Bilde/Grafiken dargestellt. Ausnahmen sind: Rückfahr- und Umgebungsvideos, Richtungsangaben während der Navigation (kein 3D, fotorealistische oder Satelitenbilder). 5.1 Es werden keine Texte zu folgenden Inhalten dargestellt: Bücher, Zeitschriften Zeitungen Artikeln, Webseiten Inhalten, Social	4.3 Die manuelle Texteingabe für folgenden Funktionen ist unterbunden: Nachrichten- und Kommunikationsdienste, Browsen im Internet. 4.6 Dem Fahrer wird kein automatisch laufender Text dargestellt.

Teilaufgabe	Element(-gruppe)			
Wechsel in einen spezifischen Bereich. *Radio, Einstellungen, Klang, Favoriten, Fahrzeug, Fahrmodus*	Menüpunkt	· Darstellung textuelles Element für Menüpunkt. · Keine überflüssigen Konzept-Elemente werden dargestellt. · Fehlermeldung bei Nichterfolg.	Um die Auffindbarkeit des Menüpunkts zu erleichtern, wird zusätzlich zu Benennungen ein Icon visualisiert.	· Die Interaktion erfolgt durch Touch auf das Element für den Menpünkt. · Die Interkation mit dem Menüpunkt ist mit einer Hand möglich.
Aktion durch eine Schaltfläche auslösen. *Anrufen, Fahrmodus ECO*	Schaltfläche	· Darstellung textuelles Element für Schaltfläche. · Keine überflüssigen Konzept-Elemente werden dargestellt. · Fehlermeldung bei Nichterfolg.	Um die Auffindbarkeit der Schaltfläche zu erleichtern, wird zusätzlich zu Benennungen ein Icon visualisiert.	· Die Interaktion erfolgt durch Touch auf das Element für die Schaltfläche. · Die Interkation mit der Schaltfläche ist mit einer Hand möglich.
Inhalt als Favorit speichern. *Radiosender, Telefonbucheintrag*	Favorit	· Darstellung textuelles Element für Favoriten-Speicher-Schaltfläche. · Keine überflüssigen Konzept-Elemente werden dargestellt. · Fehlermeldung bei Nichterfolg.	Um die Auffindbarkeit der Favoriten-Speicher-Schaltfläche zu erleichtern, wird zusätzlich zu Benennungen ein Icon visualisiert.	· Die Interaktion erfolgt durch Touch auf das Element für die Favoriten-Speicher-Schaltfläche. · Die Interkation mit der Favoriten-Speicher-Schaltfläche ist mit einer Hand möglich.
Inhalte speichern. *Klangeinstellungen*	Speicherung	· Darstellung textuelles Element für Speicher-Schaltfläche. · Keine überflüssigen Konzept-Elemente werden dargestellt. · Fehlermeldung bei Nichterfolg.	Um die Auffindbarkeit der Speicher-Schaltfläche zu erleichtern, wird zusätzlich zu Benennungen ein Icon visualisiert.	· Die Interaktion erfolgt durch Touch auf das Element für die Speicher-Schaltfläche. · Die Interkation mit der Speicher-Schaltfläche ist mit einer Hand möglich.
Moduswechsel aktivieren. *Frequenzband, Bearbeitung Inhalte*	Moduswechsel	· Darstellung textuelles Element für Moduswechsel-Schaltfläche. · Keine überflüssigen Konzept-Elemente werden dargestellt. · Fehlermeldung bei Nichterfolg.	Um die Auffindbarkeit der Moduswechsel-Schaltfläche zu erleichtern, wird zusätzlich zu Benennungen ein Icon visualisiert.	· Die Interaktion erfolgt durch Touch auf das Element für die Moduswechsel-Schaltfläche. · Die Interkation mit der Moduswechsel-Schaltfläche ist mit einer Hand möglich.
Einstellungen verändern. *Klangeinstellungen*	Einstellungen	· Darstellung textuelle Elemente für Einstellungen. · Darstellung von Erläuterungen für die Einstellungsmöglichkeiten. · Keine überflüssigen Konzept-Elemente werden dargestellt. · Fehlermeldung bei Nichterfolg.	· Um die Auffindbarkeit der Einstellungsmöglichkeiten zu erleichtern, wird zusätzlich zu Benennungen ein Icon visualisiert. · Um die Auffindbarkeit der Einstellungsmöglichkeiten zu erleichtern, wird zusätzlich zu Benennungen ein statisches Bild/Grafik visualisiert.	· Die Interaktion erfolgt durch Touch auf das Elemente für die Einstellungen. · Die Interkation mit den Einstellungsmöglichkeiten ist mit einer Hand möglich.

Aufgabenangemessenheit 2/4

Steuerungselemente für Inhalte. *Radiosender, Media-Dateien, Frequenz*	Steuerungselemente	· Darstellung textuelle Elemente für Steuerung von Inhalten. · Keine überflüssigen Konzept-Elemente werden dargestellt. · Fehlermeldung bei Nichterfolg.	· Um die Auffindbarkeit der Steuerungselement zu erleichtern, wird zusätzlich zu Benennungen ein Icon visualisiert.	· Die Interaktion erfolgt durch Touch auf das Steuerungselement. · Die Interkation mit den Steuerungselementen ist mit einer Hand möglich.
Neue Quelle/Datei einbinden. *BT Telefon hinzufügen, Senderlogo austauschen*	Quellen-/Dateimanager	· Darstellung textuelle Elemente für Quellen-/Datei-Manager. · Darstellung verschiedener Inhalte wie z.B. Quellen, Dateien. · Fehlermeldung bei Nichterfolg.	· Um die Auffindbarkeit von Inhalten des Quellen-/Dateimanagers zu erleichtern, wird zusätzlich zu Benennungen ein Icon visualisiert.	· Die Interkation mit den Inhalten des Quellen-/Dateimanagers erfolgt durch Touch auf einen spezifischen Inhalt. · Die Interaktion mit dem Quellen-/Dateimanger ist mit einer Hand möglich.
Favorisiertes Bild bearbeiten. *Radiosender, Kontakt*	Bild ändern	· Darstellung Inhalte mit Bild, z.B. Senderlogo, Kontaktbild. · Aufruf Dateimanager über textuelle Bildbearbeitungsfunktion. · Keine überflüssigen Konzept-Elemente werden dargestellt. · Fehlermeldung bei Nichterfolg.	· Um die Auffindbarkeit der textuellen Bildbearbeitungsfunktion zu erleichtern, wird zusätzlich zu Benennungen ein Icon visualisiert.	· Die Interkation für das Austauschen eines Bildes erfolgt durch Touch auf das Element für die Bearbeitungsfunktion. · Die Interaktion für den Austausch des Bildes ist mit einer Hand möglich.
Neue Frequenz einstellen. *Frequenzband*	Frequenzband	· Darstellung textuelle Elemente für Frequenzband. · Keine überflüssigen Konzept-Elemente werden dargestellt. · Fehlermeldung bei Nichterfolg.	· Um die Auffindbarkeit der unterschiedlichen Frequenzen zu erleichtern, wird zusätzlich zu Benennungen ein Icon visualisiert. · Um die Auffindbarkeit der unterschiedlichen Frequenzen zu erleichtern, wird zusätzlich zu Benennungen ein statisches Bild/Grafik visualisiert.	· Die Interaktion für die Manipulation der Frequenz erfolgt durch Touch auf die Elemente für das Frequenzband. · Die Interkation für die Manipulation der Frequenz ist mit einer Hand möglich.
Eingabe ins Freitextfeld. *Suche Künstler, Eingabe Adresse Navigation*	Such-/Eingabemaske	· Darstellung textuelle Elemente für Such-/Eingabemaske. · Darstellung aller für die Aufgabe relevanten Eingabefelder. · Keine überflüssigen Konzept-Elemente werden dargestellt. · Fehlermeldung bei Nichterfolg.	Um die Auffindbarkeit mit Elemente der Suche/Eingabemaske zu erleichtern, werden zusätzlich zu Bennennungen Icons visualisiert	· Die Interaktion mit der Such/Eingabemaske erfolgt durch Touch auf das Element für das Eingabefeld. · Die Interaktion mit der Such-/Eingabemaske ist mit einer Hand möglich.
Inhalte filtern. *Verpasster Anruf, Künstler eines Genre*	Filter	· Darstellung textuelles Element für Filter. · Darstellung unterschiedlicher Filtermöglichkeiten. · Keine überflüssigen Konzept-Elemente werden dargestellt. · Fehlermeldung bei Nichterfolg.	· Um die Auffindbarkeit des Filters zu erleichtern, wird zusätzlich zu Benennungen ein Icon visualisiert.	· Die Interaktion mit dem Filter erfolgt durch Touch auf das Element für den Filter. · Die Interaktion mit dem Filter ist mit einer Hand möglich.
Darstellung mehrerer Inhaltsgruppen. *Liste Radiosender, Liste Media-Inhalte, Liste Kontakte, Liste Fahrmodis*	Mehrere Inhaltsgruppen	· Darstellung mehrere Inhaltsgruppierungen. · Keine überflüssigen Konzept-Elemente werden dargestellt. · Fehlermeldung bei Nichterfolg.	· Um die Auffindbarkeit zwischen mehreren Inhaltsgruppierungen zu erleichtern, werden zusätzlich zu Benennungen Icons visualisiert.	· Die Interaktion mit mehreren Inhaltsgruppen erfolgt durch Touch auf Elemente außerhalb der Inhaltsgruppen (z.B. Filter). · Die Interkation mit mehren Inhaltsgruppen ist mit einer Hand möglich.
Darstellung einer Inhaltsgruppe. *Radiosender, Media-Inhalt, Kontakt, Fahrmodus*	Inhaltsgruppe	· Darstellung einer Inhaltsgruppierung. · Elemente der Inhaltsgruppierung werden textuell benannt. · Keine überflüssigen Konzept-Elemente werden dargestellt. · Fehlermeldung bei Nichterfolg.	· Um die Auffindbarkeit von Inhalten zu erleichtern, werden zusätzlich zu Beschreibungstexten Icons visualisiert. · Um die Auffindbarkeit von Inhalten zu erleichtern, werden zusätzlich zu Beschreibungstexten statische Bilder/Grafiken visualisiert.	· Die Interaktion mit einer Inhaltsgruppe erfolgt durch Touch auf ein spezifisches Element innerhalb der Inhaltsgruppe. · Die Interaktion mit einer Inhaltsgruppe ist mit einer Hand möglich.

Aufgabenangemessenheit 3/4

Aufgabenangemessenheit - Kriterien der Grundsätze der Dialoggestaltung, welche währen der HMI Konzeptphase evaluierbar sind.	A4: Wenn für eine Arbeitsaufgabe ganz bestimmte Eingabewerte typisch sind, sollten diese Werte dem Benutzer automatisch als voreingestellte Werte verfügbar sein.	A5: Die vom interaktiven System verlangten Dialogschritte sollten zum Arbeitsablauf passen, d. h., notwendige Dialogschritte sollten enthalten sein und unnötige Dialogschritte sollten vermieden werden.	A7: Die Eingabe- und Ausgabemedien des interaktiven Systems sollten aufgabenangemessen sein.
HMI Konzeptanforderungen der Automotive-Richtlinien.	-	Kategorie-Nummer: 7.2/8.2	Kategorie-Nummer: 3.1/3.2
HMI Konzept-Anforderungen des FFU.	-	-	Berücksichtigung der Lenkvariante des Ziellandes.

HMI Konzeptanforderungen, welche den Element(-gruppen) nicht direkt zugewiesen werden können.	-	7.2 Die Interaktion wird auf das für die Aufgabe nötige Minimum reduziert. 8.2 Rechtliche Meldungen und solche, welche die momentane Verkehrssituation darstellen, können vom Fahrer nicht deaktiviert werden.	3.1 Inhalte und Funktionen, welche sich auf das Fahren beziehen, sind nahe der natürlichen Sichtlinie des Fahrers platziert.

Teilaufgabe	**Element(-gruppe)**			
Wechsel in einen spezifischen Bereich. *Radio, Einstellungen, Klang, Favoriten, Fahrzeug, Fahrmodus*	Menüpunkt			Bei Linkslenker: · Erreichbarkeit: Menüpunkt wird im linken Bereich des Bildschirms dargestellt. · Minimale Kopfbewegung: Menüpunkt ist nahe der natürlichen Sichtlinie des Fahrers dargestellt.
Aktion durch eine Schaltfläche auslösen. *Anrufen, Fahrmodus ECO*	Schaltfläche			Platzierung nahe des zu manipulierenden Inhaltes.
Inhalt als Favorit speichern. *Radiosender, Telefonbucheintrag*	Favorit			Platzierung nahe des zu manipulierenden Inhaltes.
Inhalte speichern. *Klangeinstellungen*	Speicherung			Platzierung nahe des zu manipulierenden Inhaltes.
Moduswechsel aktivieren. *Frequenzband, Bearbeitung Inhalte*	Moduswechsel			
Einstellungen verändern. *Klangeinstellungen*	Einstellungen			Bei Linkslenker: · Erreichbarkeit: Einstellungen werden im linken Bereich des Bildschirms dargestellt. · Minimale Kopfbewegung: Einstellungen werden nahe der natürlichen Sichtlinie des Fahrers dargestellt.

Aufgabenangemessenheit 4/4

Steuerungselemente für Inhalte. *Radiosender, Media-Dateien, Frequenz*	Steuerungselemente			<u>Bei Linkslenker:</u> · Erreichbarkeit: Steuerungselemente werden im linken Bereich des Bildschirms dargestellt. · Minimale Kopfbewegung: Steuerungselemente werden nahe der natürlichen Sichtlinie des Fahrers dargestellt.
Neue Quelle/Datei einbinden. *BT Telefon hinzufügen, Senderlogo austauschen*	Quellen-/Dateimanager			<u>Bei Linkslenker:</u> · Erreichbarkeit: Quellen-/Dateimanager wird im linken Bereich des Bildschirms dargestellt. · Minimale Kopfbewegung: Quellen-/Dateimanger wird nahe der natürlichen Sichtlinie des Fahrers dargestellt.
Favorisiertes Bild bearbeiten. *Radiosender, Kontakt*	Bild ändern			Platzierung nahe des zu manipulierenden Inhaltes.
Neue Frequenz einstellen. *Frequenzband*	Frequenzband			<u>Bei Linkslenker:</u> · Erreichbarkeit: Frequenzband wird im linken Bereich des Bildschirms dargestellt. · Minimale Kopfbewegung: Frequenzband wird nahe der natürlichen Sichtlinie des Fahrers dargestellt.
Eingabe ins Freitextfeld. *Suche Künstler, Eingabe Adresse Navigation*	Such-/Eingabemaske			<u>Bei Linkslenker:</u> · Erreichbarkeit: Suche-/Eingabemaske wird im linken Bereich des Bildschirms dargestellt. · Minimale Kopfbewegung: Suche-/Eingabemaske wird nahe der natürlichen Sichtlinie des Fahrers dargestellt.
Inhalte filtern. *Verpasster Anruf, Künstler eines Genre*	Filter			Platzierung nahe des zu manipulierenden Inhaltes.
Darstellung mehrerer Inhaltsgruppen. *Liste Radiosender, Liste Media-Inhalte, Liste Kontakte, Liste Fahrmodis*	Mehrere Inhaltsgruppen			<u>Bei Linkslenker:</u> · Erreichbarkeit: Mehrere Inhaltsgruppen werden im linken Bereich des Bildschirms dargestellt. · Minimale Kopfbewegung: Mehrere Inhaltsgruppen werden nahe der natürlichen Sichtlinie des Fahrers dargestellt.
Darstellung einer Inhaltsgruppe. *Radiosender, Media-Inhalt, Kontakt, Fahrmodus*	Inhaltsgruppe			

Selbstbeschreibungsfähigkeit 1/4

	Selbstbeschreibungsfähigkeit - Kriterien der Grundsätze der Dialoggestaltung, welche währen der HMI Konzeptphase evaluierbar sind.	S1: Die dem Benutzer bei jedem Dialogschritt angezeigten Informationen sollten handlungsbegleitend sein, um den Dialog erfolgreich abzuschließen.	S2: Während der Interaktion mit dem System sollte die Notwendigkeit, Benutzer-Handbücher und andere externe Informationen heranzuziehen, minimiert sein.	S4: Wenn eine Eingabe verlangt wird, sollte das interaktive System dem Benutzer Informationen über die erwartete Eingabe bereitstellen.
	HMI Konzeptanforderungen der Automotive-Richtlinien.	Kategorie-Nummer: 12.1	Kategorie-Nummer: 11.1	Kategorie-Nummer: 11.3
	HMI Konzept-Anforderungen des FFU.	-	-	-
	HMI Konzeptanforderungen, welche den Element(-gruppen) nicht direkt zugewiesen werden können.	12.1 Erläuterungen beschreiben, welche Inhalte und Funktionen für den Fahrer während der Fahrt verboten sind.	-	-
Teilaufgabe	**Element(-gruppe)**			
Wechsel in einen spezifischen Bereich. *Radio, Einstellungen, Klang, Favoriten, Fahrzeug, Fahrmodus*	Menüpunkt		Der Menüpunkt ist unmissverständlich benannt.	
Aktion durch eine Schaltfläche auslösen. *Anrufen, Fahrmodus ECO*	Schaltfläche		Die Schaltfläche ist unmissverständlich benannt.	
Inhalt als Favorit speichern. *Radiosender, Telefonbucheintrag*	Favorit		Die Favoriten-Speicher-Schaltfläche ist unmissverständlich benannt.	
Inhalte speichern. *Klangeinstellungen*	Speicherung		Die Speicher-Schaltfläche ist unmissverständlich benannt.	
Moduswechsel aktivieren. *Frequenzband, Bearbeitung Inhalte*	Moduswechsel		Das Moduswechsel-Schaltfläche ist unmissverständlich benannt.	
Einstellungen verändern. *Klangeinstellungen*	Einstellungen		Die Einstellungsmöglichkeiten sind unmissverständlich benannt.	Sind Eingaben erforderlich (z.B. Suchfeld), werden Informationen über die erwartete Eingabe bereitgestellt.
Steuerungselemente für Inhalte. *Radiosender, Media-Dateien, Frequenz*	Steuerungselemente		Die Steuerungselemente sind unmissverständlich benannt.	Sind Eingaben erforderlich (z.B. Suchfeld), werden Informationen über die erwartete Eingabe bereitgestellt.

Selbstbeschreibungsfähigkeit 2/4

Neue Quelle/Datei einbinden. *BT Telefon hinzufügen, Senderlogo austauschen*	Quellen-/Dateimanager		Die Inhalte des Quellen-/Dateimanagers sind unmissverständlich benannt.	Sind Eingaben erforderlich (z.B. Suchfeld), werden Informationen über die erwartete Eingabe bereitgestellt.
Favorisiertes Bild bearbeiten. *Radiosender, Kontakt*	Bild ändern		Die Bildbearbeitungsfunktion ist unmissverständlich benannt	
Neue Frequenz einstellen. *Frequenzband*	Frequenzband		Die Inhalte des Frequenzbandes sind unimssverständlich benannt.	Sind Eingaben erforderlich (z.B. Frequenznummer), werden Informationen über die erwartete Eingabe bereitgestellt.
Eingabe ins Freitextfeld. *Suche Künstler, Eingabe Adresse Navigation*	Such-/Eingabemaske		Die Inhalte der Such-/Eingabemaske sind unmissverständlich benannt.	Sind Eingaben erforderlich (z.B. Suchfeld), werden Informationen über die erwartete Eingabe bereitgestellt.
Inhalte filtern. *Verpasster Anruf, Künstler eines Genre*	Filter		Der Filter ist unmissverständlich benannt.	Sind Eingaben erforderlich (z.B. Suchfeld), werden Informationen über die erwartete Eingabe bereitgestellt.
Darstellung mehrerer Inhaltsgruppen. *Liste Radiosender, Liste Media-Inhalte, Liste Kontakte, Liste Fahrmodis*	Mehrere Inhaltsgruppen		Mehrere Inhaltsgruppen sind unmissverständlich benannt.	
Darstellung einer Inhaltsgruppe. *Radiosender, Media-Inhalt, Kontakt, Fahrmodus*	Inhaltsgruppe		Inhalte der Inhaltsgruppe sind unmissverständlich benannt.	

Selbstbeschreibungsfähigkeit 3/4

	Selbstbeschreibungsfähigkeit - Kriterien der Grundsätze der Dialoggestaltung, welche währen der HMI Konzeptphase evaluierbar sind.	S5: Dialoge sollten so gestaltet sein, dass die Interkation für den Benutzer offensichtlich ist.	S6: Das interaktive System sollte dem Benutzer Informationen über die erforderlichen Formate und Einheiten bereitstellen.
	HMI Konzeptanforderungen der Automotive-Richtlinien.	Kategorie-Nummer: 2.1/11.2	-
	HMI Konzept-Anforderungen des FFU.	-	-
	HMI Konzeptanforderungen, welche den Element(-gruppen) nicht direkt zugewiesen werden können.	-	-
Teilaufgabe	**Element(-gruppe)**		
Wechsel in einen spezifischen Bereich. *Radio, Einstellungen, Klang, Favoriten, Fahrzeug, Fahrmodus*	Menüpunkt	· Für den Fahrer ist ersichtlich, dass durch Touch auf den Menüpunkt Inhalte, welchen diesen betreffen, aufgerufen werden. · Der Menüpunkt ist so platziert, dass er nicht unbeabsichtigt betätigt wird.	
Aktion durch eine Schaltfläche auslösen. *Anrufen, Fahrmodus ECO*	Schaltfläche	· Für den Fahrer ist ersichtich, dass durch Touch auf die Schaltfläche eine Aktion, welche diese betrifft, ausgeführt wird. · Die Schaltfläche ist so platziert, dass sie nicht unbeabsichtigt betätigt wird.	
Inhalt als Favorit speichern. *Radiosender, Telefonbucheintrag*	Favorit	· Für den Fahrer ist ersichtich, dass durch Touch auf Favoriten-Speicher-Schaltfläche ein Inhalt als Favorit gespeichert wird. · Die Favoriten-Speicher-Schaltfläche ist so platziert, dass sie nicht unbeabsichtigt betätigt wird.	
Inhalte speichern. *Klangeinstellungen*	Speicherung	· Für den Fahrer ist ersichtlich, dass durch Touch auf Speicher-Schaltfläche ein manipulierter Inhalt gesichert wird. · Die Speicher-Schaltfläche ist so platziert, dass sie nicht unbeabsichtigt betätigt wird.	
Moduswechsel aktivieren. *Frequenzband, Bearbeitung Inhalte*	Moduswechsel	· Für den Fahrer ist ersichtlich, dass durch Touch auf die Moduswechsel-Schaltfläche Inhalte manipuliert/verändert werden. · Die Moduswechsel-Schaltfläche ist so platziert, dass sie nicht unbeabsichtigt betätigt wird.	
Einstellungen verändern. *Klangeinstellungen*	Einstellungen	· Für den Fahrer ist ersichtlich, dass durch Touch auf die Einstellungselemente (z.B. Slider) diese manipuliert werden. · Die Einstellungselemente sind so platziert, dass sie nicht unbeabsichtigt betätigt werden.	Einstellungsmöglichkeiten sind mit Formaten/Maßeinheiten (z.B. cm, Lautstärke) versehen.
Steuerungselemente für Inhalte. *Radiosender, Media-Dateien, Frequenz*	Steuerungselemente	· Für den Fahrer ist ersichtlich, dass durch Touch auf spezifische Steuerungselemente ein Inhalt (z.B. Musiktitel, Radiosender) manipuliert wird. · Die Steuerungselemente sind so platziert, dass sie nicht unbeabsichtigt betätigt werden.	Inhalte der Steuerungselemente sind mit Formaten/Maßeinheiten (z.B. Minuten, Sekunden) versehen.

Selbstbeschreibungsfähigkeit 4/4

Neue Quelle/Datei einbinden. *BT Telefon hinzufügen, Senderlogo austauschen*	Quellen-/Dateimanager	· Für den Fahrer ist ersichtlich, dass mittels des Quellen-/Dateimanagers eine Quelle/Datei ausgewählt werden kann. · Die Konzept-Elemente des Quellen-/Dateimanagers sind so platziert, dass sie nicht unbeabsichtigt betätigt werden. · Für den Fahrer ist ersichtlich, dass über die scrollbare Liste weitere Quellen/Dateien eingeblendet werden.	Inhalte des Quellen-/Dateimanagers sind mit Formaten/Maßeinheiten (z.B. Dateigröße) versehen.
Favorisiertes Bild bearbeiten. *Radiosender, Kontakt*	Bild ändern	· Für den Fahrer ist ersichtlich, dass durch Touch auf die Bildbearbeitungsfunktion ein Bild bearbeitet/ausgetauscht wird. · Das Konzept-Element der Bildbearbeitungsfunktion ist so platziert, dass es nicht unbeabsichtigt betätigt wird.	
Neue Frequenz einstellen. *Frequenzband*	Frequenzband	· Für den Fahrer ist ersichtlich, dass durch Touch auf das Frequenzband dieses manipuliert wird. · Für den Fahrer ist ersichtilich, dass über das scrollbare Frequenzband weitere Frequenzen dargestellt werden. · Konzept-Elemente des Frequenzbandes sind so platziert, dass sie nicht unbeabsichtigt betätigt werden.	Inhalte des Frequenzbandes sind mit Formaten/Maßeinheiten (z.B. FM, AM) versehen.
Eingabe ins Freitextfeld. *Suche Künstler, Eingabe Adresse Navigation*	Such-/Eingabemaske	· Für den Fahrer ist ersichtlich, dass mittels der Such-/Eingabemaske eine Suche bzw. Dateneingabe erfolgt. · Konzept-Elemente der Such-/Eingabemaske sind so platziert, dass sie nicht unbeabsichtigt betätigt werden.	Die Such-/Eingabemaske ist mit mit Formaten/Maßeinheiten (z.B. Reifendruck Eingabe in BAR) versehen.
Inhalte filtern. *Verpasster Anruf, Künstler eines Genre*	Filter	· Für den Fahrer ist ersichtlich, dass durch Touch auf den Filter Inhalte gefiltert werden. · Konzept-Elemente des Filters sind so platziert, dass sie nicht unbeabsichtigt betätigt werden.	Die Filtermöglichkeit ist mit Formaten/Maßeinheiten (z.B. jpg, mp3, WAV) versehen.
Darstellung mehrerer Inhaltsgruppen. *Liste Radiosender, Liste Media-Inhalte, Liste Kontakte, Liste Fahrmodis*	Mehrere Inhaltsgruppen	Für den Fahrer ist ersichtilich, dass über die scrollbare Liste weitere Inhaltsgruppen dargestellt werden.	
Darstellung einer Inhaltsgruppe. *Radiosender, Media-Inhalt, Kontakt, Fahrmodus*	Inhaltsgruppe	Für den Fahrer ist ersichtlich, dass durch Touch auf ein spezifisches Element innerhalb der Inhaltsgruppe eine Aktion ausgelöst wird.	

Erwartungskonformität 1/9

	Erwartungskonformität - Kriterien der Grundsätze der Dialoggestaltung, welche währen der HMI Konzeptphase evaluierbar sind.	E1: Das interaktive System sollte das Vokabular verwenden, das dem Benutzer bei der Ausführung der Arbeitsaufgabe vertraut ist oder von ihm auf Grund seiner Kenntnisse und Erfahrungen verwendet wird.	E2: Auf passende Handlungen des Benutzers sollte eine unmittelbare und passende Rückmeldung folgen, soweit dies den Erwartungen des Benutzers entspricht.	E4: Informationen sollten so strukturiert und organisiert sein, wie es vom Benutzer als natürlich empfunden wird.
	HMI Konzeptanforderungen der Automotive-Richtlinien	Kategorie-Nummer: 4.7/4.8/13.2	-	Kategorie-Nummer: 7.3
	HMI Konzept-Anforderungen des FFU	Keine homogene Fahrergruppe. Elemente und Abläufe müssen so dargestellt werden, dass sie vom Fahrer ohne Spezialwissen abgearbeitet werden.	-	-
	Anforderungen, welche den Element(-gruppen) nicht direkt zugewiesen werden können.	13.2 Sicherheitsrelevante Informationen werden in einer für den Fahrer bekannten Sprache dargestellt.	-	-
Teilaufgabe	**Element(-gruppe)**			
Wechsel in einen spezifischen Bereich. *Radio, Einstellungen, Klang, Favoriten, Fahrzeug, Fahrmodus*	Menüpunkt	· Der Menüpunkt für ist ohne Fachwissen verständlich. · Der Menüpunkt ist in einer für den Fahrer bekannten Sprache. · Im Menüpunkt enthaltene Begriffe, Akronyme, Terminologien oder Abkürzungen entsprechen internationalen Standards. · Der Menüpunkt wird durch ein passendes Konzept-Element repräsentiert. · Das Konzept-Element für den Menüpunkt ist aus anderen Anwendungen bekannt.	· Nach Touch auf den Menüpunkt verändert sich der Status des Screens. · Fehlermeldung bei Nichterfolg.	
Aktion durch eine Schaltfläche auslösen. *Anrufen, Fahrmodus ECO*	Schaltfläche	· Die Schaltfläche ist ohne Fachwissen verständlich. · Die Schaltfläche für ist in einer für den Fahrer bekannten Sprache. · In der Schaltfläche enthaltene Begriffe, Akronyme, Terminologien oder Abkürzungen entsprechen internationalen Standards. · Die Schaltfläche wird durch ein passendes Konzept-Element repräsentiert. · Das Konzept-Element für die Schaltfläche ist aus anderen Anwendungen bekannt.	· Nach Touch auf die Schaltfläche verändert sich der Status des Screens/Elements (z.B. Rufaufbau, Start Navigation). · Fehlermeldung bei Nichterfolg.	Platzierung nahe des zu manipulierenden Inhalts.
Inhalt als Favorit speichern. *Radiosender, Telefonbucheintrag*	Favorit	· Die Favoriten-Speicher-Schaltfläche ist ohne Fachwissen verständlich. · Die Favoriten-Speicher-Schaltfläche ist in einer für den Fahrer bekannten Sprache. · In der Favoriten-Speicher-Schaltfläche enthaltene Begriffe, Akronyme, Terminologien oder Abkürzungen entsprechen internationalen Standards. · Die Favoriten-Speicher-Schaltfläche wird durch ein passendes Konzept-Element repräsentiert.	· Nach Touch auf die Favorit-Speicher-Schaltfläche verändert sich der Status des zu favorisierenden Inhalts (z.B. Anzeige Icon für Favorit). · Fehlermeldung bei Nichterfolg.	Platzierung nahe des zu manipulierenden Inhalts.
Inhalte speichern. *Klangeinstellungen*	Speicherung	· Die Speicher-Schaltfläche ist ohne Fachwissen verständlich. · Die Speicher-Schaltfläche ist in einer für den Fahrer bekannten Sprache. · In der Speicher-Schaltfläche enthaltene Begriffe, Akronyme, Terminologien oder Abkürzungen entsprechen internationalen Standards. · Die Speicher-Schaltfläche wird durch ein passendes Konzept-Element repräsentiert.	· Nach Touch auf die Speicher-Schaltfläche verändert sich der Status des Screens/Elements (z.B. Übernahme manipulierter Inhalt). · Fehlermeldung bei Nichterfolg.	Platzierung nahe des zu manipulierenden Inhalts.

Erwartungskonformität 2/9

Moduswechsel aktivieren. *Frequenzband, Bearbeitung Inhalte*	Moduswechsel	· Die Moduswechsel-Schaltfläche ist ohne Fachwissen verständlich. · Die Moduswechsel-Schaltfläche ist in einer für den Fahrer bekannten Sprache. · In der Moduswechsel-Schaltfläche enthaltene Begriffe, Akronyme, Terminologien oder Abkürzungen entsprechen internationalen Standards. · Die Moduswechsel-Schaltfläche wird durch ein passendes Konzept-Element repräsentiert. · Das Konzept-Element für die Moduswechsel-Schaltfläche ist aus	· Nach Touch auf die Moduswechsel-Schaltfläche verändert sich der Status des Screens/Elements (z.B. Wechsel in Bearbeitungsmodus). - Fehlermeldung bei Nichterfolg.	Platzierung nahe des zu manipulierenden Inhalts.
Einstellungen verändern. *Klangeinstellungen*	Einstellungen	· Die Einstellungen sind ohne Fachwissen verständlich. · Die Einstellungen sind in einer für den Fahrer bekannten Sprache. · In den Einstellungen enthaltene Begriffe, Akronyme, Terminologien oder Abkürzungen entsprechen internationalen Standards. · Die Einstellungen werden durch passende Konzept-Elemente repräsentiert. · Die Konzept-Element der Einstellungen sind aus anderen	· Nach Touch auf die spezifische Einstellung verändert sich der Status der Einstellung (z.B. Lautstärke von 3 auf 5). · Fehlermeldung bei Nichterfolg.	Einzelne Einstellungsmöglichkeiten, welche eine zusammengehörige Einstellung repräsentieren, werden als eine Einheit dargestellt.
Steuerungselemente für Inhalte. *Radiosender, Media-Dateien, Frequenz*	Steuerungselemente	· Die Steuerungselemente sind ohne Fachwissen verständlich. · Die Steuerungselemente sind in einer für den Fahrer bekannten Sprache formuliert. · In den Steuerungselementen enthaltene Begriffe, Akronyme, Terminologien oder Abkürzungen entsprechen internationalen Standards. · Die Steuerungselemente werden durch passende Konzept-Elemente repräsentiert. · Die Konzept-Elemente der Steuerungselemente sind aus anderen	· Nach Touch auf ein spezifisches Steuerungselement verändert sich der Status des Screens/Elements (z.B. Neues Lied). · Fehlermeldung bei Nichterfolg.	Einzelne Steuerungselemente, welche eine zusammengehörige Steuerung repräsentieren, werden als eine Einheit dargestellt.
Neue Quelle/Datei einbinden. *BT Telefon hinzufügen, Senderlogo austauschen*	Quellen-/Dateimanager	· Der Quellen-/Dateimanager ist ohne Fachwissen verständlich. · Benennungen/Beschriftungen des Quellen-/Dateimanagers sind in einer für den Fahrer bekannten Sprache. · In den Benennungen/Beschriftungen enthaltene Begriffe, Akronyme, Terminologien oder Abkürzungen entsprechen internationalen Standards. · Die Inhalte des Quellen-/Dateimangers werden durch passende Konzept-Elemente repräsentiert. · Die Konzept-Elemente der Inhalte sind aus anderen	· Nach Touch auf einen spezifischen Inhalt wird eine Vorschau eingeblendet (z.B. Vorschaubild, Geräteeigentschaften). · Nach Touch auf einen Inhalt einer Oberkategorie wird die nächst tieferer eingeblendet. · Fehlermeldung bei Nichterfolg.	Mehrere Inhalte einer Quelle sind hierchisch strukturiert (z.B. Ordnerstruktur).
Favorisiertes Bild bearbeiten. *Radiosender, Kontakt*	Bild ändern	· Die Bildbearbeitungsfunktion ist ohne Fachwissen verständlich. · Die Bildbearbeitungsfunktion ist in einer für den Fahrer bekannten Sprache. · In der Bildbearbeitungsfunktion enthaltene Begriffe, Akronyme, Terminologien oder Abkürzungen entsprechen internationalen Standards. · Die Bildbearbeitungsfunktion wird durch ein passendes Konzept-Elemente repräsentiert. · Das Konzept-Element der Bildbearbeitungsfunktion ist aus	· Nach Touch auf die Bearbeitungsfunktion wird ein Quellen-/Dateimanager eingeblendet. · Fehlermeldung bei Nichterfolg.	

Erwartungskonformität 3/9

Neue Frequenz einstellen. *Frequenzband*	Frequenzband	· Das Frequenzband ist ohne Fachwissen verständlich · Benennungen/Beschriftungen des Frequenzbandes sind in einer für den Fahrer bekannten Sprache formuliert. · Im Frequenzband enthaltene Begriffe, Akronyme, Terminologien oder Abkürzungen entsprechen internationalen Standards. · Das Frequenzband wird durch passende Konzept-Elemente repräsentiert. · Die Konzept-Elemente des Frequenzbandes sind aus anderen	· Nach Touch auf die Frequenz verändert sich der Status des Radiosenders (neue Frequenz wird dargestellt). · Fehlermeldung bei Nichterfolg.	Frequenzband-Inhalte, welche zusammen gehören, werden als eine Einheit dargestellt.
Eingabe ins Freitextfeld. *Suche Künstler, Eingabe Adresse Navigation*	Such-/Eingabemaske	· Die Such-/Eingabemaske ist ohne Fachwissen verständlich. · Benennungen/Beschriftungen der Such-/Eingabemaske sind in einer für den Fahrer bekannten Sprache formuliert. · In der Such-/Eingabemaske enthaltene Begriffe, Akronyme, Terminologien oder Abkürzungen entsprechen internationalen Standards. · Die Such-/Eingabemaske wird durch passende Konzept-Elemente repräsentiert. · Die Konzept-Elemente der Such-/Eingabemaske sind aus anderen Anwendungen bekannt.	· Nach Touch auf das Element für das Eingabefeld wird eine Tastatur für die Eingabe eingeblendet. · Nach Toch auf das Element für die Bestätigung der Suche/Eingabemaske wird eine Ergebnisliste dargestellt. - Fehlermeldung bei Nichterfolg.	Bennennungen/Beschreibungen der Such-/Eingabemaske sind in der Nähe des Eingabefeldes platziert.
Inhalte filtern. *Verpasster Anruf, Künstler eines Genre*	Filter	· Der Filter ist ohne Fachwissen verständlich. · Der Filter ist in einer für den Fahrer bekannten Sprache formuliert. · Im Filter enthaltene Begriffe, Akronyme, Terminologien oder Abkürzungen entsprechen internationalen Standards. · Der Filter wird durch passende Konzept-Elemente repräsentiert. · Die Konzept-Elemente des Filters sind aus anderen Anwendungen bekannt.	· Nach Touch auf die Filter-Schaltfläche verändert sich der Status des Inhaltes, welcher gefiltert werden soll. - Fehlermeldung bei Nichterfolg.	Platzierung nahe des zu manipulierenden Inhalts.
Darstellung mehrerer Inhaltsgruppen. *Liste Radiosender, Liste Media-Inhalte, Liste Kontakte, Liste Fahrmodis*	Mehrere Inhaltsgruppen	· Die Darstellung mehrer Inhaltsgruppen ist ohne Fachwissen verständlich. · Die Darstellung mehrer Inhaltsgruppen ist in einer für den Fahrer bekannten Sprache formuliert. · Enthaltene Begriffe, Akronyme, Terminologien oder Abkürzungen entsprechen internationalen Standards.	· Nach Touch auf Elemente außerhalb mehrerer Inhaltsgruppen verändert sich der Stauts mehrer Inhaltsgruppen (z.b. neue Sortierung). · Fehlermeldung bei Nichterfolg.	Funktionen, mit denen die mehrere Inhaltsgruppen manipuliert werden können (z.B. Moduswechsel, Filter), sind in der Nähe dieser platziert.
Darstellung einer Inhaltsgruppe. *Radiosender, Media-Inhalt, Kontakt, Fahrmodus*	Inhaltsgruppe	· Inhalte der Inhaltsgruppe sind ohne Fachwissen verständlich. · Inhalte einer Inhaltsgruppe sind in einer für den Fahrer bekannten Sprache formuliert. · Enthaltene Begriffe, Akronyme, Terminologien oder Abkürzungen entsprechen internationalen Standards. · Inhalte der Inhaltsgruppe werden durch passende Konzept-Element erepräsentiert. · Die Konzept-Elemente der Inhaltsgruppe sind aus anderen Anwendungen bekannt.	· Nach Touch auf ein spezifisches Element innerhalb der Inhaltsgruppe verändert sich der Status. · Fehlermeldung bei Nichterfolg.	Inhalte einer Inhaltsgruppe werden als eine Einheit dargestellt.

Erwartungskonformität 4/9

Teilaufgabe	Element(-gruppe)			
	Erwartungskonformität - Kriterien der Grundsätze der Dialoggestaltung, welche währen der HMI Konzeptphase evaluierbar sind.	E5: Formate sollten geeigneten kulturellen und sprachlichen Konventionen entsprechen.	E6: Art und Länge von Rückmeldungen oder Erläuterungen sollten den Benutzerbelangen entsprechen.	E7: Dialogverhalten und Informationsdarstellung eines interaktiven Systems sollten innerhalb von Arbeitsaufgaben und über ähnliche Arbeitsaufgaben hinweg konsistent sein.
	HMI Konzeptanforderungen der Automotive-Richtlinien.	-	-	Kategorie-Nummer: 1.1/1.2/4.9
	HMI Konzept-Anforderungen des FFU.	-	-	Elemente und Abläufe, welche in anderen Anwendungen verwendet werden, sollten so in ähnlicher Art und Weise dargestellt werden.
	HMI Konzeptanforderungen, welche den Element(-gruppen) nicht direkt zugewiesen werden können.	Die Schriftrichtung ist für das Zielland passend.	Erläuterungen sind vom Umfang her auf das Nötigste reduziert.	-
Wechsel in einen spezifischen Bereich. *Radio, Einstellungen, Klang, Favoriten, Fahrzeug, Fahrmodus*	Menüpunkt			Im Konzept vergleichbare Menüpunkte sind: · ähnlich platziert · ähnlich benannt (z.B. Anzahl Wörter, Objekt/Subjekt etc.) · vom Interaktionsverhalten ähnlich
Aktion durch eine Schaltfläche auslösen. *Anrufen, Fahrmodus ECO*	Schaltfläche			Im Konzept vergleichbare Schaltflächen sind: · ähnlich platziert · ähnlich benannt (z.B. Anzahl Wörter, Objekt/Subjekt etc.) · vom Interaktionsverhalten ähnlich
Inhalt als Favorit speichern. *Radiosender, Telefonbucheintrag*	Favorit			Im Konzept vergleichbare Fav-Speichermöglichkeiten sind: · ähnlich platziert · ähnlich benannt (z.B. Anzahl Wörter, Objekt/Subjekt etc.) · vom Interaktionsverhalten ähnlich
Inhalte speichern. *Klangeinstellungen*	Speicherung			Im Konzept vergleichbare Speichermöglichkeiten sind: · ähnlich platziert · ähnlich benannt (z.B. Anzahl Wörter, Objekt/Subjekt etc.) · vom Interaktionsverhalten ähnlich

Erwartungskonformität 5/9

Moduswechsel aktivieren. *Frequenzband, Bearbeitung Inhalte*	Moduswechsel			Im Konzept vergleichbare Funktionen Moduswechsel sind: · gleich platziert · gleich benannt (z.B. Anzahl Wörter, Objekt/Subjekt etc.) · vom Interaktionsverhalten gleich
Einstellungen verändern. *Klangeinstellungen*	Einstellungen	Formate/Maßeinheiten sind für das Zielland passend.		Im Konzept vergleichbare Einstellungen sind: · ähnlich strukturiert · ähnlich benannt (z.B. Anzahl Wörter, Objekt/Subjekt etc.) · vom Interaktionsverhalten ähnlich
Steuerungselemente für Inhalte. *Radiosender, Media-Dateien, Frequenz*	Steuerungselemente	Formate/Maßeinheiten sind für das Zielland passend.		Im Konzept vergleichbare Steuerungselemente sind: · ähnlich strukturiert · ähnlich platziert · ähnlich benannt (z.B. Anzahl Wörter, Objekt/Subjekt etc.) · vom Interaktionsverhalten ähnlich
Neue Quelle/Datei einbinden. *BT Telefon hinzufügen, Senderlogo austauschen*	Quellen-/Dateimanager	Formate/Maßeinheiten sind für das Zielland passend.		Im Konzept vergleichbarer Quellen-/Dateimanger ist: · ähnlich strukturiert · ähnlich platziert · ähnlich benannt (z.B. Anzahl Wörter, Objekt/Subjekt etc) · vom Interaktionsverhalten ähnlich
Favorisiertes Bild bearbeiten. *Radiosender, Kontakt*	Bild ändern			Im Konzept vergleichbare Favoriten-Bild-Bearbeitungsfunktionen sind: · ähnlich platziert · ähnlich benannt (z.B. Anzahl Wörter, Objekt/Subjekt etc.) · vom Interaktionsverhalten ähnlich

Erwartungskonformität 6/9

Neue Frequenz einstellen. *Frequenzband*	Frequenzband	· Die Anordnung der Frequenzen innerhalb des Frequenzbands erfolgt von links (niedrige Frequenz) nach rechts (hohe Frequenz). · Formate/Maßeinheiten sind für das Zielland passend.		Im Konzept dargestellte Frequenzbänder sind: · ähnlich strukturiert · ähnlich platziert · ähnlich benannt (z.B. Anzahl Wörter, Objekt/Subjekt etc.) · vom Interaktionsverhalten ähnlich
Eingabe ins Freitextfeld. *Suche Künstler,* *Eingabe Adresse* *Navigation*	Such-/Eingabemaske	Formate/Maßeinheiten sind für das Zielland passend.		Im Konzept vergleichbare dargestellte Such-/Eingabemasken sind: · ähnlich strukturiert · ähnlich platziert · ähnlich benannt (z.B. Anzahl Wörter, Objekt/Subjekt etc.) · vom Interaktionsverhalten ähnlich
Inhalte filtern. *Verpasster Anruf,* *Künstler eines Genre*	Filter	Formate/Maßeinheiten sind für das Zielland passend.		Im Konzept vergleichbare Filter-Funktionen sind: · ähnlich platziert · ähnlich benannt (z.B. Anzahl Wörter, Objekt/Subjekt etc.) · vom Interaktionsverhalten ähnlich
Darstellung mehrerer Inhaltsgruppen. *Liste Radiosender,* *Liste Media-Inhalte,* *Liste Kontakte, Liste Fahrmodis*	Mehrere Inhaltsgruppen			Weitere im Konzept dargestellte mehrere Inhaltsgruppierungen sind: · ähnlich strukturiert · ähnlich benannt (z.B. Anzahl Wörter, Objekt/Subjekt etc.) · vom Interaktionsverhalten ähnlich
Darstellung einer Inhaltsgruppe. *Radiosender, Media-Inhalt, Kontakt, Fahrmodus*	Inhaltsgruppe	Formate/Maßeinheiten sind für das Zielland passend.		Weitere im Konzept dargestellt Inhaltsgruppierungen sind: · ähnlich strukturiert · ähnlich platziert · ähnlich benannt (z.B. Anzahl Wörter, Objekt/Subjekt etc.) · vom Interaktionsverhalten ähnlich

Erwartungskonformität 7/9

	Erwartungskonformität - Kriterien der Grundsätze der Dialoggestaltung, welche währen der HMI Konzeptphase evaluierbar sind.	E8: Wenn eine bestimmte Eingabeposition auf der Grundlage von Benutzererwartungen vorhersehbar ist, dann sollte diese Position für die Eingabe voreingestellt sein.	E9: Rückmeldungen oder Mitteilungen, die dem Benutzer angezeigt werden, sollten in einer objektiven und konstruktiven Art formuliert sein.
	HMI Konzeptanforderungen der Automotive-Richtlinien.	-	-
	HMI Konzept-Anforderungen des FFU.	-	-
	HMI Konzeptanforderungen, welche den Element(-gruppen) nicht direkt zugewiesen werden können.		
Teilaufgabe	**Konzept Element(Gruppe)**		
Wechsel in einen spezifischen Bereich - *Radio, Einstellungen, Klang, Favoriten, Car, Fahrmodus*	Menüpunkt		
Aktion durch Schaltfläche auslösen - *Anrufen, Fahrmodus ECO*	Schaltfläche	Platzierung nahe des zu manipulierenden Inhalts.	
Inhalt als Favorit speichern - *Radiosender, Telefonbucheintrag*	Speicherung (Favorit)	Platzierung nahe des zu manipulierenden Inhalts.	
Inhalte speichern - *Klangeinstellungen*	Speicherung (Allgemein)	Platzierung nahe des zu manipulierenden Inhalts.	

Erwartungskonformität 8/9

Moduswechsel aktivieren - *Frequenzband, Bearbeitung Inhalte,*	Moduswechsel	Platzierung nahe des zu manipulierenden Inhalts.	
Einstellungen verändern - *Klangeinstellungen*	Einstellungen	Einstellungen sind bei Erstnutzung in neutraler Position dargestellt.	
Steuerungselemente für Inhalte - *Radiosender, Media-Dateien, Frequenz*	Steuerungselement	Platzierung nahe des zu manipulierenden Inhalts.	
Neue Quelle/Datei einbinden - *BT Telefon hinzufügen, Senderlogo austauschen*	Quellen/Dateimanager		
Fav. Bild bearbeiten - *Radiosender, Kontakt*	Bild ändern	Platzierung nahe des zu manipulierenden Inhalts.	

Erwartungskonformität 9/9

Neue Frequenz einstellen *- Frequenzband*	Frequenzband		
Eingabe in Freitextfeld *- Suche Künstler, Eingabe Adresse Navigation*	Suche/Eingabemaske		
Inhalte filtern *- verpasste Anruf, Künstler eines Genre*	Filter	Platzierung nahe des zu manipulierenden Inhalts.	
Darstellung **mehrerer** Inhaltsgruppen *- Liste Radiosender, Liste Media-Inhalte, Liste Kontakte, Liste Fahrmodis*	Mehrere Inhaltsgruppen		
Darstellung **einer** Inhaltsgruppe *- Radiosender, Media-Inhalt, Kontakt, Fahrmodus*	Inhaltsgruppe		

Steuerbarkeit 1/4

	Steuerbarkeit - Kriterien der Grundsätze der Dialoggestaltung, welche währen der HMI Konzeptphase evaluierbar sind.	St2: Der Benutzer sollte die Steuerung darüber haben, wie der Dialog fortgesetzt wird.	St4: Wenigstend der letzte Dialogschritt sollte zurückgenommen werden können, soweit Handlungsschritte reversible sind und falls es der Nutzungskontext erfordert.	St5: Wenn die Datenmenge, die für eine Arbeitsaufgabe von Bedeutung groß ist, dann sollte der Benutzer die Möglichkeit haben, die Anzeige der dargestellten Datenmenge zu steuern.
	HMI Konzeptanforderungen der Automotive-Richtlinien.	Kategorie-Nummer: 8.1/9.1	Kategorie-Nummer: 9.2/10.1	-
	HMI Konzept-Anforderungen des FFU.	Aufgrund des komplexen Umfeldes sollten Konzepte so entwickelt werden, dass sie jederzeit unterbrochen werden können und die Interaktion später wieder aufgenommen werden kann.	-	-
	HMI Konzeptanforderungen, welche den Element(-gruppen) nicht direkt zugewiesen werden können.	8.1 Der Fahrer hat die Steuerung über Beginn und Abschluss eines Dialogs. 9.1 Der Fahrer hat die Möglichkeit, die Interaktion an jeder Stelle zu	9.2 Der Fahrer hat die Möglichkeit, zu einem letzten Status zurückzukehren.	-
Teilaufgabe	**Element(-gruppe)**			
Wechsel in einen spezifischen Bereich. *Radio, Einstellungen, Klang, Favoriten, Fahrzeug, Fahrmodus*	Menüpunkt			
Aktion durch eine Schaltfläche auslösen. *Anrufen, Fahrmodus ECO*	Schaltfläche			
Inhalt als Favorit speichern. *Radiosender, Telefonbucheintrag*	Favorit			
Inhalte speichern. *Klangeinstellungen*	Speicherung			
Moduswechsel aktivieren. *Frequenzband,*	Moduswechsel			
Einstellungen verändern.	Einstellungen			
Steuerungselemente für Inhalte. *Radiosender, Media-Dateien, Frequenz*	Steuerungselemente			
Neue Quelle/Datei einbinden. *BT Telefon hinzufügen, Senderlogo*	Quellen-/Dateimanager			Übersteigt der Inhalt den Darstellungsbereich, können Inhalte über eine scrollbare Liste erweitert werden.
Favorisiertes Bild bearbeiten. *Radiosender, Kontakt*	Bild ändern			
Neue Frequenz einstellen.	Frequenzband			Übersteigt der Inhalt (Frequenzen) den Darstellungsbereich, können Inhalte (Frequenzen) über eine scrollbare Liste erweitert werden.

Steuerbarkeit 2/4

Eingabe ins Freitextfeld. *Suche Künstler, Eingabe Adresse*	Such-/Eingabemaske		Während der Eingabe können einzelne Zeichen zurückgenommen werden.	
Inhalte filtern. *Verpasster Anruf, Künstler eines Genre*	Filter			
Darstellung mehrerer Inhaltsgruppen. *Liste Radiosender, Liste Media-Inhalte, Liste Kontakte, Liste Fahrmodis*	Mehrere Inhaltsgruppen			Übersteigen die einzelnen Inhaltsgruppen den Darstellungsbereich, können weitere über eine scrollbare Liste eingeblendet werden.
Darstellung einer Inhaltsgruppe. *Radiosender, Media-Inhalt, Kontakt, Fahrmodus*	Inhaltsgruppe			

Steuerbarkeit 3/4

	Steuerbarkeit - Kriterien der Grundsätze der Dialoggestaltung, welche währen der HMI Konzeptphase evaluierbar sind.	St7: Wenn es für die Arbeitsaufgabe zweckmäßig ist, sollte der Benutzer voreingestellte Werte ändern können.	St8: Wenn Daten verändert wurden, sollten die Orginaldaten für den Benutzer verfügbar bleiben, wenn dies für die Arbeitsaufgabe erforderlich ist.
	HMI Konzeptanforderungen der Automotive-Richtlinien.	-	-
	HMI Konzept-Anforderungen des FFU.	-	-
	HMI Konzeptanforderungen, welche den Element(-gruppen) nicht direkt zugewiesen werden können.	-	-
Teilaufgabe	**Element(-gruppe)**		
Wechsel in einen spezifischen Bereich. *Radio, Einstellungen, Klang, Favoriten, Fahrzeug, Fahrmodus*	Menüpunkt		
Aktion durch eine Schaltfläche auslösen. *Anrufen, Fahrmodus ECO*	Schaltfläche		
Inhalt als Favorit speichern. *Radiosender, Telefonbucheintrag*	Favorit		
Inhalte speichern. *Klangeinstellungen*	Speicherung		
Moduswechsel aktivieren. *Frequenzband,*	Moduswechsel		
Einstellungen verändern.	Einstellungen	Voreingestellte Formate/Einheiten (Presets) können verändert werden.	Systemeinstellungen (Presets) können wieder hergestellt werden.
Steuerungselemente für Inhalte. *Radiosender, Media-Dateien, Frequenz*	Steuerungselemente	Voreingestellte Formate/Einheiten (Presets) können verändert werden.	
Neue Quelle/Datei einbinden. *BT Telefon hinzufügen, Senderlogo*	Quellen-/Dateimanager	Voreingestellte Formate/Einheiten (Presets) können verändert werden.	
Favorisiertes Bild bearbeiten. *Radiosender, Kontakt*	Bild ändern		Systemeinstellungen (Presets) können wieder hergestellt werden (z.B. Standard Senderlogo-Bild).
Neue Frequenz einstellen.	Frequenzband	Voreingestellte Formate/Einheiten (Presets) können verändert werden.	

Steuerbarkeit 4/4

Eingabe ins Freitextfeld. *Suche Künstler, Eingabe Adresse*	Such-/Eingabemaske		
Inhalte filtern. *Verpasster Anruf, Künstler eines Genre*	Filter		Der Filter kann deaktiviert werden (Anzeige aller Inhalte).
Darstellung mehrerer Inhaltsgruppen. *Liste Radiosender, Liste Media-Inhalte, Liste Kontakte, Liste Fahrmodis*	Mehrere Inhaltsgruppen		
Darstellung einer Inhaltsgruppe. *Radiosender, Media-Inhalt, Kontakt, Fahrmodus*	Inhaltsgruppe	Voreingestellte Formate/Einheiten (Presets) können verändert werden.	

Individualisierbarkeit 1/4

Teilaufgabe	Element(-gruppe)			
	Individualisierbarkeit - Kriterien der Grundsätze der Dialoggestaltung, welche währen der HMI Konzeptphase evaluierbar sind.	I2: Das interaktive System sollte es dem Benutzer erlauben, zwischen verschiedenen Formen der Darstellung zu wählen, wenn es für die individuellen Bedürfnisse unterschiedlicher Benutzer zweckmäßig ist.	I3: Der Umfang von Erläuterungen (z.B. Details in Fehlermeldungen, Hilfeinformationen) sollte entsprechend dem individuellen Wissen des Benutzers veränderbar sein.	I4: Benutzer sollten, soweit zweckmäßig, die Möglichkeit haben, eigenes Vokabular einzubinden, um Objekte und Funktionen ("Werkzeuge") individuell zu benennen.
	HMI Konzeptanforderungen der Automotive-Richtlinien.	-	-	-
	HMI Konzept-Anforderungen des FFU.	-	-	-
	HMI Konzeptanforderungen, welche den Element(-gruppen) nicht direkt zugewiesen werden können.	-	-	-
Wechsel in einen spezifischen Bereich. *Radio, Einstellungen, Klang, Favoriten, Fahrzeug, Fahrmodus*	Menüpunkt			
Aktion durch eine Schaltfläche auslösen. *Anrufen, Fahrmodus ECO*	Schaltfläche			
Inhalt als Favorit speichern. *Radiosender, Telefonbucheintrag*	Favorit			Mehrere Favoriten können personalisiert werden (z.B. Vergabe eigener Name).
Inhalte speichern. *Klangeinstellungen*	Speicherung			Mehrere Speichervarianten können personalisiert werden (z.B. Vergabe eigener Name).
Moduswechsel aktivieren. *Frequenzband,*	Moduswechsel			
Einstellungen verändern.	Einstellungen	Einstellungen können in der Darstellungs-Ansicht verändert werden (z.B. Listen/Kachelansicht)..		
Steuerungselemente für Inhalte. *Radiosender, Media-Dateien, Frequenz*	Steuerungselemente			
Neue Quelle/Datei einbinden. *BT Telefon hinzufügen, Senderlogo*	Quellen-/Dateimanager	Inhalte können in der Darstellungs-Ansicht verändert werden (z.B. Listen/Kachelansicht).		
Favorisiertes Bild bearbeiten. *Radiosender, Kontakt*	Bild ändern			
Neue Frequenz einstellen.	Frequenzband			
Eingabe ins Freitextfeld. *Suche Künstler, Eingabe Adresse*	Such-/Eingabemaske			

Individualisierbarkeit 2/4

Inhalte filtern. *Verpasster Anruf, Künstler eines Genre*	Filter			
Darstellung mehrerer Inhaltsgruppen. *Liste Radiosender, Liste Media-Inhalte, Liste Kontakte, Liste Fahrmodis*	Mehrere Inhaltsgruppen	Die Darstellungs-Ansicht mehrerer Inhaltsgruppen (z.B. Liste Radiosender) kann verändert werden (z.B. Listen/Kachelansicht).		
Darstellung einer Inhaltsgruppe. *Radiosender, Media-Inhalt, Kontakt, Fahrmodus*	Inhaltsgruppe			

Individualisierbarkeit 3/4

Teilaufgabe	**Individualisierbarkeit -** Kriterien der Grundsätze der Dialoggestaltung, welche währen der HMI Konzeptphase evaluierbar sind.	I5: Der Benutzer sollte, soweit zweckmäßig, die Geschwindigkeit von dynamischen Eingaben und Ausgaben einstellen können, um sie an seine individuellen Bedürfnise anzupassen.	I8: Der Benutzer sollte die Möglichkeit haben, die Art zu wählen, in der Eingabe-/Ausgabe-Daten dargestellt werden (Format und Typ).	I9: Soweit zweckmäßig, sollte es dem Benutzer möglich sein, Dialogelemente oder Funktionen hinzufügen oder neu zu ordnen, insbesondere, um individuelle Bedürfnisse bei der Ausführung von Arbeitsaufgaben zu unterstützen.	I10: Individuelle Einstellungen eines Dialoges sollten rückgängig gemacht werden können und es dem Benutzer erlauben, zu den ursprünglichen Einstellungen zurückzugehen.
	HMI Konzeptanforderungen der Automotive-Richtlinien	-	-	-	-
	HMI Konzept-Anforderungen des FFU	-	-	-	-
	Anforderungen, welche den Element(-gruppen) nicht direkt zugewiesen werden können.	-	-	-	-
Teilaufgabe	**Element(gruppe)**				
Wechsel in einen spezifischen Bereich. *Radio, Einstellungen, Klang, Favoriten, Fahrzeug, Fahrmodus*	Menüpunkt				
Aktion durch eine Schaltfläche auslösen. *Anrufen, Fahrmodus ECO*	Schaltfläche				
Inhalt als Favorit speichern. *Radiosender, Telefonbucheintrag*	Favorit			Mehrere Favoriten können neu strukturiert werden (z.B. Reihenfolge).	
Inhalte speichern. *Klangeinstellungen*	Speicherung			Mehrere Speichervarianten können neu strukturiert werden (z.B. Reihenfolge).	
Moduswechsel aktivieren. *Frequenzband,*	Moduswechsel				
Einstellungen verändern.	Einstellungen				Systemeinstellungen (Presets) können wieder hergestellt werden.
Steuerungselemente für Inhalte. *Radiosender, Media-Dateien, Frequenz*	Steuerungselemente				
Neue Quelle/Datei einbinden. *BT Telefon hinzufügen, Senderlogo*	Quellen-/Dateimanager				
Favorisiertes Bild bearbeiten. *Radiosender, Kontakt*	Bild ändern				Systemeinstellungen (Presets) können wieder hergestellt werden.
Neue Frequenz einstellen.	Frequenzband				
Eingabe ins Freitextfeld. *Suche Künstler, Eingabe Adresse*	Such-/Eingabemaske				

Individualisierbarkeit 4/4

Inhalte filtern. *Verpasster Anruf, Künstler eines Genre*	Filter				Der Filter kann deaktiviert werden, so dass alle Inhalte dargestellt werden.
Darstellung mehrerer Inhaltsgruppen. *Liste Radiosender, Liste Media-Inhalte, Liste Kontakte, Liste Fahrmodis*	Mehrere Inhaltsgruppen				
Darstellung einer Inhaltsgruppe. *Radiosender, Media-Inhalt, Kontakt, Fahrmodus*	Inhaltsgruppe				

F. Fragebögen Funktions(-fluss-)Layout

PORSCHE

vom Evaluator auszufüllen

Datum: ______________

Prob-Nr: ______________

Konzeptevaluation

Produkt: ______________________________

Aufgabe: ______________________________

Der vorliegende Fragebogen dient der Erhebung von Schwachstellen des HMI-Konzepts. Ihre Antworten werden dazu verwendet, diese zu identifizieren sowie Empfehlungen für eine Optimierung abzuleiten. Bitte beantworten Sie die Fragen wahrheitsgemäß. Alle Daten werden anonym behandelt und nicht an Dritte herausgegeben.

Testvorgehen

1. Verschaffen Sie sich einen Überblick über das vorliegende Konzept.
2. Führen Sie die obenstehende Aufgabe aus.
3. Beantworten Sie den Fragebogen.

Handhabung des Fragebogens

Die schriftliche Befragung besteht aus zwei Teilen:

1. *Fragebogen Allgemein* Betrachtet das HMI-Konzept ganzheitlich.
2. *Fragebogen Element(-gruppen)* Betrachtet spezifische Inhalte und Funktionen.

Der Fragebogen ist in mehrere **Evaluations-Blöcke** aufgeteilt. Je nach Evaluationsziel können die Blöcke unabhängig beurteilt werden. Für den vorliegenden Test bewerten Sie bitte die Evaluations-Blöcke:

- *Darstellung*
- *Benennung*
- *Platzierung*
- *Interaktion*

Da es sich im vorliegenden HMI-Konzept um **mehrere zusammenhängende Screens** handelt, sind alle Fragen mit der *schwarzen Kennzeichnung* zu beantworten. Die Kennzeichnung finden Sie vor jeder zu beantwortenden Frage.

Vielen Dank für Ihre Teilnahme

Fragebogen *Allgemein*

Frage beantworten bei

▏ Funktionslayout (einzelner Screen)

▎ Funktionsflusslayout (zusammenhängende Screens)

Um Konzepte optimieren zu können ist es wichtig zu erfahren, warum etwas negativ beurteilt wurde. **Bitte erläutern Sie Ihre Bewertungen.**

Bereich	Nr.	Frage	Stimme zu	Stimme eher zu	Stimme eher nicht zu	Stimme nicht zu	Frage trifft nicht zu
Darstellung	1	Die gestellte Aufgabe ist ausführbar.	☐			☐	☐
	2	Relevante Inhalte und Funktionen für die Aufgabe werden dargestellt.	☐	☐	☐	☐	☐
		Inhalte und Funktionen des Konzeptes:					
	3	· fördern keine illegalen Handlungen	☐	☐	☐	☐	☐
	4	· fördern kein gefährliches Fahrverhalten	☐	☐	☐	☐	☐
	5	· wecken keine unrealistischen Erwartungen	☐	☐	☐	☐	☐
	6	· dienen nicht der visuellen Unterhaltung	☐	☐	☐	☐	☐
	7	· enthalten keine animierten Grafiken/Bilder	☐			☐	☐
		· enthalten kein Text zu:					
	8	· Bücher	☐			☐	☐
	9	· Zeitschriften	☐			☐	☐
	10	· Website Inhalte	☐			☐	☐
	11	· Social Media Inhalte	☐			☐	☐
	12	· Textbasierte Werbung	☐			☐	☐
	13	· Nachrichtendienst	☐			☐	☐
	14	Inhalte und Funktionen des Konzeptes, welche während der Fahrt verboten sind, werden gekennzeichnet.	☐	☐	☐	☐	☐
	15	Es existiert ein Bereich für sicherheitsrelevante Inhalte und Funktionen.	☐			☐	☐
Benennung	16	Inhalte und Funktionen des Konzeptes sind in einer für den Fahrer bekannten Sprache formuliert.	☐	☐	☐	☐	☐
	17	Die Schriftrichtung der Inhalte des Konzeptes ist für das Zielland passend.	☐	☐	☐	☐	☐
Platzierung	18	Bei Linkslenker: Sicherheitsrelevante Inhalte/Funktionen werden im linken Screenbereich dargestellt.	☐			☐	☐
	19	Displayplatzierung Mittelkonsole: Sicherheitsrelevante Inhalte/Funktionen werden nahe der natürlichen Sichtlinie des Fahrers visualisiert.	☐	☐	☐	☐	☐
Interaktion	20	Die Interaktion, um die Aufgabe auszuführen, ist auf das Nötigstes reduziert.	☐			☐	☐
	21	Zu jedem Zeitpunkt besteht Kontrolle über Beginn und Abschluss der Aufgabe.	☐			☐	☐
	22	Innerhalb der Aufgabe kann zu jedem Zeitpunkt zu einem vorherigen Status zurückgekehrt werden.	☐			☐	☐
	23	Innerhalb der Aufgabe ist es zu jedem Zeitpunkt möglich, die Interaktion zu beenden.	☐			☐	☐
		Innerhalb der Aufgabe ist die manuelle Texteingabe unterbunden für:					
	24	· Nachrichten- und Kommunikationsdienste	☐			☐	☐
	25	· Browsen im Internet	☐			☐	☐
	26	Meldungen, welche rechtlich relevante Inhalte darstellen, sind nicht deaktivierbar.	☐			☐	☐

Stimme nicht zu = Keine Beantwortung Block Platzierung

Haben Sie weitere Probleme aufdecken können aber es war keine entsprechende Frage zur Bewertung vorhanden?

Fragebogen *Menüpunkt*

Menüpunkt = Element bzw. Gruppe an Elementen, mit dem ein globaler Inhalt des Produkts aufgerufen wird.

Frage beantworten bei

Funktionslayout (einzelner Screen)

Funktionsflusslayout (zusammenhängende Screens)

Um Konzepte optimieren zu können ist es wichtig zu erfahren, warum etwas negativ beurteilt wurde. **Bitte erläutern Sie Ihre Bewertungen.**

	Nr.	Frage	Stimme zu	Stimme eher zu	Stimme eher nicht zu	Stimme nicht zu	Frage trifft nicht zu	
Darstellung	1	Ein Menüpunkt für [Name] wird dargestellt.	☐			☐	☐	Stimme nicht zu = Abbruch Fragebogen Menüpunkt
	2	Der Menüpunkt wird mittels Buchstaben dargestellt.	☐			☐	☐	Stimme nicht zu = Keine Beantwortung Block Benennung
	3	Ein Icon wird verwendet, um die Auffindbarkeit des Menüpunkts zu erleichtern.	☐			☐	☐	
	4	Der Menüpunkt wird durch passende Konzept-Elemente dargestellt.	☐	☐	☐	☐	☐	
	5	Ausschließlich relevante Konzept-Elemente werden für den Menüpunkt dargestellt.	☐	☐	☐	☐	☐	
	6	Konzept-Elemente des Menüpunktes sind aus anderen Anwendungen bekannt.	☐			☐	☐	
Benennung	7	Der Menüpunkt ist in einer für den Fahrer bekannten Sprache formuliert.	☐			☐	☐	
	8	Enthaltene Begriffe und Abkürzungen, innerhalb des Menüpunkts, entsprechen Standards.	☐			☐	☐	
	9	Der Menüpunkt ist unmissverständlich benannt.	☐	☐	☐	☐	☐	
	10	Der Menüpunkt ist ohne Vorwissen verständlich.	☐	☐	☐	☐	☐	
	11	Weitere im Konzept dargestellte Menüpunkte selbiger Hierarchie sind ähnlich benannt (z.B. Anzahl Wörter).	☐	☐	☐	☐	☐	
Platzierung	12	Bei Linkslenker: Der Menüpunkt wird im linken Screenbereich dargstellt.	☐			☐	☐	
	13	Displayplatzierung Mittelkonsole: Der Menüpunkt wird nahe der natürlichen Sichtlinie des Fahrers dargestellt.	☐			☐	☐	
	14	Der Menüpunkt ist so platziert, dass er nicht unbeabsichtigt betätigt wird.	☐	☐	☐	☐	☐	
	15	Weitere im Konzept dargestellte Menüpunkte selbiger Hierarchie sind ähnlich platziert.	☐	☐	☐	☐	☐	
Interaktion	16	Die Interaktion mit dem Menüpunkt erfolgt durch Touch auf diesen.	☐			☐	☐	
	17	Die Interaktion mit dem Menüpunkt ist mit einer Hand möglich.	☐			☐	☐	
	18	Nach Touch auf den Menüpunkt verändert sich der Status des Screens.	☐			☐	☐	
	19	Bei Nichterfolgt wird eine Fehlermeldung dargestellt.	☐			☐	☐	
	20	Es ist ersichtlich, das mittels des Menüpunkts Inhalte/ Funktionen, welche diesen betreffen, aufgerufen werden.	☐	☐	☐	☐	☐	
	21	Weitere im Konzept dargestellte Menüpunkte selbiger Hierarchie sind vom Interaktionsverhalten ähnlich.	☐	☐	☐	☐	☐	

Fragebogen *Schaltfläche*

Schaltfläche = Element bzw. Gruppe an Elementen, mit dem eine Aktion zu einem spezifischen Inhalt aufgerufen wird.

Frage beantworten bei

| Funktionslayout (einzelner Screen)

▌ Funktionsflusslayout (zusammenhängende Screens)

Um Konzepte optimieren zu können ist es wichtig zu erfahren, warum etwas negativ beurteilt wurde. **Bitte erläutern Sie Ihre Bewertungen.**

Bereich	Nr.	Frage	**Stimme zu**	**Stimme eher zu**	**Stimme eher nicht zu**	**Stimme nicht zu**	**Frage trifft nicht zu**	Erläuterung
Darstellung	1	Eine Schaltfläche für [Name] wird dargestellt.	☐			☐	☐	Stimme nicht zu = Abbruch Fragebogen Schaltfläche
	2	Die Schaltfläche wird mittels Buchstaben dargestellt.	☐			☐	☐	Stimme nicht zu = Keine Beantwortung Block Benennung
	3	Ein Icon wird verwendet, um die Auffindbarkeit der Schaltfläche zu erleichtern.	☐			☐	☐	
	4	Die Schaltfläche wird durch passende Konzept-Elemente dargestellt.	☐	☐	☐	☐	☐	
	5	Ausschließlich relevante Konzept-Elemente werden für die Schaltfläche dargestellt.	☐	☐	☐	☐	☐	
	6	Konzept-Elemente der Schaltfläche sind aus anderen Anwendungen bekannt.	☐			☐	☐	
Benennung	7	Die Schaltfläche ist in einer für den Fahrer bekannten Sprache formuliert.	☐			☐	☐	
	8	Enthaltene Begriffe und Abkürzungen, innerhalb der Schaltfläche, entsprechen Standards.	☐			☐	☐	
	9	Die Schaltfläche ist unmissverständlich benannt.	☐	☐	☐	☐	☐	
	10	Die Schaltfläche ist ohne Vorwissen verständlich.	☐	☐	☐	☐	☐	
	11	Weitere im Konzept dargestellte vergleichbare Schaltflächen sind ähnlich benannt (z.B. Anzahl Wörter).	☐	☐	☐	☐	☐	
Platzierung	12	Die Schaltfläche ist in der Nähe des zu manipulierenden Inhalts platziert.	☐	☐	☐	☐	☐	
	13	Die Schaltfläche ist so platziert, das sie nicht unbeabsichtigt betätigt wird.	☐	☐	☐	☐	☐	
	14	Weitere im Konzept dargestellte vergleichbare Schaltflächen sind ähnlich platziert.	☐	☐	☐	☐	☐	
Interaktion	15	Die Interaktion mit der Schaltfläche erfolgt durch Touch auf diese.	☐			☐	☐	
	16	Die Interaktion mit der Schaltfläche ist mit einer Hand möglich.	☐			☐	☐	
	17	Nach Touch auf die Schaltfläche verändert sich der Status des Screens (z.B. Rufaufbau).	☐			☐	☐	
	18	Bei Nichterfolgt wird eine Fehlermeldung dargestellt.	☐			☐	☐	
	19	Es ist ersichtlich, dass mittels der Schaltfläche eine Aktion, welche diese betrifft, aufgerufen wird.	☐	☐	☐	☐	☐	
	20	Weitere im Konzept dargestellte vergleichbare Schaltflächen sind vom Interaktionsverhalten ähnlich.	☐	☐	☐	☐	☐	

Fragebogen *Filter*

Filter = Element bzw. Gruppe an Elementen, mit denen mehrere Inhalte von anderen gefiltert werden.

Frage beantworten bei

| Funktionslayout (einzelner Screen)

| Funktionsflusslayout (zusammenhängende Screens)

Um Konzepte optimieren zu können ist es wichtig zu erfahren, warum etwas negativ beurteilt wurde. **Bitte erläutern Sie Ihre Bewertungen.**

Block	Nr.	Frage	Stimme zu	Stimme eher zu	Stimme eher nicht zu	Stimme nicht zu	Frage trifft nicht zu	Erläuterung
Darstellung	1	Eine Filter-Schaltfläche für [Name] wird dargestellt.	☐			☐	☐	Stimme nicht zu = Abbruch Fragebogen Filter
Darstellung	2	Die Filter-Schaltfläche wird mittels Buchstaben dargestellt.	☐			☐	☐	Stimme nicht zu = Keine Beantwortung Block Benennung
Darstellung	3	Ein Icon wird verwendet, um die Auffindbarkeit der Filter-Schaltfläche zu erleichtern.	☐			☐	☐	
Darstellung	4	Die Filter-Schaltfläche wird durch passende Konzept-Elemente dargestellt.	☐	☐	☐	☐	☐	
Darstellung	5	Ausschließlich relevante Konzept-Elemente werden für die Filter-Schaltfläche dargestellt.	☐	☐	☐	☐	☐	
Darstellung	6	Konzept-Elemente der Filter-Schaltfläche sind aus anderen Anwendungen bekannt.	☐			☐	☐	
Benennung	7	Die Filter-Schaltfläche ist in einer für den Fahrer bekannten Sprache formuliert.	☐			☐	☐	
Benennung	8	Enthaltene Begriffe und Abkürzungen, innerhalb der Filter-Schaltfläche, entsprechen Standards.	☐			☐	☐	
Benennung	9	Die Schaltfläche ist unmissverständlich benannt.	☐	☐	☐	☐	☐	
Benennung	10	Die Filter-Schaltfläche ist ohne Vorwissen verständlich.	☐	☐	☐	☐	☐	
Benennung	11	Weitere im Konzept dargestellte vergleichbare Filter-Schaltflächen sind ähnlich benannt (z.B. Anzahl Wörter).	☐	☐	☐	☐	☐	
Platzierung	12	Die Filter-Schaltfläche ist in der Nähe des zu filternden Inhalts platziert.	☐	☐	☐	☐	☐	
Platzierung	13	Die Filter-Schaltfläche ist so platziert, dass sie nicht unbeabsichtigt betätigt wird.	☐	☐	☐	☐	☐	
Platzierung	14	Weitere im Konzept dargestellte vergleichbare Filter-Schaltflächen sind ähnlich platziert.	☐	☐	☐	☐	☐	
Interaktion	15	Die Interaktion mit der Filter-Schaltfläche erfolgt durch Touch auf diese.	☐			☐	☐	
Interaktion	16	Die Interaktion mit der Filter-Schaltfläche ist mit einer Hand möglich.	☐			☐	☐	
Interaktion	17	Nach Touch auf die Filter-Schaltfläche verändert sich der Status des Screens (z.B. Filterung Inhalte).	☐			☐	☐	
Interaktion	18	Bei Nichterfolgt wird eine Fehlermeldung dargestellt.	☐			☐	☐	
Interaktion	19	Der Filter kann deaktiviert werden, so dass alle Inhalte dargestellt werden.	☐			☐	☐	
Interaktion	20	Es ist ersichtlich, dass mittels der Filter Schaltfläche Inhalte gefiltert werden.	☐	☐	☐	☐	☐	
Interaktion	21	Weitere im Konzept dargestellte vergleichbare Schaltflächen sind vom Interaktionsverhalten ähnlich.	☐	☐	☐	☐	☐	

Fragebogen *Einstellungen*

Einstellungen = Element bzw. Gruppe an Elementen, welche Einstellungsmöglichkeiten darstellen.

Frage beantworten bei

- Funktionslayout (einzelner Screen)
- Funktionsflusslayout (zusammenhängende Screens)

Um Konzepte optimieren zu können ist es wichtig zu erfahren, warum etwas negativ beurteilt wurde. **Bitte erläutern Sie Ihre Bewertungen.**

	Nr.	Frage	Stimme zu	Stimme eher zu	Stimme eher nicht zu	Stimme nicht zu	Frage trifft nicht zu	
Darstellung	1	Einstellungen für [Name] werden dargestellt.	☐			☐	☐	Stimme nicht zu = Abbruch Fragebogen Einstellungen
	2	Bezeichnungen der Einstellungen werden mittels Buchstaben dargestellt.	☐			☐	☐	Stimme nicht zu = Keine Beantwortung Block Benennung
	3	Icons werden verwendet, um die Auffindbarkeit mit den Einstellungen zu erleichtern.	☐			☐	☐	
	4	Statische Bilder/Grafiken werden verwendet, um die Auffindbarkeit mit den Einstellungen zu erleichtern.	☐			☐	☐	Stimme nicht zu = Keine Beantwortung Frage 5
	5	Nach der Auswahl werden statische Bilder/Grafiken ausgeblendet.	☐			☐	☐	
	6	Einstellungen sind in der Darstellungansicht veränderbar (z.B. Listen-/Kachelansicht).	☐			☐	☐	
	7	Übersteigen die Einstellungen den Darstellungsbereich, sind diese über eine scrollbare Fläche erreichbar.	☐			☐	☐	Stimme nicht zu = Keine Beantwortung Frage 30
	8	Einstellungen werden erläutert.	☐			☐	☐	
	9	Einstellungen sind bei Erstnutzung in neutraler Position.	☐			☐	☐	
	10	Einstellungen werden durch passende Konzept- Elemente dargestellt.	☐	☐	☐	☐	☐	
	11	Ausschließlich relevante Konzept-Elemente werden für die Einstellungen verwendet.	☐	☐	☐	☐	☐	
	12	Konzept-Elemente der Einstellungen sind aus anderen Anwendungen bekannt.	☐			☐	☐	
Benennung	13	Einstellungen sind in einer für den Fahrer bekannten Sprache formuliert.	☐			☐	☐	
	14	Enthaltene Begriffe und Abkürzungen, innerhalb der Einstellungen, entsprechen Standards.	☐			☐	☐	
	15	Die Einstellungen sind unmissverständlich benannt.	☐	☐	☐	☐	☐	
	16	Die Einstellungen sind ohne Vorwissen verständlich.	☐	☐	☐	☐	☐	
	17	Sind Eingabe erforderlich, wird auf die erwartete Eingabe hingewiesen (z.B. Nur Zahlen eingeben).	☐			☐	☐	
	18	Einstellungen sind mit Bezeichnungen (Formaten/Maßeinheiten) versehen.	☐			☐	☐	Stimme nicht zu = Keine Beantwortung Frage 19
	19	Formate/Maßeinheiten sind für das Zielland passend.	☐			☐	☐	
	20	Weitere im Konzept dargestellte vergleichbare Einstellungen sind ähnlich benannt (z.B. Anzahl Wörter).	☐	☐	☐	☐	☐	
Platzierung	21	Bei Linkslenker: Einstellungen werden im linken Screenbereich dargstellt.	☐			☐	☐	
	22	Displayplatzierung Mittelkonsole: Einstellungen werden nahe der natürlichen Sichtlinie des Fahrers dargestellt.	☐			☐	☐	
	23	Einzelne Einstellungen, welche eine zusammengehörige Einstellung repräsentieren, werden als Einheit dargsestellt.	☐	☐	☐	☐	☐	
	24	Einstellungen sind so platziert, dass sie nicht unbeabsichtigt betätigt werden.	☐	☐	☐	☐	☐	
	25	Weitere im Konzept dargestellte vergleichbare Einstellungen sind ähnlich strukturiert.	☐	☐	☐	☐	☐	
	26	Die Interaktion mit den Einstellungen erfolgt durch Touch auf spezifische Einstellungs-Elemente (z.B. Slider).	☐			☐	☐	

	Nr.	Aussage					
Interaktion	27	Die Interaktion mit den Einstellungen ist mit einer Hand möglich.	☐			☐	☐
	28	Nach Touch auf ein spezifisches Einstellungs-Element verändert sich der Status des Screen.	☐			☐	☐
	29	Bei Nichterfolg wird eine Fehlermeldung dargestellt.	☐			☐	☐
	30	Es ist ersichtlich, dass mittles eines spezifischen Einstellungs-Elements eine Einstellung manipuliert wird.	☐	☐	☐	☐	☐
	31	Es ist ersichtlich, dass über die scrollbare Fläche weitere Elemente erreicht werden.	☐	☐	☐	☐	☐
	32	Systemeinstellungen (Presets) können wieder hergestellt werden.	☐			☐	☐
	33	Voreingestellte Einheiten/Maßeinheiten können verstellt werden.	☐			☐	☐
	34	Weitere im Konzept dargestellte vergleichbare Einstellungen sind vom Interaktionsverhalten ähnlich.	☐	☐	☐	☐	☐

Fragebogen *Bild ändern*

Bild ändern = Element bzw. Gruppe an Elementen, mit dem ein Bild innerhalb eines Inhalts ausgetauscht wird.

Frage beantworten bei

Funktionslayout (einzelner Screen)

Funktionsflusslayout (zusammenhängende Screens)

Um Konzepte optimieren zu können ist es wichtig zu erfahren, warum etwas negativ beurteilt wurde. **Bitte erläutern Sie Ihre Bewertungen.**

Block	Nr.	Frage	Stimme zu	Stimme eher zu	Stimme eher nicht zu	Stimme nicht zu	Frage trifft nicht zu	
Darstellung	1	Ein Inhalt mit Bild wird für [Name] dargestellt.	☐			☐	☐	Stimme nicht zu = Abbruch Fragebogen Bild ändern
	2	Eine Bild-Bearbeitungs-Schaltfläche wird dargestellt.	☐			☐	☐	Stimme nicht zu = Abbruch Fragebogen Bild ändern
	3	Die Bild-Bearbeitungs-Schaltfläche wird mittels Buchstaben dargestellt.	☐			☐	☐	Stimme nicht zu = Keine Beantwortung Block Benennung
	4	Ein Icon wird verwendet, um die Auffindbarkeit der Bild-Bearbeitungs-Schaltfläche zu erleichtern.	☐			☐	☐	
	5	Die Bild-Bearbeitungs-Schaltfläche wird durch passende Konzept-Elemente dargestellt.	☐	☐	☐	☐	☐	
	6	Ausschließlich relevante Konzept-Elemente werden für die Bild-Bearbeitungs-Schaltfläche verwendet.	☐	☐	☐	☐	☐	
	7	Konzept-Elemente der Bild-Bearbeitungs-Schaltfläche sind aus anderen Anwendungen bekannt.	☐			☐	☐	
Benennung	8	Die Bild-Bearbeitungs-Schaltfläche ist in einer für den Fahrer bekannten Sprache formuliert.	☐			☐	☐	
	9	Enthaltene Begriffe und Abkürzungen, innerhalb der Bild-Bearbeitungs-Schaltfläche, entsprechen Standards.	☐			☐	☐	
	10	Die Bild-Bearbeitungs-Schaltfläche ist unmissverständlich benannt.	☐	☐	☐	☐	☐	
	11	Die Bild-Bearbeitungs-Schaltfläche ist ohne Vorwissen verständlich.	☐	☐	☐	☐	☐	
	12	Weitere im Konzept dargestellte vergleichbare Bild-Bearbeitungs-Schaltflächen sind ähnlich benannt (z.B. Anzahl Wörter).	☐	☐	☐	☐	☐	
Platzierung	13	Die Bild-Bearbeitungs-Schaltfläche ist in der Nähe des zu manipulierenden Bilds platziert.	☐	☐	☐	☐	☐	
	14	Die Bild-Bearbeitungs-Schaltfläche ist so platziert, dass sie nicht unbeabsichtigt betätigt wird.	☐	☐	☐	☐	☐	
	15	Weitere im Konzept dargestellte vergleichbare Bild-Bearbeitungs-Schaltflächen sind ähnlich platziert.	☐	☐	☐	☐	☐	
Interaktion	16	Die Interaktion mit der Bild-Bearbeitungs-Schaltfläche erfolgt durch Touch auf diese.	☐			☐	☐	
	17	Die Interaktion mit der Bild-Bearbeitungs-Schaltfläche ist mit einer Hand möglich.	☐			☐	☐	
	18	Nach Touch auf die Bild-Bearbeitungs-Schaltfläche wird eine Möglichkeit des Bildaustauschs dargeboten.	☐			☐	☐	
	19	Bei Nichterfolgt wird eine Fehlermeldung dargestellt.	☐			☐	☐	
	20	Es ist ersichtlich, dass mittels der Bild-Bearbeitungs-Schaltlfäche ein Bild ausgetauscht wird.	☐	☐	☐	☐	☐	
	21	Weitere im Konzept dargestellte vergleichbare Bild-Bearbeitungs-Schaltflächen sind vom Interaktionsverhalten ähnlich.	☐	☐	☐	☐	☐	

Fragebogen *Steuerungselemente*

Steuerungselemente = Element bzw. Gruppe an Elementen, mit denen Radio- und Media-Inhalte gesteuert werden.

Frage beantworten bei

Funktionslayout (einzelner Screen)

Funktionsflusslayout (zusammenhängende Screens)

Um Konzepte optimieren zu können ist es wichtig zu erfahren, warum etwas negativ beurteilt wurde. **Bitte erläutern Sie Ihre Bewertungen.**

	Nr.	Frage	Stimme zu	Stimme eher zu	Stimme eher nicht zu	Stimme nicht zu	Frage trifft nicht zu	
Darstellung	1	Steuerungselemente für [Name] werden dargestellt.	☐			☐	☐	Stimme nicht zu = Abbruch Fragebogen Steuerungselemente
	2	Bezeichnungen der Steuerungselemente werden mittels Buchstaben dargestellt.	☐	☐	☐	☐	☐	Stimme nicht zu = Keine Beantwortung Block Benennung
	3	Icons werden verwendet, um die Auffindbarkeit mit den Steuerungselementen zu erleichtern.	☐	☐	☐	☐	☐	
	4	Steuerungselmente werden durch passende Konzept-Elemente dargestellt.	☐	☐	☐	☐	☐	
	5	Ausschließlich relevante Konzept-Elemente werden für die Steuerungselemente verwendet.	☐	☐	☐	☐	☐	
	6	Konzept-Elemente der Steuerungselemente sind aus anderen Anwendungen bekannt.	☐	☐	☐	☐	☐	
Benennung	7	Steuerungselemente sind in einer für den Fahrer bekannten Sprache formuliert.	☐	☐	☐	☐	☐	
	8	Enthaltene Begriffe und Abkürzungen innerhalb der Steuerungselemente entsprechen Standards.	☐	☐	☐	☐	☐	
	9	Die Steuerungselemente sind unmissverständlich benannt.	☐	☐	☐	☐	☐	
	10	Die Steuerungselemente sind ohne Vorwissen verständlich.	☐	☐	☐	☐	☐	
	11	Sind Eingaben erforderlich, wird auf die erwartete Eingabe hingewiesen (z.B. Nur Zahlen eingeben).	☐	☐	☐	☐	☐	
	12	Steuerungselemente sind mit Bezeichnungen (z.B. Min, Max) versehen.	☐	☐	☐	☐	☐	Stimme nicht zu = Keine Beantwortung Frage 13
	13	Bezeichnungen sind für das Zielland passend.	☐	☐	☐	☐	☐	
	14	Weitere im Konzept dargestellte vergleichbare Steuerungselemente sind ähnlich benannt (z.B. Anzahl Wörter).	☐	☐	☐	☐	☐	
Platzierung	15	Bei Linkslenker: Steuerungselemente werden im linken Screenbereich dargstellt.	☐	☐	☐	☐	☐	
	16	Displayplatzierung Mittelkonsole: Steuerungselemente werden nahe der natürlichen Sichtlinie des Fahrers dargestellt.	☐	☐	☐	☐	☐	
	17	Die Steuerungselemente sind in der Nähe der zu manipulierenden Radio- und Media-Inhalte platziert.	☐	☐	☐	☐	☐	
	18	Einzelne Steuerungselemente, welche eine zusammengehörige Steuerung repräsentieren, werden als Einheit dargsestellt.	☐	☐	☐	☐	☐	
	19	Steuerungselemente sind so platziert, dass sie nicht unbeabsichtigt betätigt werden.	☐	☐	☐	☐	☐	
	20	Weitere im Konzept dargestellte vergleichbare Steuerungselemente sind ähnlich strukturiert.	☐	☐	☐	☐	☐	
Interaktion	21	Die Interaktion mit den Steuerungselementen erfolgt durch Touch auf ein spezifisches Steuerungs-Element (z.B. Play, Pause, Weiter).	☐	☐	☐	☐	☐	
	22	Die Interaktion mit den spezifischen Steuerungselemente ist mit einer Hand möglich.	☐	☐	☐	☐	☐	
	23	Nach Touch auf ein spezifisches Steuerungselement veränder sich der Status des Screen (z.B. Wechsel des Album-Covers).	☐	☐	☐	☐	☐	
	24	Bei Nichterfolg wird eine Fehlermeldung dargestellt.	☐	☐	☐	☐	☐	

25	Es ist ersichtlich, dass mittles eines spezifischen Steuerungselements ein Radio- und Media-Inhalt manipuliert wird.	☐	☐	☐	☐	☐
26	Bezeichnungen können verstellt werden (z. B. von Minuten auf Stunden).	☐	☐	☐	☐	☐
27	Weitere im Konzept dargestellte vergleichbare Steuerungselemente sind vom Interaktionsverhalten ähnlich.	☐	☐	☐	☐	☐

Fragebogen *Favorit*

Favorit = Element bzw. Gruppe an Elementen, mit dem ein Inhalt favorisiert wird.

Frage beantworten bei

▏ Funktionslayout (einzelner Screen)

▍ Funktionsflusslayout (zusammenhängende Screens)

Um Konzepte optimieren zu können ist es wichtig zu erfahren, warum etwas negativ beurteilt wurde. **Bitte erläutern Sie Ihre Bewertungen.**

Bereich	Nr.	Frage	Stimme zu	Stimme eher zu	Stimme eher nicht zu	Stimme nicht zu	Frage trifft nicht zu	
Darstellung	1	Eine Favorit-Schaltfläche für [Name] wird dargestellt.	☐			☐	☐	Stimme nicht zu = Abbruch Fragebogen Schaltfläche
	2	Die Favorit-Schaltfläche wird mittels Buchstaben dargestellt.	☐			☐	☐	Stimme nicht zu = Keine Beantwortung Block Benennung
	3	Ein Icon wird verwendet, um die Auffindbarkeit der Favorit-Schaltfläche zu erleichtern.	☐			☐	☐	
	4	Die Favorit-Schaltfläche wird durch passende Konzept-Elemente dargestellt.	☐	☐	☐	☐	☐	
	5	Ausschließlich relevante Konzept-Elemente werden für die Favorit-Schaltfläche verwendet.	☐	☐	☐	☐	☐	
	6	Konzept-Elemente der Favorit-Schaltfläche sind aus anderen Anwendungen bekannt.	☐			☐	☐	
Benennung	7	Die Favorit-Schaltfläche ist in einer für den Fahrer bekannten Sprache formuliert.	☐			☐	☐	
	8	Enthaltene Begriffe und Abkürzungen innerhalb der Favorit-Schaltfläche entsprechen Standards.	☐			☐	☐	
	9	Die Favorit-Schaltfläche ist unmissverständlich benannt.	☐	☐	☐	☐	☐	
	10	Die Favorit-Schaltfläche ist ohne Vorwissen verständlich.	☐	☐	☐	☐	☐	
	11	Weitere im Konzept dargestellte vergleichbare Favorit-Schaltflächen sind ähnlich benannt (z.B. Anzahl Wörter).	☐	☐	☐	☐	☐	
Platzierung	12	Die Favorit-Schaltfläche ist in der Nähe des zu manipulierenden Inhaltes platziert.	☐	☐	☐	☐	☐	
	13	Die Favorit-Schaltfläche ist so platziert, dass sie nicht unbeabsichtigt betätigt wird.	☐	☐	☐	☐	☐	
	14	Weitere im Konzept dargestellte vergleichbare Favorit-Schaltflächen sind ähnlich platziert.	☐	☐	☐	☐	☐	
Interaktion	15	Die Interaktion mit der Favorit-Schaltfläche erfolgt durch Touch auf diese.	☐			☐	☐	
	16	Die Interaktion mit der Favorit-Schaltfläche ist mit einer Hand möglich.	☐			☐	☐	
	17	Nach Touch auf die Favorit-Schaltfläche verändert sich der Status des Screens (z.B. Favorisierung Radiosender).	☐			☐	☐	
	18	Bei Nichterfolgt wird eine Fehlermeldung dargestellt.	☐			☐	☐	
	19	Es ist ersichtlich, dass mittels der Favorit-Schaltfläche ein Inhalt als Favorit gespeichert wird.	☐	☐	☐	☐	☐	
	20	Mehrere gespeicherte Favoriten können personalisiert werden (z.B. Vergabe Name).	☐			☐	☐	
	21	Mehrere gespeicherte Favoriten können neu strukturiert werden (z.B. Änderung Sortierung).	☐			☐	☐	
	22	Weitere im Konzept dargestellte vergleichbare Favorit-Schaltflächen sind vom Interaktionsverhalten ähnlich.	☐	☐	☐	☐	☐	

Fragebogen *Speichern*

Speichern = Element bzw. Gruppe an Elementen, mit denen Inhalte gespeichert werden.

Frage beantworten bei

| Funktionslayout (einzelner Screen)

| Funktionsflusslayout (zusammenhängende Screens)

Bereich	Nr.	Frage	Stimme zu	Stimme eher zu	Stimme eher nicht zu	Stimme nicht zu	Frage trifft nicht zu	Um Konzepte optimieren zu können ist es wichtig zu erfahren, warum etwas negativ beurteilt wurde. **Bitte erläutern Sie Ihre Bewertungen.**
Darstellung	1	Eine Speicher-Schaltfläche für [Name] wird dargestellt.	☐			☐	☐	Stimme nicht zu = Abbruch Fragebogen Speichern
	2	Die Speicher-Schaltfläche wird mittels Buchstaben dargestellt.	☐			☐	☐	Stimme nicht zu = Keine Beantwortung Block Benennung
	3	Ein Icon wird verwendet, um die Auffindbarkeit der Speicher-Schaltfläche zu erleichtern.	☐			☐	☐	
	4	Die Speicher-Schaltfläche wird durch passende Konzept-Elemente dargestellt.	☐	☐	☐	☐	☐	
	5	Ausschließlich relevante Speicher-Elemente werden für die Speicher-Schaltfläche verwendet.	☐	☐	☐	☐	☐	
	6	Konzept-Elemente der Speicher-Schaltfläche sind aus anderen Anwendungen bekannt.	☐			☐	☐	
Benennung	7	Die Speicher-Schaltfläche ist in einer für den Fahrer bekannten Sprache formuliert.	☐			☐	☐	
	8	Enthaltene Begriffe und Abkürzungen innerhalb der Speicher-Schaltfläche entsprechen Standards.	☐			☐	☐	
	9	Die Speicher-Schaltfläche ist unmissverständlich benannt.	☐	☐	☐	☐	☐	
	10	Die Speicher-Schaltfläche ist ohne Vorwissen verständlich.	☐	☐	☐	☐	☐	
	11	Weitere im Konzept dargestellte vergleichbare Speicher-Schaltflächen sind ähnlich benannt (z.B. Anzahl Wörter).	☐	☐	☐	☐	☐	
Platzierung	12	Die Speicher-Schaltfläche ist in der Nähe des zu manipulierenden Inhaltes platziert.	☐	☐	☐	☐	☐	
	13	Die Speicher-Schaltfläche ist so platziert, dass sie nicht unbeabsichtigt betätigt wird.	☐	☐	☐	☐	☐	
	14	Weitere im Konzept dargestellte vergleichbare Speicher-Schaltflächen sind ähnlich platziert.	☐	☐	☐	☐	☐	
Interaktion	15	Die Interaktion mit der Speicher-Schaltfläche erfolgt durch Touch auf diese.	☐			☐	☐	
	16	Die Interaktion mit der Speicher-Schaltfläche ist mit einer Hand möglich.	☐			☐	☐	
	17	Nach Touch auf die Speicher-Schaltfläche verändert sich der Status des Screens (z.B. Neueinstellung Klang).	☐			☐	☐	
	18	Bei Nichterfolgt wird eine Fehlermeldung dargestellt.	☐			☐	☐	
	19	Es ist ersichtlich, dass mittels der Speicher-Schaltfläche ein manipulierter Inhalt gespeichert wird.	☐	☐	☐	☐	☐	
	20	Mehrere Speicher-Varianten können personalisiert werden (z.B. Vergabe Name).	☐			☐	☐	
	21	Mehrere Speicher-Varianten können neu strukturiert werden (z.B. Änderung Sortierung).	☐			☐	☐	
	22	Weitere im Konzept dargestellte vergleichbare Speicher Schaltflächen sind vom Interaktionsverhalten ähnlich.	☐	☐	☐	☐	☐	

Fragebogen *Moduswechsel*

Moduswechsel = Element bzw. Gruppe an Elementen, mit denen mehrere Inhalte in eine spezifische Betriebsart geschaltet werden.

Frage beantworten bei

Funktionslayout (einzelner Screen)

Funktionsflusslayout (zusammenhängende Screens)

Um Konzepte optimieren zu können ist es wichtig zu erfahren, warum etwas negativ beurteilt wurde. **Bitte erläutern Sie Ihre Bewertungen.**

	Nr.	Frage	Stimme zu	Stimme eher zu	Stimme eher nicht zu	Stimme nicht zu	Frage trifft nicht zu	
Darstellung	1	Eine Moduswechsel-Schaltfläche [Name] wird dargestellt.	☐			☐	☐	Stimme nicht zu = Abbruch Fragebogen Moduswechsel
	2	Die Moduswechsel-Schaltfläche wird mittels Buchstaben dargestellt.	☐			☐	☐	Stimme nicht zu = Keine Beantwortung Block Benennung
	3	Ein Icon wird verwendet, um die Auffindbarkeit der Moduswechsel-Schaltfläche zu erleichtern.	☐			☐	☐	
	4	Die Moduswechsel-Schaltfläche wird durch passende Konzept-Elemente dargestellt.	☐	☐	☐	☐	☐	
	5	Ausschließlich relevante Moduswechsel-Elemente werden für die Moduswechsel-Schaltfläche verwendet.	☐	☐	☐	☐	☐	
	6	Konzept-Elemente der Moduswechsel-Schaltfläche sind aus anderen Anwendungen bekannt.	☐			☐	☐	
Benennung	7	Die Moduswechsel-Schaltfläche ist in einer für den Fahrer bekannten Sprache formuliert.	☐			☐	☐	
	8	Enthaltene Begriffe und Abkürzungen innerhalb der Moduwechsel-Schaltfläche entsprechen Standards.	☐			☐	☐	
	9	Die Moduwechsel-Schaltfläche ist unmissverständlich benannt.	☐	☐	☐	☐	☐	
	10	Die Modusechsel-Schaltfläche ist ohne Vorwissen verständlich.	☐	☐	☐	☐	☐	
	11	Weitere im Konzept dargestellte vergleichbare Moduwechsel-Schaltflächen sind ähnlich benannt (z.B. Anzahl Wörter).	☐	☐	☐	☐	☐	
Platzierung	12	Die Moduswechsel-Schaltfläche ist in der Nähe des zu manipulierenden Inhalts platziert.	☐	☐	☐	☐	☐	
	13	Die Moduswechesl-Schaltfläche ist so platziert, dass sie nicht unbeabsichtigt betätigt wird.	☐	☐	☐	☐	☐	
	14	Weitere im Konzept dargestellte vergleichbare Moduswechsel-Schaltflächen sind ähnlich platziert.	☐	☐	☐	☐	☐	
Interaktion	15	Die Interaktion mit der Moduswechsel-Schaltfläche erfolgt durch Touch auf diese.	☐			☐	☐	
	16	Die Interaktion mit der Moduswechsel-Schaltfläche ist mit einer Hand möglich.	☐			☐	☐	
	17	Nach Touch auf die Moduswechsel-Schaltfläche verändert sich der Status des Screens.	☐			☐	☐	
	18	Bei Nichterfolgt wird eine Fehlermeldung dargestellt.	☐			☐	☐	
	19	Es ist ersichtlich, dass mittels der Moduswechsel-Schaltfläche der Betriebsmodus geändert wird (z.B. Bearbeitungsmodus).	☐	☐	☐	☐	☐	
	20	Weitere im Konzept dargestellte vergleichbare Moduswechsel-Schaltflächen sind vom Interaktionsverhalten ähnlich.	☐	☐	☐	☐	☐	

Fragebogen *Quellen-/Dateimanager*

Quellen-/Dateimanager = Gruppe an Elementen, mit denen Quellen und/oder Dateien hinzugefügt werden.

Frage beantworten bei

▍ Funktionslayout (einzelner Screen)

▍ Funktionsflusslayout (zusammenhängende Screens)

Um Konzepte optimieren zu können ist es wichtig zu erfahren, warum etwas negativ beurteilt wurde. **Bitte erläutern Sie Ihre Bewertungen.**

Bereich	Nr.	Frage	Stimme zu	Stimme eher zu	Stimme eher nicht zu	Stimme nicht zu	Frage trifft nicht zu	
Darstellung	1	Ein Quellen-/Dateimanager für [Name] wird dargestellt.	☐			☐	☐	Stimme nicht zu = Abbruch Fragebogen Quellen-/Dateimanager
	2	Bezeichnungen des Quellen-/Dateimanagers werden mittels Buchstaben dargestellt.	☐	☐	☐	☐	☐	Stimme nicht zu = Keine Beantwortung Block Benennunge
	3	Icons werden verwendet, um die Auffindbarkeit von Quellen/Datein zu erleichtern.	☐	☐	☐	☐	☐	
	4	Inhalte sind in der Darstellungansicht veränderbar (z.B. Listen-/Kachelansicht).	☐			☐	☐	
	5	Übersteigen die Quellen/Dateien den Darstellungs-bereich, sind diese über eine scrollbare Fläche erreichbar.	☐			☐	☐	Stimme nicht zu = Keine Beantwortung Frage 30
	6	Quellen/Dateien einer Kategorie sind hierarchisch strukturiert (z.B. Ordnerstruktur).	☐			☐	☐	Stimme nicht zu = Keine Beantwortung Frage 27
	7	Erläuterungen für die Einbindung von Quellen/Dateien werden dargestellt.	☐			☐	☐	
	8	Der Quellen-/Dateimanager wird durch passende Konzept-Elemente dargestellt.	☐	☐	☐	☐	☐	
	9	Ausschließlich relevante Konzept-Elemente werden für die Darstellung des Quellen-/Dateimanagers verwendet.	☐	☐	☐	☐	☐	
	10	Konzept-Elemente des Quellen-/Dateimanagers sind aus anderen Anwendungen bekannt.	☐	☐	☐	☐	☐	
Benennung	11	Bezeichnungen des Quellen-/Dateimanagers sind in einer für den Fahrer bekannten Sprache formuliert.	☐	☐	☐	☐	☐	
	12	Enthaltene Begriffe und Abkürzungen innerhalb des Quellen-/Dateimanagers entsprechen Standards.	☐	☐	☐	☐	☐	
	13	Bezeichnugen des Quellen-/Dateimanagers sind unmissverständlich benannt.	☐	☐	☐	☐	☐	
	14	Der Quellen-/Dateimanager ist ohne Vorwissen verständlich.	☐	☐	☐	☐	☐	
	15	Ist eine Eingabe erforderlich, wird auf die erwartete Eingabe hingewiesen.	☐			☐	☐	
	16	Quellen/Dateien sind mit Bezeichnungen (Formaten/Maßeinheiten) versehen (z.B. Dateigröße).	☐	☐	☐	☐	☐	Stimme nicht zu = Keine Beantwortung Frage 17
	17	Formate/Maßeinheiten sind für das Zielland passend.	☐	☐	☐	☐	☐	
	18	Weitere im Konzept dargestellte Quellen-/Dateimanager sind ähnlich benannt (z.B. Anzahl Wörter).	☐	☐	☐	☐	☐	
Platzierung	19	Bei Linkslenker: Der Quellen-/Dateimanger wird im linken Screenbereich dargstellt.	☐			☐	☐	
	20	Displayplatzierung Mittelkonsole: Der Quellen-/Dateimanger wird nahe der natürlichen Sichtlinie des Fahrers dargestellt.	☐	☐	☐	☐	☐	
	21	Einzelne Elemente, welche zusammengehörige Inhalte repräsentieren, werden als Einheit dargsestellt.	☐	☐	☐	☐	☐	
	22	Einzelne Inhalte sind so platziert, dass sie nicht unbeabsichtigt betätigt werden.	☐	☐	☐	☐	☐	
	23	Weitere im Konzept dargestellte Quellen-/Dateimanager sind ähnlich strukturiert.	☐	☐	☐	☐	☐	
	24	Die Interaktion mit den Inhalten erfolgt durch Touch auf spezifische Quellen/Dateien.	☐	☐	☐	☐	☐	
	25	Die Interaktion mit den Quellen/Dateien ist mit einer Hand möglich.	☐	☐	☐	☐	☐	
	26	Nach Touch auf eine spezifische Quelle/Datei wird eine Vorschau eingeblendet.	☐			☐	☐	

Interaktion	Nr.	Aussage					
	27	Nach Touch auf eine Oberkategorie wird die nächst tiefere Kategorie eingeblendet.	☐			☐	☐
	28	Bei Nichterfolg wird eine Fehlermeldung dargestellt.	☐			☐	☐
	29	Voreingestellte Einheiten/Maßeinheiten können verstellt werden.	☐			☐	☐
	30	Es ist ersichtlich, dass über die scrollbare Fläche weitere Quellen/Dateien erreicht werden.	☐	☐	☐	☐	☐
	32	Weitere im Konzept dargestellte Quellen-/Dateimanager sind vom Interaktionsverhalten ähnlich.	☐	☐	☐	☐	☐

Fragebogen *Frequenzband*

Frequenzband = Element bzw. Gruppe an Elementen, welche die Radiofrequenz darstellt.

Frage beantworten bei
- Funktionslayout (einzelner Screen)
- Funktionsflusslayout (zusammenhängende Screens)

Um Konzepte optimieren zu können ist es wichtig zu erfahren, warum etwas negativ beurteilt wurde. **Bitte erläutern Sie Ihre Bewertungen.**

Bereich	Nr.	Frage	Stimme zu	Stimme eher zu	Stimme eher nicht zu	Stimme nicht zu	Frage trifft nicht zu	Bewertung
Darstellung	1	Ein Frequenzband wird dargestellt.	☐			☐	☐	Stimme nicht zu = Abbruch Fragebogen Frequenzband
	2	Bezeichnungen des Frequenzbands werden mittels Buchstaben dargestellt.	☐			☐	☐	Stimme nicht zu = Keine Beantwortung Block Benennung
	3	Icons werden verwendet, um die Auffindbarkeit mit von Inhalten zu erleichtern.	☐			☐	☐	
	4	Statische Bilder/Grafiken werden verwendet, um die Auffindbarkeit von Inhalten zu erleichtern.	☐			☐	☐	Stimme nicht zu = Keine Beantwortung Frage 4
	5	Nach der Auswahl werden statische Bilder/Grafiken ausgeblendet.	☐			☐	☐	
	6	Übersteigen die Frequenzen den Darstellungsbereich, sind diese über eine scrollbare Fläche erreichbar.	☐			☐	☐	Stimme nicht zu = Keine Beantwortung Frage 30
	7	Das Frequenzband wird durch passende Konzept-Elemente dargestellt.	☐	☐	☐	☐	☐	
	8	Ausschließlich relevante Konzept-Elemente werden für die Darstellung des Frequenzbandes verwendet.	☐	☐	☐	☐	☐	
	9	Konzept-Elemente des Frequenzbands sind aus anderen Anwendungen bekannt.	☐			☐	☐	
Benennung	10	Bezeichnugen des Frequenzbands sind in einer für den Fahrer bekannten Sprache formuliert.	☐			☐	☐	
	11	Enthaltene Begriffe und Abkürzungen innerhalb des Frequenzbands entsprechen Standards.	☐			☐	☐	
	12	Bezeichnungen des Frequenzbandes sind unmissverständlich benannt.	☐	☐	☐	☐	☐	
	13	Das Frequenzband ist ohne Vorwissen verständlich.	☐	☐	☐	☐	☐	
	14	Sind Eingabe erforderlich, wird auf die erwartete Eingabe hingewiesen.	☐			☐	☐	
	15	Inhalte des Frequenzbands sind mit Bezeichnungen (Formaten/Maßeinheiten) versehen (z.B. FM, AM).	☐			☐	☐	Stimme nicht zu = Keine Beantwortung Frage 16
	16	Formate/Maßeinheiten sind für das Zielland passend.	☐			☐	☐	
	17	Weitere im Konzept dargestellte Frequenzbänder sind ähnlich benannt (z.B. Anzahl Wörter).	☐	☐	☐	☐	☐	
Platzierung	18	Bei Linkslenker: Das Frequenzband wird im linken Screenbereich dargstellt.	☐			☐	☐	
	19	Displayplatzierung Mittelkonsole: Das Frequenzband wird nahe der natürlichen Sichtlinie des Fahrers dargestellt.	☐			☐	☐	
	20	Frquenzen sind von links (niedrig) nach rechts (hoch) angeordnet.	☐			☐	☐	
	21	Steuerungselemente, mit denen das Frequenzband manipuliert wird, sind in der Nähe platziert.	☐	☐	☐	☐	☐	
	22	Einzelne Elemente, welche einen zusammengehörigen Inhalt repräsentieren, werden als Einheit dargsestellt.	☐	☐	☐	☐	☐	
	23	Inhalte des Frequenzbands sind so platziert, das sie nicht unbeabsichtigt betätigt werden.	☐	☐	☐	☐	☐	
	24	Weitere im Konzept dargestellten Frequenzbänder sind ähnlich strukturiert.	☐	☐	☐	☐	☐	
	25	Die Interaktion mit einer Frequenz erfolgt durch Touch auf eine spezifische Frequenz.	☐			☐	☐	
	26	Die Interaktion mit dem Frequenzband ist mit einer Hand möglich.	☐			☐	☐	

Interaktion	Nr.	Aussage					
	27	Nach Touch auf eine spezifische Frequenz verändert sich der Status des Senders.	☐			☐	☐
	28	Bei Nichterfolg wird eine Fehlermeldung dargestellt.	☐			☐	☐
	29	Voreingestellte Einheiten/Maßeinheiten können verstellt werden.	☐			☐	☐
	30	Es ist ersichtlich, dass über die scrollbare Fläche weitere Frequenzen erreicht werden.	☐	☐	☐	☐	☐
	31	Es ist ersichtlich, dass durch Touch auf das Frequenzband ein Sender manipuliert wird.	☐	☐	☐	☐	☐
	32	Weitere im Konzept dargestellte Frequenzbänder sind vom Interaktionsverhalten ählich.	☐	☐	☐	☐	☐

Fragebogen *Suche/Eingabemaske*

Such-/Eingabemaske = Element bzw. Gruppe an Elementen, mit denen Zeichen eingegeben werden, um Inhalte zu suchen oder

Frage beantworten bei

- Funktionslayout (einzelner Screen)
- Funktionsflusslayout (zusammenhängende Screens)

Um Konzepte optimieren zu können ist es wichtig zu erfahren, warum etwas negativ beurteilt wurde. **Bitte erläutern Sie Ihre Bewertungen.**

	Nr.	Frage	Stimme zu	Stimme eher zu	Stimme eher nicht zu	Stimme nicht zu	Frage trifft nicht zu	
Darstellung	1	Such-/Eingabemaske für [Name] wird dargestellt.	☐			☐	☐	Stimme nicht zu = Abbruch Fragebogen Suche/Eingabemaske
	2	Bezeichnungen der Such-/Eingabemaske werden mittels Buchstaben dargestellt.	☐			☐	☐	Stimme nicht zu = Keine Beantwortung Block Benennung
	3	Icons werden verwendet, um die Auffindbarkeit mit der Such-/Eingabemaske zu erleichtern.	☐			☐	☐	
	4	Alle für die Aufgabe relevanten Eingabefelder werden dargestellt.	☐			☐	☐	
	5	Die Such-/Eingabemaske wird durch passende Konzept-Elemente dargestellt.	☐	☐	☐	☐	☐	
	6	Ausschließlich relevante Konzept-Elemente werden für die Such-/Eingabemaske dargestellt.	☐	☐	☐	☐	☐	
	7	Konzept-Elemente der Such-/Eingabemasek sind aus anderen Anwendungen bekannt.	☐			☐	☐	
Benennung	8	Bezeichnungen der Such-/Eingabemaske sind in einer für den Fahrer bekannten Sprache formuliert.	☐			☐	☐	
	9	Enthaltene Begriffe und Abkürzungen innerhalb der Such-/Eingabemaske entsprechen Standards.	☐			☐	☐	
	10	Die Such-/Eingabemaske ist unmissverständlich benannt.	☐	☐	☐	☐	☐	
	11	Die Such-/Eingabemaske ist ohne Vorwissen verständlich.	☐	☐	☐	☐	☐	
	12	Sind Eingabe erforderlich, wird auf die erwartete Eingabe hingewiesen (z.B. Nur Zahlen eingeben).	☐			☐	☐	
	13	Die Such-/Eingabemaske ist mit Bezeichnungen (Formaten/Maßeinheiten) versehen.	☐			☐	☐	Stimme nicht zu = Keine Beantwortung Frage 14
	14	Formate/Maßeinheiten sind für das Zielland passend.	☐			☐	☐	
	15	Weitere im Konzept dargestellte vergleichbare Suche-/Eingabemasken sind ähnlich benannt (z.B. Anzahl Wörter).	☐	☐	☐	☐	☐	
Platzierung	16	Bei Linkslenker: Such-/Eingabemaske wird im linken Screenbereich dargstellt.	☐			☐	☐	
	17	Displayplatzierung Mittelkonsole: Such-/Eingabemaske wird nahe der natürlichen Sichtlinie des Fahrers dargestellt.	☐			☐	☐	
	18	Einzelne Elemente der Such-/Eingabemaske, welche ein zusammengehöriges Konstrukt repräsentieren, werden als Einheit dargsestellt.	☐	☐	☐	☐	☐	
	19	Bezeichnungen der Such-/Eingabemaske sind in der Nähe des Eingabefeldes platziert.	☐	☐	☐	☐	☐	
	20	Inhalte der Such-/Eingabemaske sind so platziert, dass sie nicht unbeabsichtigt betätigt werden.	☐	☐	☐	☐	☐	
	21	Weitere im Konzept dargestellte vergleichbare Suche-/Eingabemasken sind ähnlich strukturiert.	☐	☐	☐	☐	☐	
Interaktion	22	Die Interaktion mit der Such-/Eingabemaske erfolgt durch Touch auf spezifische Eingabefeld.	☐			☐	☐	
	23	Die Interaktion mit der Such-/Eingabemaske ist mit einer Hand möglich.	☐			☐	☐	
	24	Nach Touch auf ein spezifisches Eingabefeld wird eine Tastatur für die Eingabe dargestellt.	☐			☐	☐	
	25	Nach Touch auf Bestätigung der Such-/Dateneingabe wird eine Ergebnisliste bzw. ein Dateneintrag dargestellt.	☐			☐	☐	

Nr.	Aussage					
26	Während der Eingabe können einzelne Zeichen zurückgenommen werden.	☐			☐	☐
27	Bei Nichterfolg wird eine Fehlermeldung dargestellt.	☐			☐	☐
28	Voreingestellte Einheiten/Maßeinheiten können verstellt werden.	☐			☐	☐
29	Es ist ersichtlich, dass mittels der Such-/Eingabemaske eine Such-/Dateneingabe ausgeführt wird.	☐	☐	☐	☐	☐
30	Weitere im Konzept dargestellte vergleichbare Suche-/Eingabemasken sind vom Interaktionsverhalten ähnlich.	☐	☐	☐	☐	☐

Fragebogen *Inhaltsgruppe*

Inhaltsgruppe = Gruppe an Elementen, welche zusammengehörige Inhalte (z.B. Radiosender mit Name, Senderlogo, aktuelles Lied) darstellen.

Frage beantworten bei

Funktionslayout (einzelner Screen)

Funktionsflusslayout (zusammenhängende Screens)

Um Konzepte optimieren zu können ist es wichtig zu erfahren, warum etwas negativ beurteilt wurde. **Bitte erläutern Sie Ihre Bewertungen.**

Bereich	Nr.	Frage	Stimme zu	Stimme eher zu	Stimme eher nicht zu	Stimme nicht zu	Frage trifft nicht zu	
Darstellung	1	Eine Inhaltsgruppe für [Name] wird dargestellt.	☐			☐	☐	Stimme nicht zu = Abbruch Fragebogen Inhaltsgruppe
	2	Bezeichnungen der Inhaltsgruppe werden mittels Buchstaben dargestellt.	☐	☐	☐	☐	☐	Stimme nicht zu = Keine Beantwortung Block Benennung
	3	Icons werden verwendet, um die Auffindbarkeit von Inhalten der Inhaltsgruppe zu erleichtern.	☐	☐	☐	☐	☐	
	4	Statische Bilder/Grafiken werden verwendet, um die Auffindbarkeit von Inhalten der Inhaltsgruppe zu erleichtern.	☐	☐	☐	☐	☐	Stimme nicht zu = Keine Beantwortung Frage 5
	5	Nach der Auswahl werden statische Bilder/Grafiken ausgeblendet.	☐	☐	☐	☐	☐	
	6	Inhalte der Inhaltsgruppe werden durch passende Konzept-Elemente dargestellt.	☐	☐	☐	☐	☐	
	7	Ausschließlich relevante Konzept-Elemente werden für die Inhalte der Inhaltsgruppe verwendet.	☐	☐	☐	☐	☐	
	8	Konzept-Elemente der Inhaltsgruppe sind aus anderen Anwendungen bekannt.	☐	☐	☐	☐	☐	
Benennung	9	Inhalte der Inhaltsgruppe sind in einer für den Fahrer bekannten Sprache formuliert.	☐	☐	☐	☐	☐	
	10	Enthaltene Begriffe und Abkürzungen von Inhalten der Inhaltsgruppe entsprechen Standards.	☐	☐	☐	☐	☐	
	11	Bezeichnungen der Inhalte der Inhaltsgruppe sind unmissverständlich benannt.	☐	☐	☐	☐	☐	
	12	Die Inhaltsgruppe ist ohne Vorwissen verständlich.	☐	☐	☐	☐	☐	
	13	Sind Eingabe erforderlich, wird auf die erwartete Eingabe hingewiesen.	☐	☐	☐	☐	☐	
	14	Inhalte der Inhaltsgruppe sind mit Bezeichnungen (Formate/Maßeinheiten) versehen.	☐	☐	☐	☐	☐	Stimme nicht zu = Keine Beantwortung Frage 15
	15	Formate/Maßeinheiten sind für das Zielland passend.	☐	☐	☐	☐	☐	
	16	Weitere im Konzept dargestellte vergleichbare Inhaltsgruppen sind ähnlich benannt (z.B. Anzahl Wörter).	☐	☐	☐	☐	☐	
Platzierung	17	Einzelne Elemente der Inhaltsgruppe, welche einen zusammengehörigen Inhalt repräsentieren, werden als Einheit dargestellt.	☐	☐	☐	☐	☐	
	18	Inhalte der Inhaltsgruppe sind so platziert, dass sie nicht unbeabsichtigt betätigt werden.	☐	☐	☐	☐	☐	
	19	Weitere im Konzept dargestellte vergleichbare Inhaltsgruppen sind ähnlich strukturiert.	☐	☐	☐	☐	☐	
Interaktion	20	Die Interaktion mit einem Inhalt erfolgt durch Touch auf ein spezifisches Element innerhalb der Inhaltsgruppe.	☐	☐	☐	☐	☐	
	21	Die Interaktion mit Inhalten der Inhaltsgruppe ist mit einer Hand möglich.	☐	☐	☐	☐	☐	
	22	Nach Touch auf eine spezifisches Element innerhalb der Inhaltsgruppe verändert sich der Status dieser.	☐	☐	☐	☐	☐	
	23	Bei Nichterfolg wird eine Fehlermeldung dargestellt.	☐	☐	☐	☐	☐	
	24	Voreingestellte Einheiten/Maßeinheiten können verstellt werden.	☐	☐	☐	☐	☐	
	25	Es ist ersichtlich, dass durch Touch auf ein spezifisches Element eine Aktion ausgelöst wird.	☐	☐	☐	☐	☐	
	26	Weitere im Konzept dargestellte vergleichbare Inhaltsgruppen sind vom Interaktionsverhalten ähnlich.	☐	☐	☐	☐	☐	

Fragebogen ***Mehrere Inhaltsgruppen***

Mehrere Inhaltsgruppen = Zusammenfassende Darstellung von Inhaltsgruppen.
Diese können unterschiedliche Radiosender, verschiedene Musikalben eines Künstelers oder Kontakte eines Telefonbuchs sein.

Frage beantworten bei

- Funktionslayout (einzelner Screen)
- Funktionsflusslayout (zusammenhängende Screens)

Um Konzepte optimieren zu können ist es wichtig zu erfahren, warum etwas negativ beurteilt wurde. **Bitte erläutern Sie Ihre Bewertungen.**

	Nr.	Frage	Stimme zu	Stimme eher zu	Stimme eher nicht zu	Stimme nicht zu	Frage trifft nicht zu	
Darstellung	1	Mehrere Inhaltsgruppen werden dargestellt.	☐			☐	☐	Stimme nicht zu = Abbruch Fragebogen mehrere Inhaltsgruppen
	2	Globale Bezeichnungen Mehrerer Inhaltsgruppen werden mittels Buchstaben dargestellt.	☐	☐	☐	☐	☐	Stimme nicht zu = Keine Beantwortung Block Benennung
	3	Icons werden verwendet, um die Auffindbarkeit von Mehreren Inhaltsgruppen zu erleichtern.	☐	☐	☐	☐	☐	
	4	Mehrere Inhaltsgruppen sind in der Darstellungsansicht veränderbar (z.B. Listen-/Kachelansicht).	☐	☐	☐	☐	☐	
	5	Übersteigt die Anzahl Mehrerer Inhaltsgruppen den Darstellungsbereich, sind diese über eine scrollbare Fläche erreichbar.	☐	☐	☐	☐	☐	Stimme nicht zu = Keine Beantwortung Frage 21
	6	Ausschließlich relevante Konzept-Elemente (z.B. Trenner) werden für Mehrere Inhaltsgruppen dargestellt.	☐	☐	☐	☐	☐	
	7	Konzept-Elemente der Mehreren Inhaltsgruppen sind aus anderen Anwendungen bekannt.	☐	☐	☐	☐	☐	
Benennung	8	Globale Bezeichnungen der Mehreren Inhaltsgruppen sind in einer für den Fahrer bekannten Sprache formuliert.	☐	☐	☐	☐	☐	
	9	Enthaltene Begriffe und Abkürzungen der Mehreren Inhaltsgruppen entsprechen Standards.	☐	☐	☐	☐	☐	
	10	Mehre Inhaltsgruppen sind unmissverständlich benannt.	☐	☐	☐	☐	☐	
	11	Mehreren Inhaltsgruppen sind ohne Vorwissen verständlich.	☐	☐	☐	☐	☐	
	12	Weitere im Konzept dargestellte vergleichbare Mehrere Inhaltsgruppen sind ähnlich benannt (z.B. Anzahl Wörter).	☐	☐	☐	☐	☐	
Platzierung	13	Bei Linkslenker: Mehrere Inhaltsgruppen werden im linken Screenbereich dargstellt.	☐	☐	☐	☐	☐	
	14	Displayplatzierung Mittelkonsole: Mehrere Inhaltsgruppen werden nahe der natürlichen Sichtlinie des Fahrers dargestellt.	☐	☐	☐	☐	☐	
	15	Funktionen, mit denen Mehrere Inhaltsgruppen manipuliert werden (z.B. Filter), sind in der Nähe platziert.	☐	☐	☐	☐	☐	
	16	Weitere im Konzept dargestellte vergleichbare Mehrere Inhaltsgruppen sind ähnlich strukturiert.	☐	☐	☐	☐	☐	
Interaktion	17	Die Interaktion mit Mehreren Inhaltsgruppen erfolgt durch Touch auf Funktionen (z.B. Filter) außerhalb dieser.	☐	☐	☐	☐	☐	
	18	Die Interaktion mit Mehreren Inhaltsgruppen ist mit einer Hand möglich.	☐	☐	☐	☐	☐	
	19	Nach Touch auf eine spezifische Funktion außerhalb der Mehreren Inhaltsgruppen verändert sich der Status der mehreren Inhaltsgruppen (z.B. neue Sortierung).	☐	☐	☐	☐	☐	
	20	Bei Nichterfolg wird eine Fehlermeldung dargestellt.	☐	☐	☐	☐	☐	
	21	Es ist ersichtlich, dass über die scrollbare Fläche weitere Inhaltsgruppen erreicht werden.	☐	☐	☐	☐	☐	
	22	Weitere im Konzept dargestellte vergleichbare Mehrere Inhaltsgruppen sind vom Interaktionsverhalten ähnlich.	☐	☐	☐	☐	☐	

G. Auswertung

G.1. Arbeitsaufgabe 1

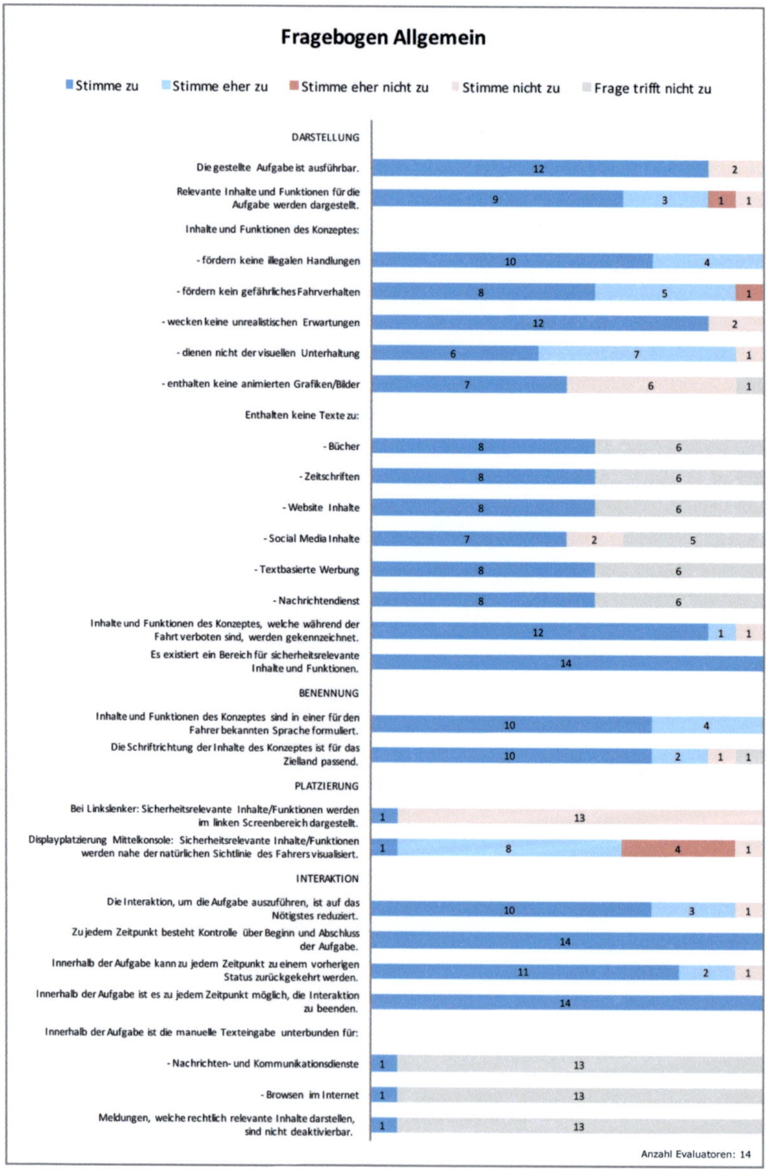

Fragebogen Allgemein
Stimme zu
Stimme eher zu
Stimme eher nicht zu
Stimme nicht zu
Frage trifft nicht zu
DARSTELLUNG
Die gestellte Aufgabe ist ausführbar. 12 2
Relevante Inhalte und Funktionen für die Aufgabe werden dargestellt. 9 3 1 1
Inhalte und Funktionen des Konzeptes:
- fördern keine illegalen Handlungen 10 4
- fördern kein gefährliches Fahrverhalten 8 5 1
- wecken keine unrealistischen Erwartungen 12 2
- dienen nicht der visuellen Unterhaltung 6 7 1
- enthalten keine animierten Grafiken/Bilder 7 6 1
Enthalten keine Texte zu:
- Bücher 8 6
- Zeitschriften 8 6
- Website Inhalte 8 6
- Social Media Inhalte 7 2 5
- Textbasierte Werbung 8 6
- Nachrichtendienst 8 6
Inhalte und Funktionen des Konzeptes, welche während der Fahrt verboten sind, werden gekennzeichnet. 12 1 1
Es existiert ein Bereich für sicherheitsrelevante Inhalte und Funktionen. 14
BENENNUNG
Inhalte und Funktionen des Konzeptes sind in einer für den Fahrer bekannten Sprache formuliert. 10 4
Die Schriftrichtung der Inhalte des Konzeptes ist für das Zielland passend. 10 2 1 1
PLATZIERUNG
Bei Linkslenker: Sicherheitsrelevante Inhalte/Funktionen werden im linken Screenbereich dargestellt. 1 13
Displayplatzierung Mittelkonsole: Sicherheitsrelevante Inhalte/Funktionen werden nahe der natürlichen Sichtlinie des Fahrers visualisiert. 1 8 4 1
INTERAKTION
Die Interaktion, um die Aufgabe auszuführen, ist auf das Nötigste reduziert. 10 3 1
Zu jedem Zeitpunkt besteht Kontrolle über Beginn und Abschluss der Aufgabe. 14
Innerhalb der Aufgabe kann zu jedem Zeitpunkt zu einem vorherigen Status zurückgekehrt werden. 11 2 1
Innerhalb der Aufgabe ist es zu jedem Zeitpunkt möglich, die Interaktion zu beenden. 14
Innerhalb der Aufgabe ist die manuelle Texteingabe unterbunden für:
- Nachrichten- und Kommunikationsdienste 1 13
- Browsen im Internet 1 13
Meldungen, welche rechtlich relevante Inhalte darstellen, sind nicht deaktivierbar. 1 13
Anzahl Evaluatoren: 14

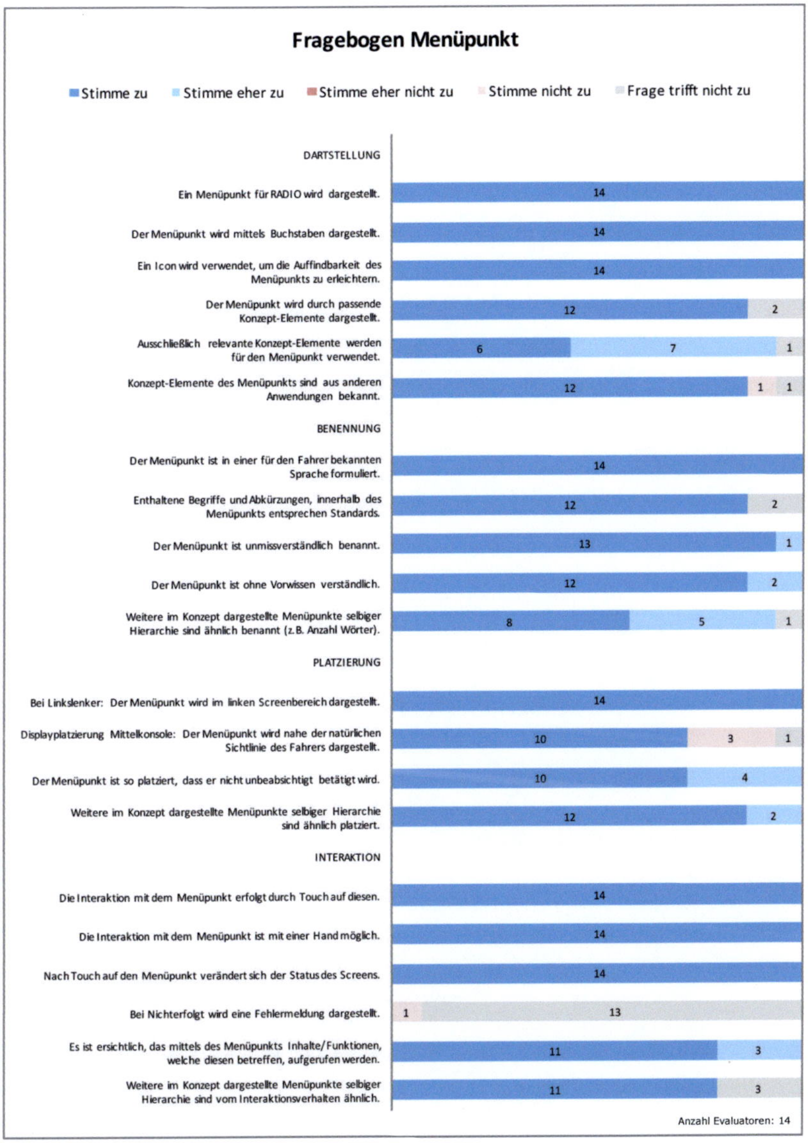
Fragebogen Menüpunkt
Stimme zu
Stimme eher zu
Stimme eher nicht zu
Stimme nicht zu
Frage trifft nicht zu
DARTSTELLUNG
Ein Menüpunkt für RADIO wird dargestellt.
14
Der Menüpunkt wird mittels Buchstaben dargestellt.
14
Ein Icon wird verwendet, um die Auffindbarkeit des Menüpunkts zu erleichtern.
14
Der Menüpunkt wird durch passende Konzept-Elemente dargestellt.
12
2
Ausschließlich relevante Konzept-Elemente werden für den Menüpunkt verwendet.
6
7
1
Konzept-Elemente des Menüpunkts sind aus anderen Anwendungen bekannt.
12
1
1
BENENNUNG
Der Menüpunkt ist in einer für den Fahrer bekannten Sprache formuliert.
14
Enthaltene Begriffe und Abkürzungen, innerhalb des Menüpunkts entsprechen Standards.
12
2
Der Menüpunkt ist unmissverständlich benannt.
13
1
Der Menüpunkt ist ohne Vorwissen verständlich.
12
2
Weitere im Konzept dargestellte Menüpunkte selbiger Hierarchie sind ähnlich benannt (z.B. Anzahl Wörter).
8
5
1
PLATZIERUNG
Bei Linkslenker: Der Menüpunkt wird im linken Screenbereich dargestellt.
14
Displayplatzierung Mittelkonsole: Der Menüpunkt wird nahe der natürlichen Sichtlinie des Fahrers dargestellt.
10
3
1
Der Menüpunkt ist so platziert, dass er nicht unbeabsichtigt betätigt wird.
10
4
Weitere im Konzept dargestellte Menüpunkte selbiger Hierarchie sind ähnlich platziert.
12
2
INTERAKTION
Die Interaktion mit dem Menüpunkt erfolgt durch Touch auf diesen.
14
Die Interaktion mit dem Menüpunkt ist mit einer Hand möglich.
14
Nach Touch auf den Menüpunkt verändert sich der Status des Screens.
14
Bei Nichterfolgt wird eine Fehlermeldung dargestellt.
1
13
Es ist ersichtlich, das mittels des Menüpunkts Inhalte/Funktionen, welche diesen betreffen, aufgerufen werden.
11
3
Weitere im Konzept dargestellte Menüpunkte selbiger Hierarchie sind vom Interaktionsverhalten ähnlich.
11
3
Anzahl Evaluatoren: 14

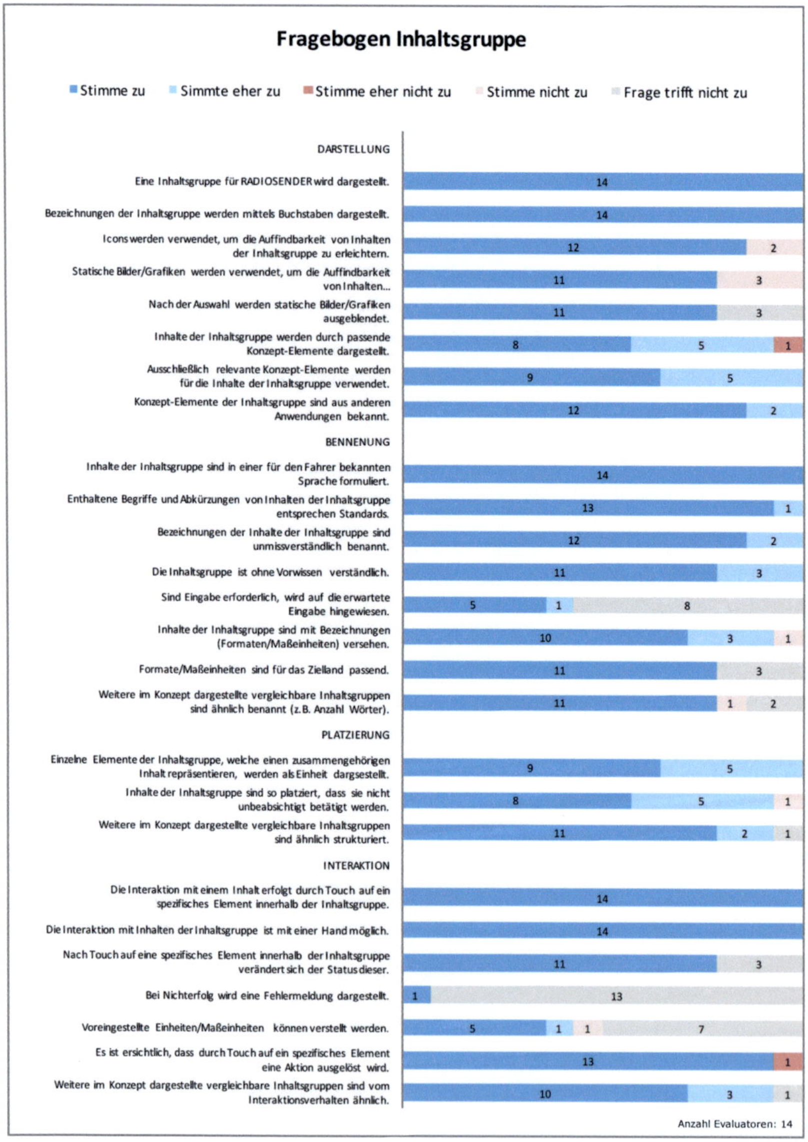
Fragebogen Inhaltsgruppe
Stimme zu
Simmte eher zu
Stimme eher nicht zu
Stimme nicht zu
Frage trifft nicht zu
DARSTELLUNG
Eine Inhaltsgruppe für RADIOSENDER wird dargestellt.
Bezeichnungen der Inhaltsgruppe werden mittels Buchstaben dargestellt.
Icons werden verwendet, um die Auffindbarkeit von Inhalten der Inhaltsgruppe zu erleichtern.
Statische Bilder/Grafiken werden verwendet, um die Auffindbarkeit von Inhalten...
Nach der Auswahl werden statische Bilder/Grafiken ausgeblendet.
Inhalte der Inhaltsgruppe werden durch passende Konzept-Elemente dargestellt.
Ausschließlich relevante Konzept-Elemente werden für die Inhalte der Inhaltsgruppe verwendet.
Konzept-Elemente der Inhaltsgruppe sind aus anderen Anwendungen bekannt.
BENNENUNG
Inhalte der Inhaltsgruppe sind in einer für den Fahrer bekannten Sprache formuliert.
Enthaltene Begriffe und Abkürzungen von Inhalten der Inhaltsgruppe entsprechen Standards.
Bezeichnungen der Inhalte der Inhaltsgruppe sind unmissverständlich benannt.
Die Inhaltsgruppe ist ohne Vorwissen verständlich.
Sind Eingabe erforderlich, wird auf die erwartete Eingabe hingewiesen.
Inhalte der Inhaltsgruppe sind mit Bezeichnungen (Formaten/Maßeinheiten) versehen.
Formate/Maßeinheiten sind für das Zielland passend.
Weitere im Konzept dargestellte vergleichbare Inhaltsgruppen sind ähnlich benannt (z.B. Anzahl Wörter).
PLATZIERUNG
Einzelne Elemente der Inhaltsgruppe, welche einen zusammengehörigen Inhalt repräsentieren, werden als Einheit dargsestellt.
Inhalte der Inhaltsgruppe sind so platziert, dass sie nicht unbeabsichtigt betätigt werden.
Weitere im Konzept dargestellte vergleichbare Inhaltsgruppen sind ähnlich strukturiert.
INTERAKTION
Die Interaktion mit einem Inhalt erfolgt durch Touch auf ein spezifisches Element innerhalb der Inhaltsgruppe.
Die Interaktion mit Inhalten der Inhaltsgruppe ist mit einer Hand möglich.
Nach Touch auf eine spezifisches Element innerhalb der Inhaltsgruppe verändert sich der Status dieser.
Bei Nichterfolg wird eine Fehlermeldung dargestellt.
Voreingestellte Einheiten/Maßeinheiten können verstellt werden.
Es ist ersichtlich, dass durch Touch auf ein spezifisches Element eine Aktion ausgelöst wird.
Weitere im Konzept dargestellte vergleichbare Inhaltsgruppen sind vom Interaktionsverhalten ähnlich.
14
14
12 2
11 3
11 3
8 5 1
9 5
12 2
14
13 1
12 2
11 3
5 1 8
10 3 1
11 3
11 1 2
9 5
8 5 1
11 2 1
14
14
11 3
1 13
5 1 1 7
13 1
10 3 1
Anzahl Evaluatoren: 14

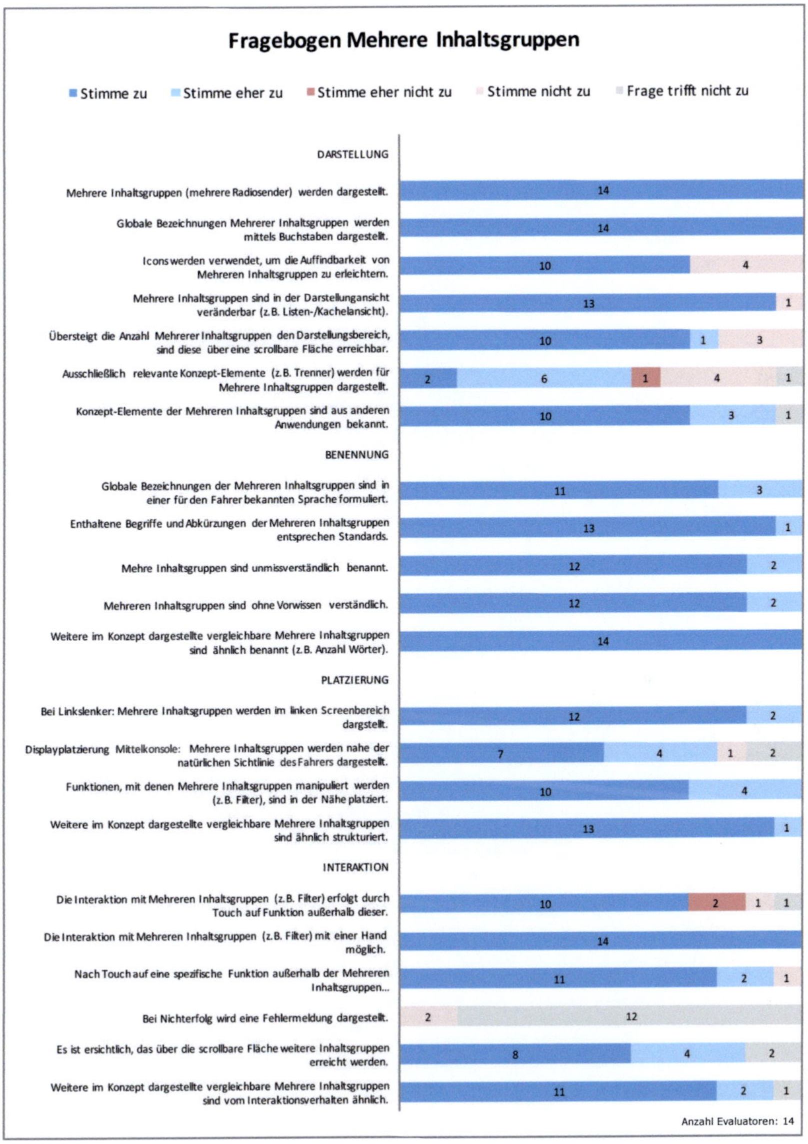
Fragebogen Mehrere Inhaltsgruppen
Stimme zu
Stimme eher zu
Stimme eher nicht zu
Stimme nicht zu
Frage trifft nicht zu
DARSTELLUNG
Mehrere Inhaltsgruppen (mehrere Radiosender) werden dargestellt.
Globale Bezeichnungen Mehrerer Inhaltsgruppen werden mittels Buchstaben dargestellt.
Icons werden verwendet, um die Auffindbarkeit von Mehreren Inhaltsgruppen zu erleichtern.
Mehrere Inhaltsgruppen sind in der Darstellungansicht veränderbar (z.B. Listen-/Kachelansicht).
Übersteigt die Anzahl Mehrerer Inhaltsgruppen den Darstellungsbereich, sind diese über eine scrollbare Fläche erreichbar.
Ausschließlich relevante Konzept-Elemente (z.B. Trenner) werden für Mehrere Inhaltsgruppen dargestellt.
Konzept-Elemente der Mehreren Inhaltsgruppen sind aus anderen Anwendungen bekannt.
BENENNUNG
Globale Bezeichnungen der Mehreren Inhaltsgruppen sind in einer für den Fahrer bekannten Sprache formuliert.
Enthaltene Begriffe und Abkürzungen der Mehreren Inhaltsgruppen entsprechen Standards.
Mehre Inhaltsgruppen sind unmissverständlich benannt.
Mehreren Inhaltsgruppen sind ohne Vorwissen verständlich.
Weitere im Konzept dargestellte vergleichbare Mehrere Inhaltsgruppen sind ähnlich benannt (z.B. Anzahl Wörter).
PLATZIERUNG
Bei Linkslenker: Mehrere Inhaltsgruppen werden im linken Screenbereich dargestellt.
Displayplatzierung Mittelkonsole: Mehrere Inhaltsgruppen werden nahe der natürlichen Sichtlinie des Fahrers dargestellt.
Funktionen, mit denen Mehrere Inhaltsgruppen manipuliert werden (z.B. Filter), sind in der Nähe platziert.
Weitere im Konzept dargestellte vergleichbare Mehrere Inhaltsgruppen sind ähnlich strukturiert.
INTERAKTION
Die Interaktion mit Mehreren Inhaltsgruppen (z.B. Filter) erfolgt durch Touch auf Funktion außerhalb dieser.
Die Interaktion mit Mehreren Inhaltsgruppen (z.B. Filter) mit einer Hand möglich.
Nach Touch auf eine spezifische Funktion außerhalb der Mehreren Inhaltsgruppen...
Bei Nichterfolg wird eine Fehlermeldung dargestellt.
Es ist ersichtlich, das über die scrollbare Fläche weitere Inhaltsgruppen erreicht werden.
Weitere im Konzept dargestellte vergleichbare Mehrere Inhaltsgruppen sind vom Interaktionsverhalten ähnlich.
Anzahl Evaluatoren: 14

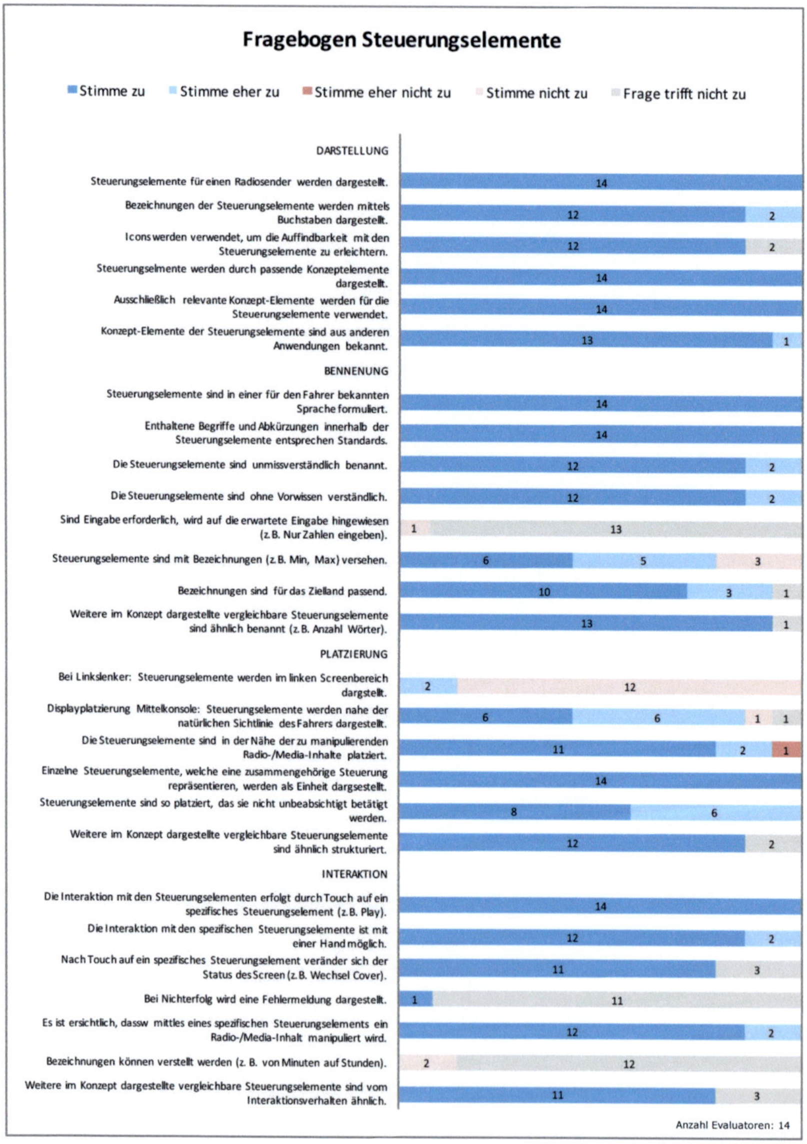
Fragebogen Steuerungselemente
Stimme zu
Stimme eher zu
Stimme eher nicht zu
Stimme nicht zu
Frage trifft nicht zu
DARSTELLUNG
Steuerungselemente für einen Radiosender werden dargestellt.
14
Bezeichnungen der Steuerungselemente werden mittels Buchstaben dargestellt.
12
2
Icons werden verwendet, um die Auffindbarkeit mit den Steuerungselemente zu erleichtern.
12
2
Steuerungselemente werden durch passende Konzeptelemente dargestellt.
14
Ausschließlich relevante Konzept-Elemente werden für die Steuerungselemente verwendet.
14
Konzept-Elemente der Steuerungselemente sind aus anderen Anwendungen bekannt.
13
1
BENNENUNG
Steuerungselemente sind in einer für den Fahrer bekannten Sprache formuliert.
14
Enthaltene Begriffe und Abkürzungen innerhalb der Steuerungselemente entsprechen Standards.
14
Die Steuerungselemente sind unmissverständlich benannt.
12
2
Die Steuerungselemente sind ohne Vorwissen verständlich.
12
2
Sind Eingabe erforderlich, wird auf die erwartete Eingabe hingewiesen (z.B. Nur Zahlen eingeben).
1
13
Steuerungselemente sind mit Bezeichnungen (z.B. Min, Max) versehen.
6
5
3
Bezeichnungen sind für das Zielland passend.
10
3
1
Weitere im Konzept dargestellte vergleichbare Steuerungselemente sind ähnlich benannt (z.B. Anzahl Wörter).
13
1
PLATZIERUNG
Bei Linkslenker: Steuerungselemente werden im linken Screenbereich dargestellt.
2
12
Displayplatzierung Mittelkonsole: Steuerungselemente werden nahe der natürlichen Sichtlinie des Fahrers dargestellt.
6
6
1
1
Die Steuerungselemente sind in der Nähe der zu manipulierenden Radio-/Media-Inhalte platziert.
11
2
1
Einzelne Steuerungselemente, welche eine zusammengehörige Steuerung repräsentieren, werden als Einheit dargsestellt.
14
Steuerungselemente sind so platziert, das sie nicht unbeabsichtigt betätigt werden.
8
6
Weitere im Konzept dargestellte vergleichbare Steuerungselemente sind ähnlich strukturiert.
12
2
INTERAKTION
Die Interaktion mit den Steuerungselementen erfolgt durch Touch auf ein spezifisches Steuerungselement (z.B. Play).
14
Die Interaktion mit den spezifischen Steuerungselemente ist mit einer Hand möglich.
12
2
Nach Touch auf ein spezifisches Steuerungselement veränder sich der Status des Screen (z.B. Wechsel Cover).
11
3
Bei Nichterfolg wird eine Fehlermeldung dargestellt.
1
11
Es ist ersichtlich, dassw mittles eines spezifischen Steuerungselements ein Radio-/Media-Inhalt manipuliert wird.
12
2
Bezeichnungen können verstellt werden (z. B. von Minuten auf Stunden).
2
12
Weitere im Konzept dargestellte vergleichbare Steuerungselemente sind vom Interaktionsverhalten ähnlich.
11
3
Anzahl Evaluatoren: 14

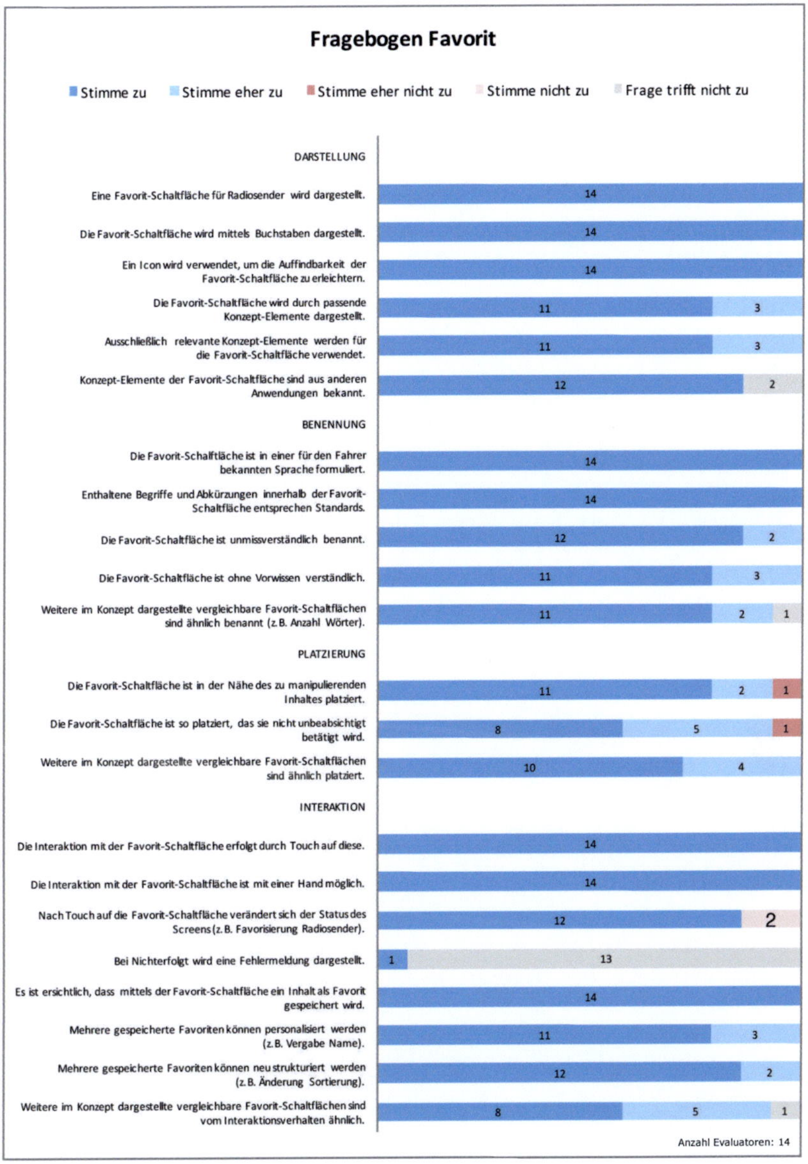
Fragebogen Favorit
Stimme zu
Stimme eher zu
Stimme eher nicht zu
Stimme nicht zu
Frage trifft nicht zu
DARSTELLUNG
Eine Favorit-Schaltfläche für Radiosender wird dargestellt. 14
Die Favorit-Schaltfläche wird mittels Buchstaben dargestellt. 14
Ein Icon wird verwendet, um die Auffindbarkeit der Favorit-Schaltfläche zu erleichtern. 14
Die Favorit-Schaltfläche wird durch passende Konzept-Elemente dargestellt. 11 3
Ausschließlich relevante Konzept-Elemente werden für die Favorit-Schaltfläche verwendet. 11 3
Konzept-Elemente der Favorit-Schaltfläche sind aus anderen Anwendungen bekannt. 12 2
BENENNUNG
Die Favorit-Schaltfläche ist in einer für den Fahrer bekannten Sprache formuliert. 14
Enthaltene Begriffe und Abkürzungen innerhalb der Favorit-Schaltfläche entsprechen Standards. 14
Die Favorit-Schaltfläche ist unmissverständlich benannt. 12 2
Die Favorit-Schaltfläche ist ohne Vorwissen verständlich. 11 3
Weitere im Konzept dargestellte vergleichbare Favorit-Schaltflächen sind ähnlich benannt (z.B. Anzahl Wörter). 11 2 1
PLATZIERUNG
Die Favorit-Schaltfläche ist in der Nähe des zu manipulierenden Inhaltes platziert. 11 2 1
Die Favorit-Schaltfläche ist so platziert, das sie nicht unbeabsichtigt betätigt wird. 8 5 1
Weitere im Konzept dargestellte vergleichbare Favorit-Schaltflächen sind ähnlich platziert. 10 4
INTERAKTION
Die Interaktion mit der Favorit-Schaltfläche erfolgt durch Touch auf diese. 14
Die Interaktion mit der Favorit-Schaltfläche ist mit einer Hand möglich. 14
Nach Touch auf die Favorit-Schaltfläche verändert sich der Status des Screens (z.B. Favorisierung Radiosender). 12 2
Bei Nichterfolgt wird eine Fehlermeldung dargestellt. 1 13
Es ist ersichtlich, dass mittels der Favorit-Schaltfläche ein Inhalt als Favorit gespeichert wird. 14
Mehrere gespeicherte Favoriten können personalisiert werden (z.B. Vergabe Name). 11 3
Mehrere gespeicherte Favoriten können neu strukturiert werden (z.B. Änderung Sortierung). 12 2
Weitere im Konzept dargestellte vergleichbare Favorit-Schaltflächen sind vom Interaktionsverhalten ähnlich. 8 5 1
Anzahl Evaluatoren: 14

G.2. Arbeitsaufgabe 2

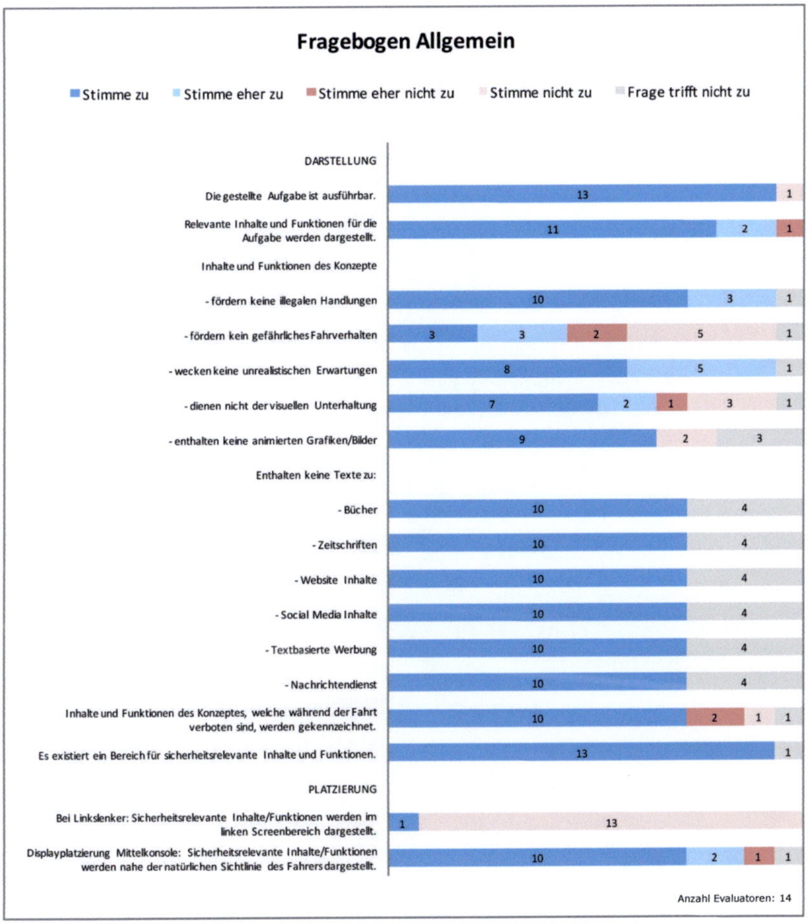
Fragebogen Allgemein
Stimme zu
Stimme eher zu
Stimme eher nicht zu
Stimme nicht zu
Frage trifft nicht zu
DARSTELLUNG
Die gestellte Aufgabe ist ausführbar.
Relevante Inhalte und Funktionen für die Aufgabe werden dargestellt.
Inhalte und Funktionen des Konzepte
- fördern keine illegalen Handlungen
- fördern kein gefährliches Fahrverhalten
- wecken keine unrealistischen Erwartungen
- dienen nicht der visuellen Unterhaltung
- enthalten keine animierten Grafiken/Bilder
Enthalten keine Texte zu:
- Bücher
- Zeitschriften
- Website Inhalte
- Social Media Inhalte
- Textbasierte Werbung
- Nachrichtendienst
Inhalte und Funktionen des Konzeptes, welche während der Fahrt verboten sind, werden gekennzeichnet.
Es existiert ein Bereich für sicherheitsrelevante Inhalte und Funktionen.
PLATZIERUNG
Bei Linkslenker: Sicherheitsrelevante Inhalte/Funktionen werden im linken Screenbereich dargestellt.
Displayplatzierung Mittelkonsole: Sicherheitsrelevante Inhalte/Funktionen werden nahe der natürlichen Sichtlinie des Fahrers dargestellt.
Anzahl Evaluatoren: 14

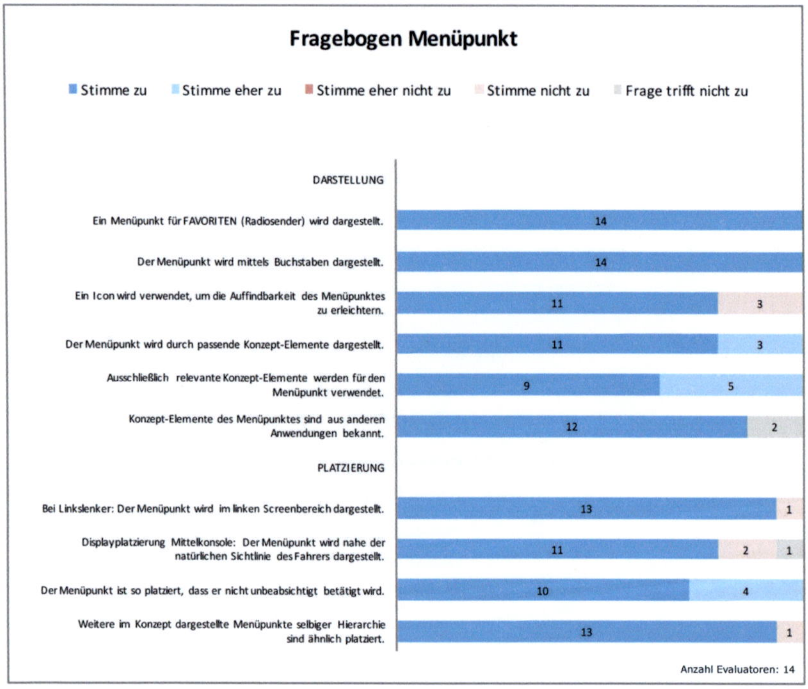
Fragebogen Menüpunkt
Stimme zu
Stimme eher zu
Stimme eher nicht zu
Stimme nicht zu
Frage trifft nicht zu
DARSTELLUNG
Ein Menüpunkt für FAVORITEN (Radiosender) wird dargestellt.
14
Der Menüpunkt wird mittels Buchstaben dargestellt.
14
Ein Icon wird verwendet, um die Auffindbarkeit des Menüpunktes zu erleichtern.
11
3
Der Menüpunkt wird durch passende Konzept-Elemente dargestellt.
11
3
Ausschließlich relevante Konzept-Elemente werden für den Menüpunkt verwendet.
9
5
Konzept-Elemente des Menüpunktes sind aus anderen Anwendungen bekannt.
12
2
PLATZIERUNG
Bei Linkslenker: Der Menüpunkt wird im linken Screenbereich dargestellt.
13
1
Displayplatzierung Mittelkonsole: Der Menüpunkt wird nahe der natürlichen Sichtlinie des Fahrers dargestellt.
11
2
1
Der Menüpunkt ist so platziert, dass er nicht unbeabsichtigt betätigt wird.
10
4
Weitere im Konzept dargestellte Menüpunkte selbiger Hierarchie sind ähnlich platziert.
13
1
Anzahl Evaluatoren: 14

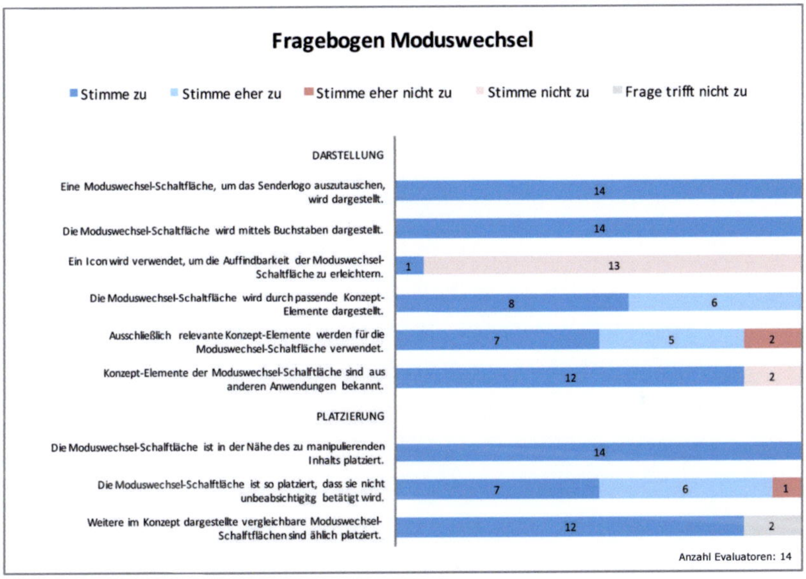
Fragebogen Moduswechsel
Stimme zu
Stimme eher zu
Stimme eher nicht zu
Stimme nicht zu
Frage trifft nicht zu
DARSTELLUNG
Eine Moduswechsel-Schaltfläche, um das Senderlogo auszutauschen, wird dargestellt.
14
Die Moduswechsel-Schaltfläche wird mittels Buchstaben dargestellt.
14
Ein Icon wird verwendet, um die Auffindbarkeit der Moduswechsel-Schaltfläche zu erleichtern.
1
13
Die Moduswechsel-Schaltfläche wird durch passende Konzept-Elemente dargestellt.
8
6
Ausschließlich relevante Konzept-Elemente werden für die Moduswechsel-Schaltfläche verwendet.
7
5
2
Konzept-Elemente der Moduswechsel-Schalftläche sind aus anderen Anwendungen bekannt.
12
2
PLATZIERUNG
Die Moduswechsel-Schalftläche ist in der Nähe des zu manipulierenden Inhalts platziert.
14
Die Moduswechsel-Schalftläche ist so platziert, dass sie nicht unbeabsichtigitg betätigt wird.
7
6
1
Weitere im Konzept dargestellte vergleichbare Moduswechsel-Schalftflächen sind ählich platziert.
12
2
Anzahl Evaluatoren: 14

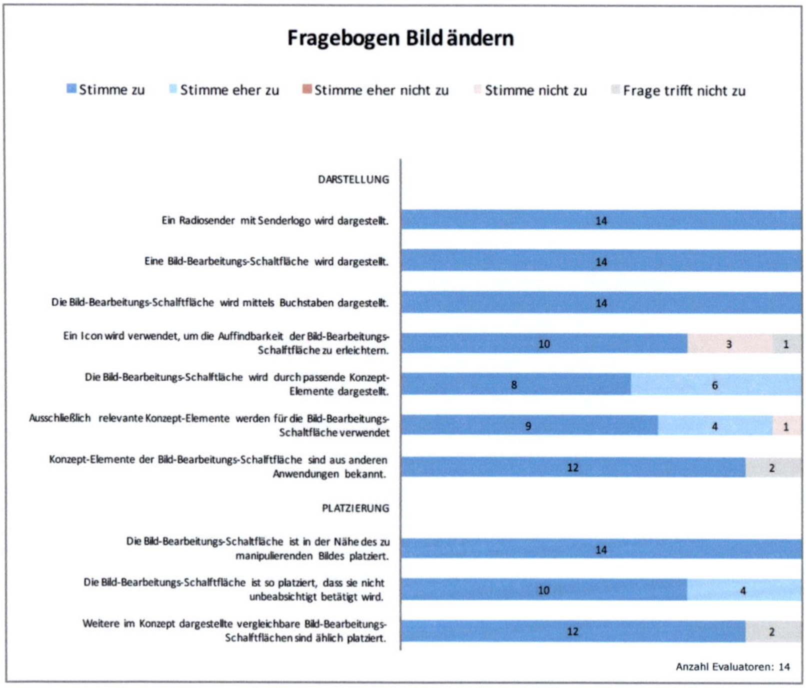
Fragebogen Bild ändern
Stimme zu
Stimme eher zu
Stimme eher nicht zu
Stimme nicht zu
Frage trifft nicht zu
DARSTELLUNG
Ein Radiosender mit Senderlogo wird dargestellt.
14
Eine Bild-Bearbeitungs-Schaltfläche wird dargestellt.
14
Die Bild-Bearbeitungs-Schalftfläche wird mittels Buchstaben dargestellt.
14
Ein Icon wird verwendet, um die Auffindbarkeit der Bild-Bearbeitungs-Schalftfläche zu erleichtern.
10
3
1
Die Bild-Bearbeitungs-Schalftläche wird durch passende Konzept-Elemente dargestellt.
8
6
Ausschließlich relevante Konzept-Elemente werden für die Bild-Bearbeitungs-Schaltfläche verwendet
9
4
1
Konzept-Elemente der Bild-Bearbeitungs-Schalftfläche sind aus anderen Anwendungen bekannt.
12
2
PLATZIERUNG
Die Bild-Bearbeitungs-Schaltfläche ist in der Nähe des zu manipulierenden Bildes platziert.
14
Die Bild-Bearbeitungs-Schalftfläche ist so platziert, dass sie nicht unbeabsichtigt betätigt wird.
10
4
Weitere im Konzept dargestellte vergleichbare Bild-Bearbeitungs-Schalftflächen sind ählich platziert.
12
2
Anzahl Evaluatoren: 14

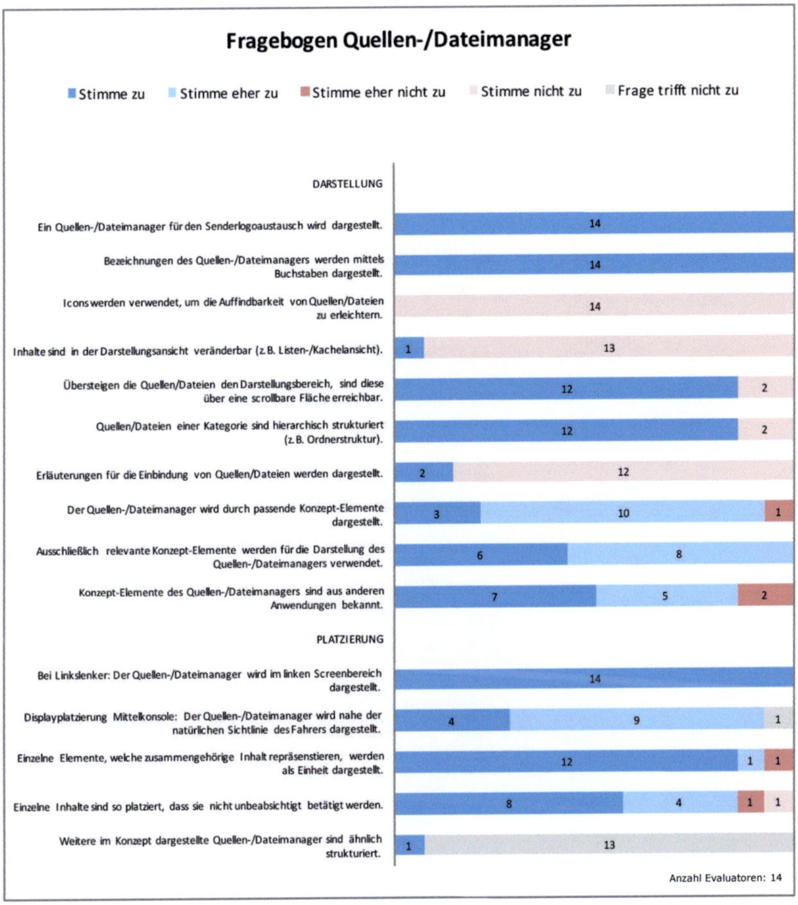
Fragebogen Quellen-/Dateimanager
Stimme zu
Stimme eher zu
Stimme eher nicht zu
Stimme nicht zu
Frage trifft nicht zu
DARSTELLUNG
Ein Quellen-/Dateimanager für den Senderlogoaustausch wird dargestellt.
14
Bezeichnungen des Quellen-/Dateimanagers werden mittels Buchstaben dargestellt.
14
Icons werden verwendet, um die Auffindbarkeit von Quellen/Dateien zu erleichtern.
14
Inhalte sind in der Darstellungsansicht veränderbar (z. B. Listen-/Kachelansicht).
1
13
Übersteigen die Quellen/Dateien den Darstellungsbereich, sind diese über eine scrollbare Fläche erreichbar.
12
2
Quellen/Dateien einer Kategorie sind hierarchisch strukturiert (z. B. Ordnerstruktur).
12
2
Erläuterungen für die Einbindung von Quellen/Dateien werden dargestellt.
2
12
Der Quellen-/Dateimanager wird durch passende Konzept-Elemente dargestellt.
3
10
1
Ausschließlich relevante Konzept-Elemente werden für die Darstellung des Quellen-/Dateimanagers verwendet.
6
8
Konzept-Elemente des Quellen-/Dateimanagers sind aus anderen Anwendungen bekannt.
7
5
2
PLATZIERUNG
Bei Linkslenker: Der Quellen-/Dateimanager wird im linken Screenbereich dargestellt.
14
Displayplatzierung Mittelkonsole: Der Quellen-/Dateimanager wird nahe der natürlichen Sichtlinie des Fahrers dargestellt.
4
9
1
Einzelne Elemente, welche zusammengehörige Inhalt repräsenstieren, werden als Einheit dargestellt.
12
1
1
Einzelne Inhalte sind so platziert, dass sie nicht unbeabsichtigt betätigt werden.
8
4
1
1
Weitere im Konzept dargestellte Quellen-/Dateimanager sind ähnlich strukturiert.
1
13
Anzahl Evaluatoren: 14

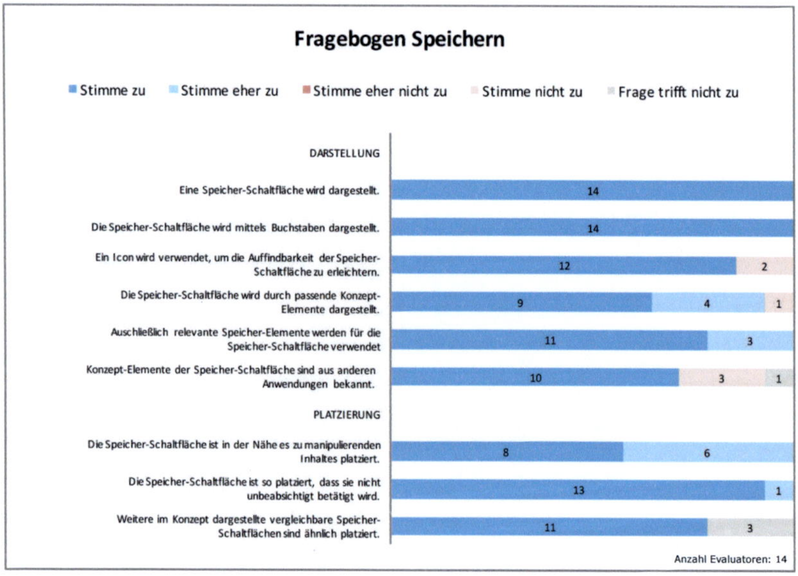
Fragebogen Speichern
Stimme zu
Stimme eher zu
Stimme eher nicht zu
Stimme nicht zu
Frage trifft nicht zu
DARSTELLUNG
Eine Speicher-Schaltfläche wird dargestellt.
14
Die Speicher-Schaltfläche wird mittels Buchstaben dargestellt.
14
Ein Icon wird verwendet, um die Auffindbarkeit der Speicher-Schaltfläche zu erleichtern.
12
2
Die Speicher-Schaltfläche wird durch passende Konzept-Elemente dargestellt.
9
4
1
Ausschließlich relevante Speicher-Elemente werden für die Speicher-Schaltfläche verwendet
11
3
Konzept-Elemente der Speicher-Schaltfläche sind aus anderen Anwendungen bekannt.
10
3
1
PLATZIERUNG
Die Speicher-Schaltfläche ist in der Nähe es zu manipulierenden Inhaltes platziert.
8
6
Die Speicher-Schaltfläche ist so platziert, dass sie nicht unbeabsichtigt betätigt wird.
13
1
Weitere im Konzept dargestellte vergleichbare Speicher-Schaltflächen sind ähnlich platziert.
11
3
Anzahl Evaluatoren: 14